myBook+

Ein neues Leseerlebnis

Lesen Sie Ihr Buch online im Browser – geräteunabhängig und ohne Download!

Und so einfach geht's:

- Gehen Sie auf **https://mybookplus.de**, registrieren Sie sich und geben Ihren Buchcode ein, um zu Ihrem Buch zu gelangen
- **Ihren individuellen Buchcode finden Sie am Buchende**

Wir wünschen Ihnen viel Spaß mit myBook+ !

https://mybookplus.de

Projektmanagement verstehen

Michaela Flick/Mathias Flick

Projektmanagement verstehen

Praxisnahe Tipps für die Arbeit in Projekten

1. Auflage

Haufe Group
Freiburg · München · Stuttgart

Bibliografische Information der Deutschen Nationalbibliothek

Die Deutsche Nationalbibliothek verzeichnet diese Publikation in der Deutschen Nationalbibliografie; detaillierte bibliografische Daten sind im Internet über http://dnb.dnb.de/ abrufbar.

Print: ISBN 978-3-648-16794-6 Bestell-Nr. 10871-0001
ePub: ISBN 978-3-648-16795-3 Bestell-Nr. 10871-0100
ePDF: ISBN 978-3-648-16796-0 Bestell-Nr. 10871-0150

Michaela Flick/Mathias Flick
Projektmanagement verstehen
1. Auflage, Mai 2023

www.haufe.de
info@haufe.de

Bildnachweis (Cover): © mbbirdy, iStock
Bildnachweis: Innenteil Zeichnungen Michaela Flick/Mathias Flick

Produktmanagement: Bettina Noé

Inhaltsverzeichnis

Vorwort

Schon Albert Einstein sagte:

»Man soll die Dinge so einfach wie möglich machen, aber nicht einfacher!«

Genau dies war unser Gedanke, als wir entschieden, ein Buch über Projektmanagement zu schreiben. Unsere Intention war es dabei, das Thema so einfach wie möglich zu halten, damit auch wirklich jeder einen leichten Zugang zu Projektmanagement bekommt. Aber es lag ebenfalls in unserer Absicht, dieses faszinierende Thema vollumfänglich zu behandeln, ohne essenzielle Aspekte wegzulassen. Projekte verändern die Welt. In Projekten verwirklichen Unternehmen und Organisationen neue, einzigartige Ideen, gestalten Ergebnisse messbar und verwandeln Absichten in Erfolge. Hinter Projektmanagement verbergen sich komplexe Strukturen: Eine Gruppe von Personen setzt sich zum Ziel, anspruchsvolle Aufgaben zielgerichtet zu bewältigen und dabei Termin-, Kosten-, und Qualitätsvorgaben einzuhalten. Die meisten Aufgaben können dabei jedoch nicht isoliert betrachtet werden, sondern sind auf vielfältige Weise voneinander abhängig. Sie zu planen und zu koordinieren, erfordert vernetztes Denken. Projektleiter müssen vielen Anforderungen gerecht werden, die aus der Komplexität der ihnen anvertrauten Projekte erwachsen – und sie haben zusätzlich noch eine Führungs- und Vorbildrolle, die es zu erfüllen gilt. Projekte haben in Unternehmen und Organisationen einen großen Stellenwert und nehmen häufig eine Schlüsselfunktion ein, unterstützen die strategische Ausrichtung, sorgen für Innovation und tragen zur Wettbewerbsfähigkeit bei. Kurz gesagt: Die Existenz der Unternehmen und Organisationen gründet auf erfolgreichen Projekten – und die Projektleitung übernimmt nicht selten die Rolle der »eierlegenden Wollmilchsau«. Projektmanagement ist aber gleichermaßen spannend wie herausfordernd. Gutes Projektmanagement setzt Standards und sorgt dafür, dass alle Projektbeteiligten die gleiche Sprache sprechen. Es gibt auf dem Markt bereits viel Literatur zum Thema und viel wurde bereits über klassisches Projektmanagement, agile Methoden oder hybride Ansätze geschrieben. Braucht der Markt also noch ein weiteres Buch über PM? Ganz klare Antwort: Ja! Wir sind bereits seit über zwei Jahrzehnten im Projektgeschäft tätig, haben zusammen mehr als 45 Jahre nationale und internationale Projekterfahrung in unterschiedlichen Branchen – und wir haben in unserer Praxis schon einiges erlebt. Im Guten, wie im Schlechten. In den Unternehmen und Organisationen laufen viele Projekte schon sehr gut – bei anderen ist zum Teil noch sehr viel Luft nach oben. Gutes Projektmanagement ist keine Raketentechnologie, aber es ist als Projektschaffender überaus hilfreich, einmal den Dingen von Grund auf zu begegnen und sich damit zu beschäftigen, WARUM wir im Projekt welche Schritte unternehmen und was wir dazu beitragen können, damit unsere Projekte ein Erfolg werden. Auf einfache, klare und beispielhafte Weise nehmen wir unsere Leser mit auf eine Reise durch alle Bereiche des klassischen, traditionellen Projektmanagements und orientieren uns dabei an den fünf Standardphasen aus der DIN 69901: Initialisierungsphase, Definitionsphase, Planungsphase, Steuerungsphase und Abschlussphase. Danach thematisieren wir agile Methoden und hybride Vorgehensmodelle und schauen uns an, welche Softskills bzw. Powerskills wir heutzutage brauchen, um gutes Projektmanagement zu leben. Jedes Kapitel ist so aufgebaut, dass wir zunächst ins Thema einführen, dann die unterschiedlichen Schritte erklären, die in jeder Phase zu tun sind, und vor allem, warum wir sie tun sollten. Anhand eines konkreten Praxisbeispiels (dem Schreiben dieses PM-Buches) bekommen Sie dann durchgängig den »roten Faden« und wertvolle Einblicke in die Projektwelt, denn komplexe Themen werden ungleich leichter verdaulich, verbinden wir sie mit nachvollziehbaren Beispielen. Alle Ereignisse in unserem Praxisbeispiel, die nach dem Hochladen des Manuskripts bei Haufe erfolgen, formulieren wir in der Zukunftsform und leiten sie logisch her, um Ihnen als Leser auch wirklich zu allen Phasen und Bereichen im Projektmanagement besondere Einblicke in die Praxis zu ermöglichen. Nach der Quintessenz haben wir dann noch praxisnahe Tools und Tipps für Sie, die Ihre Arbeit in Projekten erleichtern. Am Ende eines jeden Kapitels finden Sie Interviews mit nationalen und internationalen Projektmenschen, die uns mitnehmen in ihre Praxis und die uns damit hinter die Kulissen ihrer Arbeit in Projekten blicken lassen. Unser großer Dank gebührt unseren beeindruckenden Interviewpartnern, die für unser Buch unterschiedliche Fragen rund um das Thema PM beantworteten. Danke an Peter B. Taylor – dem wahren PM Papst und Nummer-1-Bestseller-Autor, der uns auf humorvolle Weise Rede und Antwort gestanden hat und viele wertvolle Impulse lieferte. Danke auch an Arie van Bennekum, der uns als Co-Autor des agilen Manifests mitgenommen hat in die agile Welt und dessen Pragmatismus und Liebe für den gesunden Menschenverstand unser Interview zu einem wahren Erlebnis machte. Danke an Carsten Mende von Valeo, unseren HR Project Director, an Felix Mühlschlegel aus Portland, Oregon, der uns mitnimmt in die Welt der Produktentwicklung des Weltkonzerns adidas. Unser herzliches Dankeschön an Chris Schiebel als Botschafter für gutes Projektmanagement, an Stephan Scharff, unseren Projectrocker und natürlich auch ein dickes Danke an Petra Berleb, Chefredakteurin und Herausgeberin des *projektmagazins*. Ein liebes Dankeschön an Ben Ziskoven aus den Niederlanden, einem jungen, engagierten und bereits erfahrenen Agile Coach und Scrum Master, an Michael Künnell, Finanzvorstand bei HEITEC und an Tobias Rohrbach, Vorstand und CEO bei der Lutz und Grub AG. Unser herzlicher Dank geht an unsere GPM-Weggefährten Astrid Beger, deren Passion für Projekte ihresgleichen sucht, René Windus, mit seiner umfassenden PM-Erfahrung und Thor Möller, der uns mit seiner Expertise und seinem Projektmanagement Lexikon inspirierte. Danke auch an Olaf Piper, der uns von seinen Projekten bei FESTO berichtet, an Sebastian Wächter, der uns »barrierefrei im Kopf« mitnimmt in die Welt der Change-Projekte, an Daniel Laufs von CAPTN FördeAreal, Kiel, und natürlich an Stefanie Gries von der SMA Solar Technology AG. Die Interviews haben wir genau in der Reihenfolge im Buch aufgeführt, wie sie stattgefunden haben.

Da wir unser Buch so eingängig wie möglich schreiben wollten, um eben auch Projekteinsteigern einen leicht verständlichen Überblick über Projektmanagement zu geben, sind wir bei unseren Themen der Hauptkapitel durchweg sehr pragmatisch geblieben und halten uns an die eingangs erwähnte Devise von Albert Einstein. Es gibt jedoch das eine oder andere Thema, das ein wenig mehr Details verträgt, und vor allem für all diejenigen interessant ist, die ein wenig tiefer in die Welt der Projekte einsteigen wollen oder vorhaben, sich im Projektmanagement zertifizieren zu lassen. Hier haben wir ein paar besondere Themen ins Vertiefungswissen gepackt und wünschen natürlich auch hier viel Spaß beim Lesen! Fett geschriebene Begriffe im Text sind mit einer entsprechenden Erklärung im Glossar zu finden. Zu Beginn eines jeden Kapitels finden Sie ein von den Autoren selbst gezeichnetes Übersichtsbild, und auch im weiteren Verlauf des Buches gibt es viele Visualisierungen, um Ihnen die Arbeit in Projekten so praxisnah und leicht verständlich wie möglich zu präsentieren. Beim Schreiben unseres Buches haben wir bewusst aufs Gendern verzichtet – wir sprechen dafür aber ganz bewusst einmal von Projektleiter, von Projektleitung, von Mitarbeitern oder Mitarbeitenden, mal in der männlichen Form, mal in der weiblichen Form etc., um damit ein möglichst breites und diverses Spektrum Projektschaffender und eine breit gefächerte Leserschaft anzusprechen.

Ein herzliches Dankeschön an unsere Nichte Darleen, die unser Werk als Erste gegenlesen durfte und uns wertvolles Feedback gegeben hat – ihre Fragen, Anmerkungen und ihr Auge fürs Detail waren sehr hilfreich! Danke ans Haufe-Team, das uns auf unserem Weg zum Buch von A bis Z begleitet und hervorragend unterstützt hat. Ein besonderer Dank gebührt unserer Produktmanagerin Bettina Noé, die wieder einmal ganze Arbeit geleistet hat – *never change a winning team*! Herzlichen Dank auch an unsere Lektorin Gabriela Rus.

Michaela und Mathias Flick

1 Überblick über traditionelles Projektmanagement

Projektmanagement ist derzeit in aller Munde. Ob klassisch, agil oder hybrid: Projektmanagement klingt einfach toll, und wer von uns wäre nicht gerne Projektmanager? Doch was ist Projektmanagement eigentlich genau? Um das zu verstehen, müssen wir erst einmal klären, was ein Projekt ist.

1.1 Was ist ein Projekt?

Ein **Projekt** ist ein Vorhaben oder eine Aufgabe, die für uns völlig neu ist. Das heißt, wir haben ein solches oder ähnliches Vorhaben bisher noch nicht durchgeführt und können daher auch noch nicht wissen, wie wir dabei genau vorgehen wollen. Ein Projekt ist aber nicht nur etwas Neues, sondern es ist auch komplizierter als unsere bisherigen Vorhaben. Außerdem sind in einem Projekt immer viele Menschen beteiligt, die koordiniert werden müssen; und schlussendlich muss das Projekt auch noch zu uns oder unserer Firma passen. Das bedeutet, es muss in die Organisationsstruktur der Firma eingebunden werden, und zwar am besten so, dass weder das Tagesgeschäft der Firma darunter leidet noch das Projekt. Das ist keine einfache Aufgabe und unser Schulwissen hilft uns da meistens auch nicht weiter.

Ein Problem ist auch, dass es meistens irgendwelche Beschränkungen gibt: Entweder haben wir zu wenig **Ressourcen** (also Personal und Sachmittel) zur Verfügung oder wir haben Termine einzuhalten und deshalb nicht unbeschränkt viel Zeit. Eventuell ist auch das Geld knapp, da das genehmigte **Budget** (also die Begrenzungsvorgabe für die **Kosten**) zu niedrig angesiedelt ist.

Dass wir das Vorhaben trotzdem durchführen wollen, kann verschiedene Gründe haben. Sei es, dass es uns einfach am Herzen liegt, wir damit ein Problem lösen wollen oder ein Kunde mit einem Auftrag droht. Wie dem auch sei, das Projekt hat für uns also einen bestimmten **Nutzen**, und genau das ist der Grund, warum wir bereit sind, viel Geld in die Hand zu nehmen oder viel Zeit zu investieren. Wir führen also ein Projekt durch, weil wir hoffen, dass wir die Projektergebnisse nutzenbringend einsetzen können und damit einen **Anwendungserfolg** generieren.

1.2 Was ist Projektmanagement?

Nachdem wir nun geklärt haben, dass ein Projekt etwas Neuartiges und Komplexes ist, das ein bestimmtes Ziel verfolgt, einen Anfangs- und Endtermin besitzt und in

Teamarbeit durchgeführt wird, wollen wir uns nun **Projektmanagement** anschauen. Darunter versteht man alle begleitenden Tätigkeiten, die benötigt werden, um ein Vorhaben erfolgreich abzuwickeln. Dazu gehört Planen, Organisieren, Koordinieren, Kommunizieren, Überwachen und Steuern ebenso wie das Führen von Menschen. Dabei sollte aber nicht vergessen werden, dass nicht Projektmanagement das Wichtigste bei der Projektarbeit ist, sondern dass es dabei um das Projekt geht und seinen erfolgreichen Abschluss. Projekte werden also nicht an das Projektmanagement angepasst, sondern das Projektmanagement passt sich an das Projekt an, indem wir nur die Methoden und Techniken einsetzen, die zur erfolgreichen Durchführung des Vorhabens benötigt werden. Projektmanagement ist dabei der Werkzeugkasten, der verschiedene Werkzeuge (Methoden, Techniken) bereitstellt. Von diesen Werkzeugen werden nur diejenigen ausgesucht, die für eine erfolgreiche Projektdurchführung sinnvoll sind. Wenn Sie z. B. nur einen Nagel in die Wand schlagen möchten, brauchen Sie lediglich einen Hammer, nicht aber eine Schlagbohrmaschine.

Der Grundgedanke beim Konzept Projektmanagement ist der, dass man sich dem Ziel in kleinen Schritten annähert. Das bedeutet, dass bei der Erstellung der Pläne ein Schritt nach dem anderen gemacht wird. Will man z. B. eine Party planen, dann ist die übliche Vorgehensweise, zu viele Dinge auf einmal machen zu wollen. Man überlegt sich zum Beispiel, welche Salate man gerne anbieten würde und hat gleichzeitig im Kopf, wer den Salat zubereiten soll und welche Zutaten in welcher Menge dafür benötigt werden, wann diese besorgt werden müssen und zu welchem Zeitpunkt die ausgewählte Person den Salat zubereiten soll. Das mag bei kleineren Vorhaben funktionieren, aber bei einem Projekt, das aus Hunderten von Aktivitäten besteht, wäre das nicht mehr planbar. Deshalb werden die einzelnen Schritte ganz bewusst voneinander getrennt und nacheinander geplant.

In einem ersten Schritt würde man sich also überlegen, was alles gemacht werden muss (benötigte Mengen ermitteln/Zutaten einkaufen/Salat zubereiten). Im zweiten Schritt würde man sich um die logische Reihenfolge Gedanken machen (erst, wenn man weiß, was man braucht, kann man die Zutaten einkaufen und erst, wenn alle Zutaten vorhanden sind, kann der Salat zubereitet werden). Im nächsten Schritt würde man die Tätigkeiten terminieren, also in einen Kalender eintragen, wann was stattfinden soll. Danach würde man schauen, wer an den geplanten Terminen verfügbar ist, um die Aufgaben durchzuführen. Nun, da man weiß, wer was macht und welche Zutaten benötigt werden kann man daraus die genauen Kosten errechnen. Und zum Schluss würde man noch prüfen, ob überhaupt genug Geld vorhanden ist.

Durch dieses Trennen der Planungsschritte müssen bei jedem einzelnen Schritt nicht immer alle Eventualitäten berücksichtigt werden und man kann sich dabei auf das Wesentliche konzentrieren. Dadurch wird die Komplexität der einzelnen Schritte verringert und das Ganze wird überschaubar. Die Folge ist, dass nichts Wichtiges vergessen wird und mögliche Fehler vermieden werden.

Projektmanagement verfolgt also das Ziel aus einem komplexen Vorhaben etwas von der Komplexität herauszunehmen, um damit alles etwas einfacher zu machen und eine bessere Erfolgschance zu garantieren.

1.3 Quintessenz

Das klassische Projektmanagement läuft in fünf aufeinanderfolgenden Phasen ab, wobei die Ergebnisse aus einer vorhergehenden Phase in der nächsten Phase weiterverwendet werden. Da die Inhalte der einzelnen Phasen genau definiert sind, werden keine Aufgaben doppelt gemacht und es wird nichts Wichtiges vergessen. Durch die nacheinander ablaufenden Planungsschritte, die dafür sorgen, dass man sich bei jedem einzelnen Schritt nur mit wenigen Elementen beschäftigen muss und nicht mit allen Faktoren gleichzeitig, wird die Projektdurchführung viel einfacher und es passieren weniger Fehler. Das versetzt uns in die Lage Projekte zu »händeln«, die für uns noch völlig neu sind oder uns sehr kompliziert erscheinen. Durch Projektmanagement bzw. dessen Methoden haben wir ja Mittel und Wege, um damit richtig umzugehen.

1.4 Interviews mit Projektmanagern

Ben Ziskoven

MF: Was ist für Sie persönlich »gutes PM« und warum ist es wichtig?

BZ: Projektmanagement – ganz allgemein und auch gutes PM – ist mir wichtig, weil jeder Tag im Projekt anders ist und alle Menschen, mit denen wir in Projekten zu tun haben, sind anders. Es ist oft anstrengend, ja, aber es wird eben auch nie langweilig. Wichtig ist auf jeden Fall, PM ernst zu nehmen und engagiert zu sein in dem, was wir tun. Es müssen qualifizierte Leute ins Projekt, die fachlich und menschlich viel Wissen haben und zueinanderpassen. Dann werden die Projekte auch gut.

MF: Wie wird sich PM in Zukunft voraussichtlich verändern? Auf was sollten wir Projektschaffenden uns vorbereiten?

BZ: Die Zukunft für PM ist sehr positiv! Für alle Arten von PM. Es hat tatsächlich damit zu tun, dass es in der Welt viel häufiger und extremer Veränderungen gibt und alles schneller geht. Deshalb wird auch mehr Lean sein und alles kurzfristiger, weniger passiert planungsgetrieben und »klassisch«. Und die Kunden werden in immer kürzeren Abständen um ihre Meinung gefragt und bringen sich ein. Agil ist kein Trend, sondern das wird bleiben und ist wichtig. Die Kunden werden stärker und stärker eingebunden – und nicht erst am Ende bei der Übergabe. Themen der Zukunft, die für uns Project People eine Rolle spielen werden:

1.) Sustainability (Nachhaltigkeit) und Supply Chain Management (Lieferkettenmanagement)
2.) Kreativität in Bezug auf neue Rohstoffe und alternative Ressourcen
3.) Arbeit mit und für Menschen wird immer wichtiger – die Arbeit muss für den Menschen Sinn machen, also sinnstiftend sein.
4.) Big Data/Dateneigentum wird mehr und mehr ein Thema.
5.) KI (Künstliche Intelligenz) und Machine Learning bzw. Biotechnologie

Peter B. Taylor

MF: Wie wird sich PM in Zukunft voraussichtlich verändern? Auf was sollten wir Projektschaffenden uns vorbereiten?

PBT: Für mich gibt es zwei signifikante Faktoren in puncto Projektmanagement – zum einen KI/Künstliche Intelligenz und Teamanalyse.

In einer kürzlich veröffentlichten Gartner Pressemitteilung wurde eine gewagte These zum Projektmanagement aufgestellt: »Bis 2030 werden 80 % der PM-Aufgaben wegfallen, weil eine KI diese PM Funktionen übernimmt.«

Die Auswirkungen, die das auf Projektmanagement und Projektmanager hat, werden immens sein. Meiner Ansicht nach aber auf eine positive Weise, weil die KI in erster Linie die Dinge »tut«, die sowieso nicht gerade zu den Lieblingsaufgaben der Projektmanager gehören (und die KI wird dabei sogar noch einen besseren Job »machen«). Somit können sich die Projektmanager endlich mehr auf die Menschen fokussieren – und genau darum geht es schließlich (und darum ging es schon immer) in Projekten – um die Menschen.

Deshalb ist aus meiner Sicht so wichtig, den Fokus auf das Thema Teamanalyse und Dynamik zu richten, damit sich Projektmanager damit auseinandersetzen können, wie sie großartige und leistungsstarke Teams aufbauen und führen können, um Projekte noch erfolgreicher zu machen. Ich arbeite hier beispielsweise sehr oft und gerne mit **Perflo.co**.

Ich empfehle allen professionellen Projektschaffenden, »bereit« zu sein und sich auf diese anstehenden Veränderungen einzustellen – lest, lernt, redet darüber und debattiert über die Themen, die quasi zweifelsohne schon bald auf uns zukommen werden!

Astrid Beger

MF: *Was sind Ihre ganz persönlichen »Geheimtipps« für erfolgreiche Projekte? Haben Sie Lieblingstools?*

AB: Mein persönlich wichtigster Tipp: Fördere Quereinsteiger. Fördere berufliche Umstiege, Neuanfänge. Nimm wahr, dass Care-Verantwortung außerhalb der beruflichen Ziele unmittelbar in Geld im Projekt umgewandelt wird. Lieblingstools – ich liebe die Vielfalt. Je mehr Werkzeuge ich in der Kiste habe, umso besser. Ein Canvas kann toll sein, wenn er sich nicht als Routine einschleift. Auch in Arbeitsbeziehungen gilt meines Erachtens: Wir tendieren dazu, auf die Dauer faul in der Wahrnehmung zu werden. Heißt das, ich habe keine Lieblingstools? Doch, am Ende ist der Projektvertrag und die formelle Projektabschluss-Besiegelung mein Lieblingstool. Beides aber nur zusammen.

Felix Mühlschlegel

MF: *»Sage mir, wie dein Projekt beginnt und ich sage dir, wie es endet.« Gemäß dieser alten Projektmanagement Weisheit – welche Punkte sind Ihnen beim Projektstart besonders wichtig?*

FM: Für mich beginnt ein Projekt mit dem Kick-off – auch weil im Vorfeld bereits sehr viel mit den KPI geplant wurde. Diese KPI (Key Performance Indicators/ Schlüsselkennzahlen) stelle ich dann beim Kick-off vor, bei dem alle wichtigen Stakeholder anwesend sind. Es geht dabei darum, dass jeder eine klare Vorstellung davon bekommt, was die Zielsetzung ist. Dabei wird dem Team die Problemstellung präsentiert, aber ohne schon eine Antwort vorzugeben. Brainstorming Runden ohne Einbindung in einen gewissen Rahmen sind nicht zielführend, deshalb ist so ein Kick-off wichtig, damit alle eine gemeinsame Vision bekommen. Ich nutze diesen Meilensteintermin, um über spezielle Kundenwünsche und Details zu berichten, präsentiere Marktanalysen und Trends. Diese ganzen Infos dienen dann dem Projektteam als eine Art Leitplanken. Nach diesem Kick-off beginnt dann die Kreativphase, in der jeder Stakeholder schaut, wo er sich und seine Expertise einbringen kann, wir thematisieren mögliche Schwierigkeiten und schauen uns noch einmal die Erfahrungen aus dem letzten Projekt bzw. der letzten Saison an.

Ich denke, die Mischung daraus, eine Vision zu haben und auch ein paar Leitplanken vorzugeben, damit jeder im Projekt eine Vorstellung davon bekommt, was bei dem Projekt am Ende herauskommen soll, aber allen dennoch die Freiheit lässt, sich mit seinem Wissen und seiner Kreativität einbringen zu können ist genau das, auf was es ankommt. Hier passiert die Magie – oder eben auch nicht.

Michael Künnell

MF: Was ist für Sie persönlich »gutes PM« und warum ist es wichtig?

MK: Gutes Projektmanagement ist für mich, wenn das Ziel mit Spaß und Freude erreicht wird. In der Zukunft werden meiner Meinung nach Projekte immer mehr online durchgeführt. Umso wichtiger ist es, sich auch persönlich kennenzulernen, denn dann klappt die Zusammenarbeit besser, die Projekte machen Spaß und sind erfolgreich.

Daniel Laufs

MF: Was ist für Sie persönlich »gutes PM« und warum ist es wichtig?

DL: Gutes Projektmanagement ist für mich persönlich eine Mischung zwischen agil und klassisch. D. h., wir haben starre Strukturen, in denen wir uns aber agil bewegen können. Sich selbst zu verwirklichen ist cool, aber das geht nur, wenn es drumherum auch feste Strukturen gibt. Und es ist wichtig, dass die Menschen, die in Projekten arbeiten, auch wirklich wissen, was sie tun.

Thor Möller

MF: Was ist für Sie persönlich »gutes PM« und warum ist es wichtig?

TM: Ein Werkzeug ist nur so gut, wie sein Nutzer, ein Auto nur so gut wie sein Fahrer und jeder PM-Ansatz nur so gut, wie er geführt wird. Bei all den Tools, die wir für PM haben, wird der Aspekt »Führung« leider immer mehr vernachlässigt und Projekte werden leider zu wenig geführt. Um es nach Siemens zu sagen: »A fool with a tool is still a fool!«. Gutes Projektmanagement ist etwas Wunderbares und kommt nie aus der Mode. Ich lerne jetzt schon seit mehr als 20 Jahren immer wieder etwas in puncto PM – und kann auch noch in 30 Jahren hier etwas lernen. Die Welt braucht Projekte – aber Projekte sind viel mehr als nur Methoden oder Tools. Leider denken einige Unternehmen immer noch: »Wir machen jetzt PM. Wir brauchen eine Software!«. Nein! So funktioniert das nicht. Wir müssen PM verstehen und leben, darauf kommt es an. Und damit wir das können, braucht es umfassende Kenntnisse über Projektmanagement. Ja, natürlich auch darüber, welche Methoden es gibt. Aber vielmehr brauchen wir das Wissen darüber, WARUM wir zu welchem Zeitpunkt im Projekt WAS machen sollten. Gutes PM bedeutet deshalb die ganzheitliche Betrachtung des Projekts mit allem, was dazugehört. Und das geht durchaus auch ohne viel Tamtam und drumherum, sondern auch hemdsärmelig mit tollen Excel-Sheets oder sehr pragmatischen Herangehensweisen. Das ist ja das Tolle an PM!

Tobias Rohrbach

MF: *Was ist für Sie persönlich »gutes PM« und warum ist es wichtig? Bzw. warum ist es sinnvoll, dass sich Firmen mit dem Thema PM befassen und ihre Mitarbeitenden entsprechend schulen (lassen)?*

TR: Ganz offensichtliche Antwort – um das Maximale an Potenzial aus allem herauszuholen. Termine, Kosten, Leistung, Qualität – ganz klassisch das magische Dreieck ... Auf der Metaebene ist gutes PM für mich, dass ich erkennen muss, ob das Projekt auch wirklich ein Projekt ist, ob es gut oder schlecht ist. Es geht darum, nicht nur effektiv zu sein, sondern effizient. Gutes Projektmanagement sorgt dafür, dass nichts aus dem Ruder läuft. Unternehmen und Organisationen brauchen dringend mehr Wissen rund um das Thema PM, weil dieses Thema einfach ein Thema der Zukunft ist. Mich fasziniert alles, was kalkulierbar ist – und gutes PM macht alles kalkulierbar. Projektmanagement hat eine tolle Methodik und begeistert mich deshalb einfach mit allen Aspekten.

René Windus

MF: *Haben Sie »Geheimtipps« für erfolgreiche Projekte?*

RW: Auf jeden Fall eine saubere Auftragsklärung. Alles andere fliegt uns um die Ohren. Und dann brauchen wir ein gutes Stakeholdermanagement. D. h., die Stakeholder frühzeitig identifizieren und verstehen, was sie umtreibt und dann alles daransetzen, um die Stakeholder auch während des Projekts bei der Stange zu halten. Wichtig ist auch – egal, was los ist, gehe mit allen ehrlich um! Auch, wenn es schlechte Nachrichten gibt. Alles offen und frühzeitig ansprechen, darauf kommt es an, wenn das Projekt gelingen soll. Das geht aber natürlich nur, wenn alle fit in den zwischenmenschlichen Themen sind. Erfolgsfaktoren sind weich! Pläne sind wichtig, aber ob ein Projekt klappt oder nicht, hängt nicht vom Plan ab, sondern davon, wie ich mit den Menschen im Projekt klarkomme.

Olaf Piper

MF: *Was ist für Sie persönlich »gutes PM« und warum ist es wichtig?*

OP: Gutes PM hat viel mit Kommunikation und dem Aufbau von Vertrauen zu tun. Der Projektmanager kann und soll inhaltliche Dinge nicht selbst machen, sondern sich darauf konzentrieren, die richtigen Leute mit an Bord zu haben, zu diesen Vertrauen aufzubauen und durch regen Austausch immer das Ohr auf der Schiene zu haben, um rechtzeitig steuernde Maßnahmen einzuleiten. Viele prominente Projekte haben gezeigt, wie ineffizient es sein kann, Entscheidungen zu spät zu treffen. Oft ist es aufwendiger, Fehlentwicklungen zu korrigieren als nochmals von vorne zu beginnen (siehe Flughafen Berlin Brandenburg BER, Elb-Philharmonie etc.).

Petra Berleb

MF: Was ist für Sie persönlich »gutes PM« und warum ist es wichtig?

PB: Gutes Projektmanagement ist für mich, wenn am Schluss etwas Wertvolles herauskommt, wenn ich ein Produkt oder eine Dienstleistung schaffe, das meine Kunden begeistert. Die Methode ist zweitrangig. Eine gute Customer Experience und ein wertschöpfendes Ergebnis sind für mich wichtiger als die Methode. Leider ist das in Deutschland oft anders, weil wir ein Ingenieursland sind und alles einfach haben wollen. Das Zwischenmenschliche geht dabei oftmals unter. PM ist mehr als nur Listen abzuhaken oder Methoden anzuwenden. Methoden sind Mittel zum Zweck. Wertschätzung wird als Schlagwort oft hochgehalten – und bleibt dennoch in der Praxis häufig auf der Strecke.

MF: Haben Sie »Geheimtipps« für erfolgreiche Projekte oder vielleicht sogar Lieblingstools?

PB: Den Raum für Ehrlichkeit und Vertrauen schaffen. Schlecht läuft es, wenn die beteiligten Menschen nicht mit offenen Karten spielen … Gerade, wenn im Projekt nicht alles glatt läuft – redet darüber und seid offen! Dann findet man auch für alles eine Lösung. Probleme unter den Teppich zu kehren, führt immer zu Misstrauen und Chaos. Und dann braucht es natürlich noch gute Kommunikation und Transparenz. Wir nutzen in unseren Projekten Kanban-Boards, weil sie für Transparenz sorgen. Du erkennst sofort, wo der Engpass oder welches Teammitglied überlastet ist, weil es in zu vielen Aufgaben involviert ist. Da wir viel remote arbeiten, nutzen wir Trello. Aber auf die Software kommt es nicht an, sondern auf ein agiles Mindset! Deshalb ist agiles PM auch genau meins, weil der Fokus auf dem Menschen liegt und auf Wertschöpfung.

Chris Schiebel

MF: Warum Projektmanagement? Was fasziniert Sie an der Arbeit in Projekten?

CS: Erstens – in Projekten wird die Zukunft von Unternehmen gestaltet. Projekte setzen die Strategien operativ um und das fasziniert mich, denn dafür braucht es Projektmanager. Es ist unglaublich inspirierend, in diesem Kontext mitarbeiten und mitgestalten zu dürfen. Und das ermöglicht Projektmanagement. Erfolg ist sichtbare Wirksamkeit. Wir setzen in Projekten ein Zeichen und können sehen, spüren, anfassen – und damit ein Stück weit Geschichte schreiben.
Zweitens – kaum jemand ist in Unternehmen besser vernetzt als die Projektmanager. D. h., wir haben unglaublich viel Einfluss, gestalten mit und setzen Zeichen. Netzwerken ist das A und O, es erzeugt Sichtbarkeit. Es ist ein Geschenk, auf diese Weise Unternehmen nach vorne zu bringen.
Drittens – Projekte bedeuten sehr wenig Wiederholungsfaktor, sondern immer ganz viel Neues. Und das entspricht eher meiner Persönlichkeit. Ausgetretene Pfade zu verlassen, Neues willkommen zu heißen und Abwechslung zu haben.

2 Initialisierungsphase

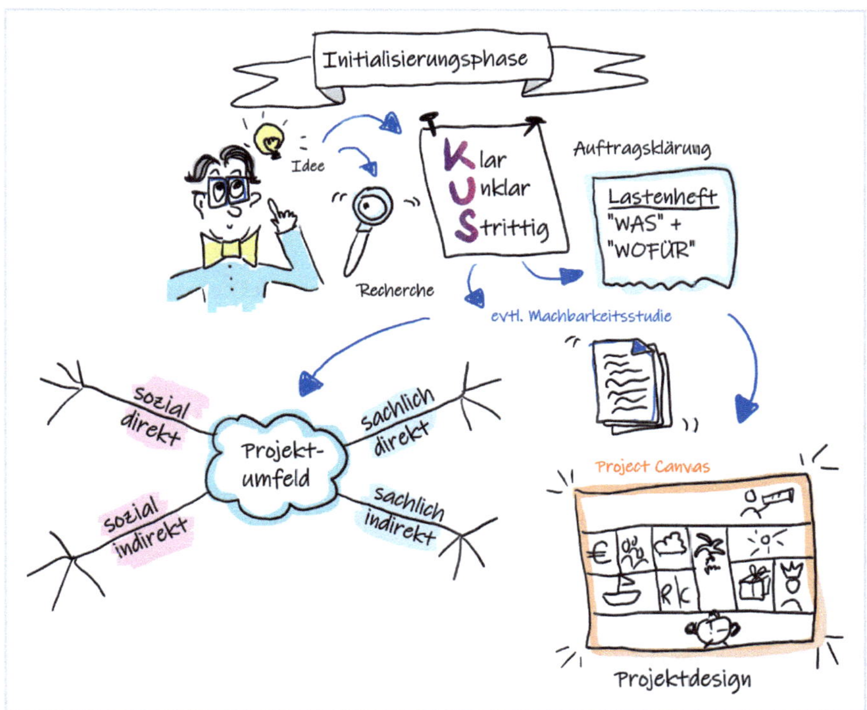

Abbildung 1: Übersichtsbild Initialisierungsphase

2.1 Grundlagen

Wir haben eine Projektidee vorliegen oder irgendwelche Umstände veranlassen uns dazu, ein Vorhaben durchzuführen, das für uns noch relativ neu ist. Außerdem haben wir oder unser Auftraggeber noch keine genaue Vorstellung von den Zielen, der Vorgehensweise oder des Projektinhalts. Wir fischen also im Trüben. Wir wissen zwar ungefähr, was wir erreichen wollen, aber ganz greifbar ist das Ganze für uns noch nicht. Immerhin herrscht Konsens darüber, dass zu diesem Thema etwas gemacht werden soll, und wir wollen uns damit näher beschäftigen. Wir verschaffen uns einen ersten Überblick, indem wir alles sichten, was wir zu diesem Thema finden können. Wir schauen also, ob schon einmal etwas Ähnliches in unserem Unternehmen gemacht wurde und ob darüber Unterlagen oder Erfahrungsberichte existieren. Wir erkundigen uns, ob in unserem näheren **Projektumfeld** schon jemand etwas Ähnliches gemacht hat oder es Personen gibt, die sich mit dieser Thematik auskennen und mit denen wir uns unterhalten können. Ansonsten hören wir uns in der Branche oder im Internet um und sammeln alle verfügbaren Informationen zu unserem potenziellen Projekt. Alles, was wir finden können, wird gesichtet, strukturiert und bewertet und wir erlangen langsam etwas Klarheit.

2.1.1 Auftragsklärung

Diese Informationen teilen wir mit unserem Auftraggeber und bringen in Erfahrung was klar, unklar oder strittig ist. Die klaren Punkte werden schriftlich festgehalten, über unklare Punkte wurde noch nichts gesagt – entweder weil der Auftraggeber sich noch keine Gedanken darüber gemacht hat oder es für ihn so selbstverständlich erschien, dass er keine Notwendigkeit sah, diese Gedanken mitzuteilen. Wir stellen also gezielte Fragen und hinterfragen gegebenenfalls die Antworten, und zwar so lange, bis sich ein klares Bild ergibt. Bei einigen Punkten, nämlich den »strittigen«, werden wir feststellen, dass wir dazu eine andere Meinung oder andere Ansichten haben als der Auftraggeber. Diese Punkte müssen wir klären! Erst, wenn ein gemeinsames Grundverständnis darüber herrscht, was mit dem Projekt eigentlich erreicht werden soll, und wie eine mögliche Vorgehensweise aussehen könnte, ist die **Auftragsklärung** beendet.

Falls wir Glück haben, hat sich der Auftraggeber schon Gedanken über die genauen Anforderungen gemacht und hat seine Wünsche in einem **Lastenheft** festgehalten, aus dem wir zu einem späteren Zeitpunkt das **Pflichtenheft** mit genauen Realisierungsvorgaben entwickeln können.

2.1.2 Projektumfeldanalyse

Um einen Überblick darüber zu erhalten, welche Faktoren unser Projekt beeinflussen können, wird eine **Projektumfeldanalyse** erstellt. Diese enthält sowohl soziale als auch sachliche Faktoren. Unter sozialen Faktoren versteht man einzelne Personen oder Personengruppen, die Einfluss auf das Projekt nehmen können oder vom Projekt beeinflusst werden. Das sachliche Umfeld besteht aus Dingen oder Gegebenheiten, die sich auf die Projektdurchführung positiv oder negativ auswirken können. Daraus lassen sich Risiken oder Chancen erkennen, die uns bei der Entscheidung helfen können, ob das Projekt auch wirklich initiiert also ins Leben gerufen werden soll. Wenn wir schon beim Sammeln und Strukturieren der einzelnen Faktoren sind, ist es sinnvoll, sowohl die sozialen als auch die sachlichen Faktoren in direkte und indirekte Faktoren einzuteilen. Direkte Faktoren können wir ohne Probleme beeinflussen, indirekte Faktoren nicht oder nur über Umwege. Diese Einteilung bereits zum jetzigen Zeitpunkt kann sinnvoll sein, damit wir im späteren Projektverlauf keine Zeit oder Ressourcen für Dinge verschwenden, die wir sowieso nicht ändern können. Wir dürfen bei diesen Überlegungen aber nicht vergessen, dass unser Projekt von allen Faktoren beeinflusst wird – egal, ob es sich um direkte oder indirekte Faktoren handelt.

Angenommen, wir würden eine Umfeldanalyse für die *Titanic* durchführen. Dann hätten wir als direkte soziale Faktoren den Kapitän, die Mannschaft und die Passagiere. Da der Kapitän auf einem Schiff die absolute Befehlsgewalt hat, müssen auch die Passagiere tun, was der Kapitän sagt. Deshalb zählen sie auch zu den direkten Faktoren. Zu den indirekten sozialen Faktoren gehören die Angehörigen der Mannschaft und der Passagiere, denn auf diese haben die Betreiber der *Titanic* keinen Einfluss. Das gilt auch für Reporter, die nicht an Bord sind. Wenn es zu einem Unglück kommt, werden die Angehörigen Schadenersatzansprüche geltend machen und die Reporter werden über das Unglück berichten – und die Reederei kann nichts dagegen tun. Zum direkten sachlichen Umfeld gehören die »Unsinkbarkeit« der *Titanic*, die Anzahl der Rettungsboote, der eingeschlagene Kurs, die Geschwindigkeit des Schiffes und das Blaue Band (eine begehrte Trophäe für die schnellste Überquerung des Atlantiks). Zu den indirekten sachlichen Faktoren gehören Eisberge, Wetter, Sichtverhältnisse, Wassertemperatur und die Medienberichterstattung, da auf diese Faktoren keine Einflussnahme durch die Reederei möglich ist.

2.1.3 Projektifizierung

Um eine Entscheidung für oder gegen das Projekt treffen zu können, müssen wir noch klären, ob das Projekt überhaupt zu unserem Unternehmen passt. Die Gedanken, die wir uns dabei machen, fließen in das **Projektdesign** – das in der nächsten Phase, der Definitionsphase, entworfen wird – mit ein. Dabei müssen soziale Aspekte wie Unternehmenskultur und Werte ebenso beachtet werden, wie die organisatorischen Aspekte des Unternehmens. Wir müssen prüfen, ob eine Durchführung des Projekts in der vorhandenen **Stammorganisation** unserer Firma überhaupt möglich ist und ob die Projektziele mit den Unternehmenszielen vereinbar sind. Wenn z. B. der Vatikan ein Projekt zur Kriegswaffenproduktion initiieren wollte, wäre dieses Projekt vermutlich nicht mit den Zielen des Kirchenstaats vereinbar. Oder eine »saubere« Firma will ein Projekt ins Leben rufen, stellt dann aber fest, dass dies ohne Kinderarbeit nicht möglich ist – auch das wäre nicht konform zu den Unternehmenszielen.

Falls mit den bisher gesammelten Informationen die Projektidee hinreichend gut beschrieben ist, kann und muss nun eine Entscheidung gefällt werden, ob das Vorhaben als Projekt durchgeführt werden soll. Mit der Genehmigung der Projektidee wird automatisch die nächste Phase, die Definitionsphase, freigegeben.

2.2 Praxisbeispiel

Am Anfang eines Projektes steht eine Idee ... Im Falle des vorliegenden Beispiels war das unsere Idee, ein Buch zu schreiben – ein Fachbuch zum Thema Projektmanagement. Warum ein Buch? Warum das Thema Projektmanagement? Und welchen Nutzen versprachen wir Autoren uns von dieser Projektidee?

Nach meiner ersten wunderbaren Erfahrung, ein Buch zu schreiben und es bei Haufe zu publizieren war ich im »Autorenmodus«. Weil ich gerne schreibe, weil ich etwas zu sagen habe, weil ich selbst gerne gute Bücher lese und weil ich als Autorin meine Sichtbarkeit erhöhe, als Trainerin, Coach und Autorin bekannter werde, und bestenfalls Anerkennung als Expertin für meine Themen finde. Die Erfolgsfaktoren hierbei waren, dass die Leser das Buch kaufen, mehr über die im Buch angesprochenen Themen wissen wollen, neugierig werden und Kontakt zu mir aufnehmen, um mich als Trainerin oder Coach zu buchen. Mein Mann Mathias und ich sind nun beide nicht nur erfahrene Projektmanager, sondern unterrichten Projektmanagement, um unsere Teilnehmer auf unterschiedliche Zertifizierungsprüfungen im PM vorzubereiten. Dabei haben wir offenkundlich das richtige Händchen für Didaktik und schaffen es, alle mit unserer Begeisterung für gutes, pragmatisches Projektmanagement anzustecken, sodass immer wieder Teilnehmerstimmen laut wurden, wir zwei Flicks sollten doch bitte unbedingt ein Buch schreiben und darin erklären, wie PM funktioniert. Mathias und ich waren sofort überzeugt und unsere Projektidee nahm ihren Lauf.

Ich bin ein großer Fan des Project Canvas von Karen Schmid und Frank Habermann. Dieses Tool ist sehr hilfreich beim Projektdesign, denn der Project Canvas steckt einen sinnvollen Rahmen ab und hilft mir dabei, mir gleich zu Beginn meiner Projektidee die »richtigen Fragen zu stellen. In einem ersten kreativen **Brainstorming** *legten wir ein paar Eckthemen fest und waren uns sehr schnell einig über den inhaltlichen roten Faden unseres Buches. Dadurch, dass ich mit meinem ersten Buch zum Thema Führung bereits mit dem Haufe Verlag sehr gute Erfahrungen gesammelt hatte, stand für uns Autoren sehr schnell fest, dass wir mit diesem Verlag im Rahmen unseres neuen Buchprojekts zusammenarbeiten wollten.*

Wir setzten uns zusammen und machten uns erste Gedanken darüber, wie eine mögliche Zeitschiene aussehen könnte und wie wir das Schreiben unseres Buches in unseren Arbeitsalltag als Projektmanager, Trainer und Coaches unter einen Hut bekommen konnten, ohne uns selbst und unsere Familie dabei aus den Augen zu verlieren.

Eine Projektumfeldanalyse ergab als sachliche Faktoren z. B. den Verlag und seinen guten Ruf in der Branche, den Autorenvertrag und in diesem Zusammenhang natürlich auch die entsprechenden gesetzlichen Regelungen, wie z. B. das Verlagsgesetz, das Urhebergesetz oder die DSGVO. Natürlich zählen zu den sachlichen Faktoren auch unser Fachwissen über Projektmanagement und unsere Erfahrung als Betriebswirt, Projektmanager, Projektbegleiter und Trainer. Und da von Anfang an klar war, dass wir für unser Buchprojekt gutes Projektmanagement nach den Richtlinien der ***GPM/IPMA*** *zugrunde legen wollen, zählten das aktuelle Regelwerk für PM, die* ***ICB*** *4.0 sowie die DIN 69901 bzw. DIN ISO 21500 ebenfalls zu unseren sachlichen Faktoren in der Umfeldbetrachtung. Zu den sozialen Faktoren zählten u. a. wir Autoren, der Leiter Business-Publikationen des Haufe Verlags, unsere Produktmanagerin, Logistikverantwortliche, Grafiker, Korrektoren, unsere Lektorin, die zukünftigen Leser des Buches oder eben auch der Spediteur, der für die Auslieferung der Bücher zuständig sein würde. Die Entscheidung pro Projekt wurde schnell getroffen und sogar um die Idee erweitert, das Buch gleich auf Deutsch und Englisch zu publizieren.*

2.3 Quintessenz

In der Initialisierungsphase wird alles recht oberflächlich betrachtet, da man nicht zu viel Zeit und Geld für ein Projekt verschwenden will, das vielleicht gar nicht durchgeführt wird, oder gar nicht durchführbar ist. Es werden nur Anstrengungen unternommen, die das Projekt konkretisieren, ein gemeinsames Verständnis zwischen Auftraggeber und Auftragnehmer schaffen und dafür sorgen, dass alle relevanten Informationen bereitgestellt werden, die für die Entscheidung »Projekt durchführen: Ja/Nein« notwendig sind. Erst, wenn der Projektauftrag vorliegt und die Arbeit im Projekt auch tatsächlich bezahlt werden würde, werden die gesammelten Punkte wie z. B. die Umfeldfaktoren, näher beleuchtet, was dann in den nachfolgenden Phasen passiert.

2.4 Tools und Tipps

Nach dem ersten Gespräch mit dem Auftraggeber merkt man häufig, dass noch vieles unklar ist oder dass über viele Dinge noch nicht geredet wurde und deshalb noch wichtige Informationen fehlen. Möglicherweise sind dem Auftraggeber diese Dinge auch noch nicht bewusst, oder er geht davon aus, dass wir schon wissen, was er will. Der wohl wichtigste Tipp ist jetzt, nicht in einen »blinden Aktionismus« zu verfallen, sondern sich zuerst einen genauen Überblick über die Lage zu verschaffen und ausführlich zu recherchieren. Gute Recherchequellen sind Lessons Learned aus vergangenen Projekten, Informationen von Branchenverbänden und natürlich das Internet. Dabei sollte man sich alle Fragen, die in Zusammenhang mit der möglichen Projektdurchführung auftauchen, sofort notieren. Auch wenn man erkennt, dass noch einige Informationen fehlen, sollte man das notieren. Hat man alle offenen Punkte gesammelt, sollte man einen weiteren Termin mit dem Auftraggeber vereinbaren und über diese Punkte reden, und zwar so lange, bis beide Parteien das gleiche Verständnis über die durchzuführenden Schritte haben.

Ein sehr hilfreiches Tool, das im Praxisbeispiel bereits Erwähnung fand, ist die Arbeit mit dem Project Canvas. Er ist eine wertvolle Möglichkeit, auf einen Blick und mit allen wichtigen Projektbeteiligten gemeinsam einen Überblick über alle wichtigen Projektbelange zu bekommen und dabei genau die Fragen zu stellen, die in der Praxis oft sonst unbeantwortet bleiben. Ähnlich wie beim Business Model Canvas gibt es ein vorgegebenes Raster, das aus elf Bausteinen besteht und das im Querformat auf ein Flipchart (oder noch besser: auf ein Meta-Board) gezeichnet wird. Zu jedem Baustein gibt es dann entsprechende Fragestellungen, die alle Beteiligte von Anfang an auf den richtigen Projektweg führen und wertvolle Impulse geben.

Wir beginnen mit dem Feld *Kunden* und fragen uns, wer genau die Menschen sind, die uns beauftragt haben, die sich einen Nutzen von unserem Projekt versprechen und unser Projekt finanzieren.

Dann betrachten wir das Feld *Zweck* und hinterfragen die Motive, die dazu führen, dass es ein Projekt gibt. Warum ist unser Projekt richtig und wichtig und inwieweit schreiben wir mit unserem Projekt Geschichte? Dann gehen wir zum Feld *Ergebnis* und beschäftigen uns mit der Frage, was wir am Ende dem Auftraggeber übergeben sollen – geht es um ein neues Produkt, eine neue Dienstleistung, geht es um neues Wissen oder Erkenntnisse? Als viertes Feld schauen wir uns den Bereich *Qualität* an und beleuchten näher, was unseren Kunden wirklich glücklich macht, welche Erwartungshaltung er genau hat aber auch, wie er im Projekt mitarbeiten und involviert werden möchte. Natürlich spielt auch das Feld *Zeit* eine wichtige Rolle. Sowohl, was den wirklichen Projektbeginn und das tatsächliche Projektende angeht, als auch Fragestellungen bezüglich terminlicher Flexibilität, Freigaben oder benötigte Dokumente. Ein weiteres Feld ist das Feld *Etappenziele*, für die wir uns überlegen, wann genau es Anlässe gibt, etwas zu feiern und wie wir unseren Erfolg nicht nur messbar, sondern auch sichtbar machen können. Im Anschluss daran befassen wir uns mit dem *Umfeld* und hinterfragen, welche bekannten Kräfte sich auf unser Projekt auswirken – sowohl positiv als auch negativ. Natürlich gibt es im Project Canvas auch ein Feld für *Risiken und Chancen*, um herauszufinden, welche unsicheren Ereignisse uns eher Wind in die Segel pusten oder unsere Projektreise erschweren. Schön finde ich hier, dass der Project Canvas von Karen Schmidt und Frank Habermann auch gleich den Tipp für uns Projektmenschen parat hält, dass sicher eintretende Ereignisse, die wir beeinflussen können, ins Umfeld gehören und eben keine Risiken sind. Das nächste Feld beschäftigt sich mit dem *Team*, und wir stellen uns gezielt Fragen nach dem Kernteam, dem erweiterten Team, nach externen Partnern und natürlich nach der Projektleitung. Daran anschließend befassen wir uns mit dem Feld *Ressourcen* und schauen genauer hin, welche Modelle oder Methoden unser Projekt unterstützen könnten, welche Arbeitsmittel wir zur Verfügung haben, aber wir betrachten auch, welche Räumlichkeiten wir nutzen können und wie wir Besprechungen durchführen – virtuell oder vor Ort, mit welchen Materialien etc. Als elftes Feld schauen wir zum *Budget* und stellen uns wichtige Fragen zum Finanzrahmen, zu notwendigen internen und externen finanziellen Ressourcen aber auch, wie viel Geld wir für das Team benötigen.

Durch die konkreten Fragen zu jedem Feld im Project Canvas verlaufen die Gespräche unter den Projektbeteiligten sehr zielorientiert und systematisch, sodass gleich zu Beginn eines Projektes alle Sinne auf Effizienz ausgerichtet sind und es für jeden wertvolle Impulse gibt. Das Schöne bei der Arbeit mit diesem Tool ist, dass die Menschen, die damit arbeiten, alles gemeinsam entdecken und dadurch zu einem gemeinsamen Verständnis über ihr Projekt kommen und sich ein Bild vom »Großen Ganzen« machen können, vom Big Picture.

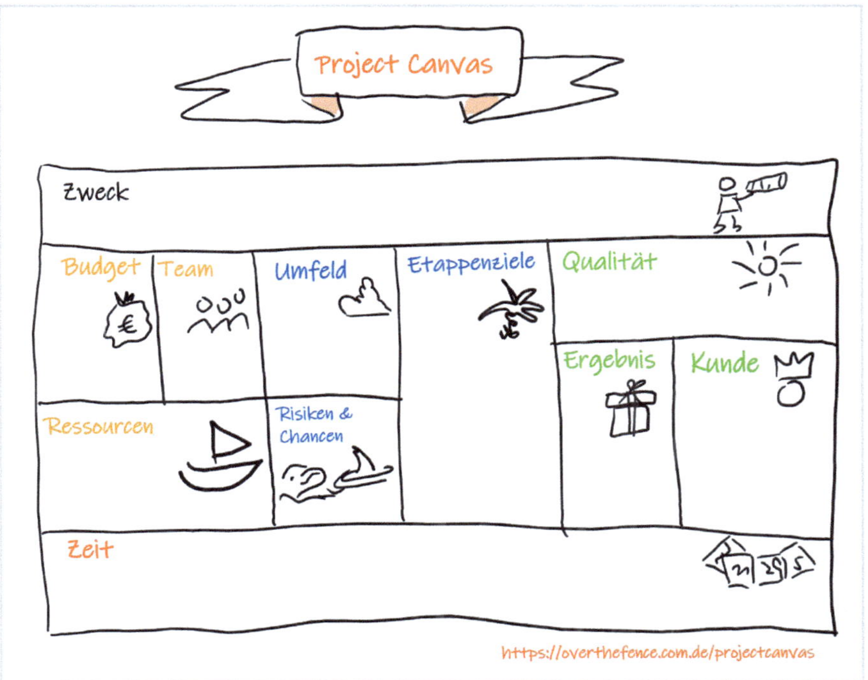

Abbildung 2: Project Canvas

Zu Beginn eines Projektes kann uns eine besondere Kreativitätstechnik dabei helfen, eine neue Perspektive einzunehmen und Impulse zu bekommen, die uns im weiteren Verlauf des Projekts gute Dienste leisten können. Es handelt sich hierbei um die Kopfstandmethode. Die Herangehensweise ist wie folgt – anstatt uns zu fragen, wie wir es schaffen, das Projekt erfolgreich werden zu lassen, drehen wir die Frage ins Gegenteil und machen uns im Projektteam darüber Gedanken, was wir alles unternehmen könnten, um das Projekt an die Wand zu fahren. Wie müssten wir arbeiten und was müssten wir tun, damit wir scheitern? Diese Denkweise mag im ersten Moment seltsam anmuten, aber ab dem Zeitpunkt, an dem der Erste aus dem Team mutig eine konkrete Idee geäußert hat, ist der Damm meistens gebrochen und die kreative Arbeit beginnt. Haben wir eine gut gefüllte Sammlung von Ideen, wie wir unser Projekt zum Scheitern bringen, dann folgt der zweite Schritt unserer Kopfstandmethode, indem wir uns sinnbildlich gesprochen ein weiteres Mal auf den Kopf stellen und die Fragestellung erneut ins Gegenteil umkehren. D. h., nun überlegen wir uns Punkt für Punkt der Liste, was wir tun können, um das genaue Gegenteil zu erreichen – und sind damit wieder bei der ursprünglichen Frage nach dem Projekterfolg. Nur mit dem Unterschied, dass wir über den Umweg des zweimaligen Kopfstands hier jetzt viel detaillierter unterwegs sind und möglicherweise neue Impulse bekommen haben, die uns im weiteren Verlauf des Projekts gute Dienste leisten werden. Die Kopfstandmethode ist vor allem gut geeignet, um Skeptiker und Menschen mit einer eher negativen Grundhaltung dort abzuholen, wo sie stehen und ihre Bedenken ernst zu nehmen. Der Perspektivenwechsel inspiriert uns dazu, von unseren üblichen Denkpfaden abzuweichen und neues Gedankenterrain zu erobern. Und genau das bringt uns möglicherweise erst richtig auf den Weg des Erfolgs.

Impulsfragen für die Initialisierungsphase

- KUS – Was ist klar, unklar, strittig?
- Welches Potenzial steckt in diesem Vorhaben?
- Was ist unsere Hauptzielsetzung?
- Welchen Nutzen versprechen wir uns von unserem Projekt?
- Was ist der Maßstab für den Erfolg unseres Projekts?
- Inwieweit ist unser Projekt wichtig für die strategische Ausrichtung des Unternehmens?
- Was genau haben wir vor und warum ist das wichtig?
- Wer ist unser Kunde wirklich und wer ist »Publikum« für unser Projekt?
- Warum möchte der Kunde gerade mit uns arbeiten?
- Wurde etwas in dieser oder ähnlicher Form schon einmal gemacht?
- Was werden wir umsetzen und was werden wir nicht umsetzen?
- Wie wollen bzw. werden wir das Vertragliche regeln? (Generalunternehmerschaft? Consulting-Verträge etc.?)
- Was ist, wenn unser Projekt scheitert?

2.5 Interviews mit Projektmanagern

Ben Ziskoven

MF: *Welcher Projektstart ist Ihnen besonders im Gedächtnis geblieben und warum? (Im Guten, wie im Schlechten)*

BZ: Ad-hoc-Projektmanagement gleich zu Beginn ist gut, um Lösungen für bestimmte Problemstellungen zu bekommen und kann auch schnell funktionieren. Also das komplett freie Herangehen – ohne eine bestimmte Methode im Kopf zu haben. Das kostet langfristig aber viel Energie und die Resultate sind eher reduziert. Auf Dauer wird Ad-hoc-PM nicht funktionieren, sondern macht krank. Aber kurzfristig sehr frei zu denken und frei an Dinge heranzugehen, ist gut und bietet viele Möglichkeiten. Generell ist es besser, überhaupt eine Methode anzuwenden als gar keine Methode – auch wenn es nicht die »richtige« Methode ist. Und wenn schon beim Projektstart der Fokus auf das gelegt wird, was die Kunden wollen und dabei auf eine flexible Art immer weiter aus den Erfahrungen gelernt wird, dann ist das sehr inspirierend.

Carsten Mende

MF: *Wie stellen Sie sicher, dass Auftraggeber und Auftragnehmer das gleiche »Verständnis« vom Projekt haben?*

CM: »Das gleiche Verständnis vom Projekt«, soviel mal vorneweg, darf nicht als stabiler Zustand betrachtet werden. Eine gelungene Kick-off-Veranstaltung allein garantiert noch nicht, dass das Projekt zum Selbstläufer wird. Jeder Entwicklungsschritt im Projekt, jeder Meilenstein, hat das Potential, einen Aha-Effekt auszulösen, der die bisherige Stimmung positiv oder negativ beeinflusst. Hintergrund ist, dass am Anfang nur das Bild einer anderen Zukunft gezeichnet wird. Beide mögen über dasselbe reden aber dennoch ein anderes Bild im Kopf haben. Sommerliche Temperaturen fangen für mich beispielsweise bei 20° C an. Die Kollegen, mit denen ich mich auf »sommerliche Temperaturen« freue, mögen da evtl. eine andere Vorstellung haben. Und so ist es in Projekten auch. Beobachten Sie doch mal im Alltag die Kommunikation mit ihren Kolleginnen und Kollegen. Sie werden merken, dass es immer wieder Punkte gibt, die unterschiedlich interpretiert werden. Die Klarheit kommt beim Sprechen ... reden Sie mit allen Beteiligten über wichtige Begriffe, Vereinbarungen, über alles, was Interpretationsspielraum bietet. Werden Sie zum Kommunikationslotsen, und stellen Sie kontinuierlich sicher, dass beide Seiten das gleiche sagen UND verstehen.

MF: *Welcher Projektstart ist Ihnen besonders im Gedächtnis geblieben und warum? (Im Guten wie, im Schlechten)*

CM: Die Einführung eines zentralen Talent Acquisition Centers. Ich stieg zu einem Zeitpunkt ein, an dem das Projekt bereits gestartet war und die Beteiligten sich bereits im Detail über die Aufgabenverteilung anhand einer **RACI-Matrix** austauschten. Ich ging davon aus, dass schon eine gemeinsame Basis vorhanden war... Wie sich herausstellte, bestanden noch teils große Widerstände gegen die Einführung eines Shared Service Talent Acquisition sowie Uneinigkeit über die damit verbundenen Ziele. Es hat sehr viel Zeit und Energie gekostet, die fehlende Vorarbeit auszugleichen und das Vertrauen aller Beteiligten zu gewinnen. Daher mein dringender Rat, sich nie auf Annahmen zu verlassen im Projekt, sondern immer nur auf gesichertes Wissen und Daten zu vertrauen.

Peter B. Taylor

MF: Wie stellen Sie sicher, dass Auftraggeber und Auftragnehmer das gleiche »Verständnis« vom Projekt haben?

PBT: Durch regelmäßige Health Checks unserer Projekte kann das PMO die allgemeinen Themen identifizieren, die das Projekt behindern und bei denen es Schwierigkeiten gibt. Und genau das ist uns bei einem unserer größeren Projekte passiert.
Bei einem umfangreichen und komplexen Projekt (oder Programm) waren mehrere Parteien involviert; zum einen, wir als Lieferant, unsere Zulieferer und Vertreter Dritter, eines Partners. Dann gab es da noch den Kunden, die Kunden der anderen Lieferanten, Systemintegratoren, Consultants, Vertragspartner und viele weitere. Also waren wir immer ein Haufen Leute, was dazu führte, dass es mit der Kommunikation ziemlich kompliziert wurde.
Während unserer »Health Checks« des Projekts fanden wir heraus, dass viele Projektteammitglieder überhaupt nicht mehr verstanden (oder noch nie wirklich verstanden hatten), um was es eigentlich im Projekt ging, wie die Zielsetzung des Projekts aussah und wie der Plan aussah, den es zu erfüllen galt, businessseitig. Nehmen wir zum Beispiel einen Programmierer, der für einen Offshore-Zulieferer arbeitet. Hat der beispielsweise auf dem Schirm, dass eine kleine Zeile seines geschriebenen Codes für uns ein wichtiger Bestandteil des Datentransfers waren und der Programmierer somit für unseren Kunden einen wesentlichen Beitrag zum Gesamtprojekt leistete bei einem Projekt, in dem es darum ging, die Warteliste in Krankenhäusern im öffentlichen Sektor zu reduzieren? Das ist nur ein Beispiel, aber es geht darum, dass wir uns immer erst einmal durch diverse Schichten Projektstruktur arbeiten müssen, bevor es ein auslieferfähiges Produkt gibt, das mit »echten Menschen« in Verbindung gebracht wird, aber bei allem, was im Projekt zu liefern ist, geht es letzten Endes um »echte Menschen«. Der Schlüssel ist, dass wir zu jeder Zeit den Purpose im Blick haben und sichtbar machen, damit jeder aus dem Team dies auch klar verinnerlicht hat, unabhängig von der jeweiligen Rolle, damit das Projekt qualitätsfokussiert bleibt. Es geht um Menschen. Es muss realitätsnah werden. Und es braucht immer wieder frische Impulse.

Astrid Beger

MF: *Wie stellen Sie sicher, dass Auftraggeber und Auftragnehmer das gleiche »Verständnis« vom Projekt haben?*

AB: Nachdem ich mittlerweile mehr als 25 Jahre Erfahrung in Projekt und Linie habe, befrage ich ab dem ersten Kontakt meinen Bauch – OHNE das heimlich zu tun. Manchmal sage ich dann »Folgendes verstehe ich, und Folgendes meldet mir mein Bauch aus dem Blauen heraus.«. Früher habe ich das eher heimlich gemacht, aus Angst damit Autorität zu verspielen. Jetzt kann ich mir nicht mehr vorstellen, anders vorzugehen. Ich denke, es gab mittlerweile eine soziale Veränderung, sodass Jung und Alt nun ganz anders kommunizieren dürfen. Augen sind dominant, die anderen Sinne kommen kaum durch. Da ist das Hören aufs Bauchgefühl für mich der Weg zu ersten gemeinsamen Ankern. Zu einem gleichartigen Verständnis. Da kommt nie alles, es ist ja ein Bauch und keine Glaskugel, aber genug, um davon Schritte abzuleiten. Wenn es geht, erbitte ich gleich Kennenlerngespräche mit Leuten aus dem Kontext des Projekts. In der ersten Zeit setze ich immer eine Timebox mit Exit-Option für beide. Der Auftrag kommt m. E. nie »von oben«, sondern ihn zu formen ist der erste Arbeitsschritt. Als Ergebnis der ersten Timebox kommt ein Projektvertrag raus – oder ein Farewell. Alle sollen leben können.

MF: *Welcher Projektstart ist Ihnen besonders im Gedächtnis geblieben und warum? (Im Guten, wie im Schlechten)*

AB: Die Projektarbeit als Angestellte, als angestellte Führungskraft oder freiberuflich unterscheidet sich wesentlich. Als angestellte Führungskraft war mein schlechtester Projektstart eine sogenannte Beförderung – die in Wahrheit ein Himmelfahrtskommando war. Patriarchale Blindflecken haben per Definition so viele blinde Flecken in Bezug auf Frauenkarrieren, wie umgekehrt. Nun wurde ich als Frau zum Chef eines Milliardendeals in einem autokratischen, misogynen Staat ernannt. Auf Augenhöhe mit hochrangigen Menschen, die sich seit Jahren im festgefahrenen Clinch miteinander befinden. Es war klar: Den Job abzulehnen wäre ein Affront. Ihn anzunehmen wäre ein Bauernopfer. Ein Dilemma für mich. Der Schaden war nicht mehr abzuwenden, nur noch im Ausmaß zu begrenzen. Als Freiberuflerin war ein sehr guter Projektstart folgender: Maschinenbau, Familienbetrieb, weltweit Tausende von Mitarbeitern. Keine Projektkultur. Einem Geschäftspartner und mir wurde das quasi erste A-Projekt im Unternehmen anvertraut. Nur Führungskräfte waren im Projektteam. Die Geschäftsführung wollte im Projekt mitarbeiten, als Sachbearbeitung Pricing. Rollentausch ohne Ende. Das wird nie was, dachte ich mir. So sagte ich es dem Auftraggeber, der mit Ingenieur-Klarheit erkannte, wie wichtig die Rollen im Projekt sind. Ab dann staunte ich öfter als gedacht, weil diese Horde aus rollentauschenden Führungskräften eine solche Projektexzellenz zeigte, so eloquent in der Zusammenarbeit. Wir haben das Projekt *in time and budget* erreicht und die Langfristziele sogar übertroffen.

Felix Mühlschlegel

MF: *Wie sieht in Ihren Projekten eine Eröffnungsveranstaltung aus und welcher Teilnehmerkreis ist dazu eingeladen? (online/offline)*

FM: Unsere Kick-offs dauern in der Regel teamübergreifend einen ganzen Tag, damit sich die einzelnen Teammitglieder kennenlernen können, und wir haben das Ganze dann noch mit einem Teamevent verknüpft oder einem gemeinsamen Abendessen, um den Beziehungsaufbau zu fördern und gleich zu Beginn einen Draht zueinander zu entwickeln oder mögliche Barrieren zu überwinden, die dem Projekt später sonst im Weg stehen würden. Während der Pandemie ging das Ganze ja leider nur online, und das hat dem Team unglücklicherweise eine große Portion des sonst üblichen Feuers genommen, das zu Projektbeginn überspringt, wenn das Team beisammen ist. Aber so wurde das Ganze eher etwas liebloser angegangen und die Arbeit im Projekt war ein Abarbeiten der pflichtigen Termine und weniger ein Herzblutprojekt.

Sebastian Wächter

MF: *Sie begleiten viele Veränderungsprojekte in Unternehmen und Organisationen. Welche Positiv- bzw. Negativbeispiele haben Sie hinsichtlich der Projektinitialisierung?*

SW: Es ist mir immer ganz wichtig, dass wir von Anfang an ein Bewusstsein dafür schaffen, dass es bei Change um mehr geht als um Ziele und Zahlen. Zunächst muss die Geschäftsführung und die gesamte Führungsriege sensibilisiert werden. Bei Veränderungen geht es immer um »weg von« und »hin zu«. Hier sammle ich sehr viele emotionale und rationale Gründe, denn vor allem die emotionalen Grundbedürfnisse der Menschen, die in diesem Veränderungsprozess sind, werden häufig stiefkindlich behandelt. Von Anfang an muss es einen gut durchdachten Kommunikationsprozess geben. Von den Veränderungsprojekten, die ich begleiten darf, weiß ich, dass die Unternehmen oft das »Why« sehr gut machen und ihre Mitarbeiter hier abholen, sodass jeder sieht, wie sinnstiftend die Veränderungen sein werden. Die Visionen sind klar und die Ziele gut formuliert. Das hilft gerade zu Beginn eines Veränderungsprozesses enorm. Genauso war es bei einem Projekt, das ich für einen Kunden aus der Pharmabranche begleiten durfte. Aber in anderen Bereichen bzw. anderen Projekten hakt es noch sehr stark. Gerade das Thema »klar kommunizieren« oder das Thema »nein sagen« funktioniert in der Praxis und in den Projekten oft nicht gut. Deshalb werde ich oft an Bord geholt, um diese Veränderungsprozesse zu begleiten, denn ich bekomme häufig einen besseren Draht zu den Menschen – durch meine Art, aber auch dadurch, dass ich mir im Alter von 18 Jahren bei einem Wanderurlaub das Genick brach und mich deshalb intensiv mit dem Thema Veränderung auseinandergesetzt habe.

Thor Möller

MF: *Wie stellen Sie sicher, dass Auftraggeber und Auftragnehmer das gleiche »Verständnis« vom Projekt haben?*

TM: Es ist ganz wichtig, sich am Anfang viel Zeit dafür zu nehmen, dass Auftraggeber und Auftragnehmer das gleiche Verständnis vom Projekt haben und wir »Kommunikationsunfälle« vermeiden. Die 6-W-Fragen (wer, was, wo, wann, warum, wie) kalibrieren das Team und norden alle ein. Wenn AG und AN diese sechs Fragen gemeinsam beantworten, dann sorgt das dafür, dass wir in dieselbe Richtung schauen. Es geht zudem darum, dass wir unsere Vision vom Projekt gemeinsam beschreiben oder noch besser – dass wir die Vision malen. Gut funktioniert das mit einem Product Vision Board, einer Methode aus dem Agilen. Da geht es dann um die Bereiche Vision, Zielgruppe, Bedürfnisse, Produkt und die wirtschaftlichen Ziele. Wenn wir darüber ein gemeinsames Verständnis haben, wird unser Projekt erfolgreicher. Visualisieren ist wichtig! Projektmanagement ist dafür da, um ganz viele Fehler zu vermeiden. Und dafür müssen wir kommunizieren und unsere Tools nutzen – um uns zu kalibrieren.

MF: *Welcher Projektstart ist Ihnen besonders im Gedächtnis geblieben und warum? (Im Guten, wie im Schlechten)*

TM: Ein Projektstart ist mir bis heute ins Gedächtnis eingebrannt. 2005 ging es um das Kick-off der Großjacht eines russischen Oligarchen. Ich fand erst später heraus, dass es sich um die *Eclipse* von Roman Abramovitsch handelte. Der ursprüngliche Termin für das Kick-off war wenige Wochen nach dem errechneten Geburtstermin meines ersten Kindes geplant, hätte also funktionieren können. Aber leider wurde der Termin vom Auftraggeber dann vorverlegt – und wäre damit genau mit der Geburt meines Sohnes kollidiert ... Ich musste dann meinen Back-up schicken, der das Projekt übernommen hat. Schade für mich ... Aber so ist es – wenn man am Anfang eines Projektes rausfällt, dann ist man raus. Ich sage in meinen Trainings und Beratungen immer: »Der Projektstart ist wie die Eröffnung eines Schachspiels. Die ersten Züge entscheiden über den Verlauf der gesamten Partie.«

Tobias Rohrbach

MF: *Wie stellen Sie sicher, dass Auftraggeber und Auftragnehmer das gleiche »Verständnis« vom Projekt haben?*

TR: Durch eine umfassende Dokumentation vor dem Projektstart. Also ein »echter« Projektstart mit allen wichtigen Fragen, die im Vorfeld gestellt werden – um was geht es, was will wer erreichen, was ist zu erwarten, wer muss ins Boot, Daten, Zahlen, Fakten, mögliche Hindernisse etc. Ein richtig »hartes Papier«, das demzufolge auch hart dokumentiert wird und von allen wichtigen Stakeholdern unterschrieben und mitgetragen werden muss! Und das meine ich auch genauso – es braucht extrem viel Commitment, sonst klappt das nicht mit dem Projekt. Und alles muss von Anfang an sehr konsequent und transparent durchdokumentiert werden. Das ist zwar ein großer Aufwand, es lohnt sich aber definitiv. Wir müssen dieselbe Sprache sprechen. Auch in puncto PM!

MF: *Welcher Projektstart ist Ihnen besonders im Gedächtnis geblieben und warum? (Im Guten, wie im Schlechten)*

TR: Da ging es um die Implementierung eines CRM-Systems für einen Hidden Champion im Bereich Zahnimplantate. Besonders positiv war die Eröffnungsveranstaltung, denn die Geschäftsführung hat von Beginn an Wert darauf gelegt, dass es eine Riesenveranstaltung gibt, mit allem Drum und Dran – für alle Beteiligte. Die Veranstaltung ging den ganzen Tag und diente dazu, wirklich alle mit ins Boot zu holen, um Inhalte, Ablauf und Zielsetzung des Projekts zu klären.
Es ging der Geschäftsführung aber bei der Sache auch ganz besonders darum, dass alle das entsprechende Mindset entwickeln konnten. Gerade, wenn es um die Einführung neuer Technologien geht und wir mitten im Veränderungsmanagement sind, da muss es vom Kopf her einfach passen. Dieser Projektstart ist mir extrem positiv in Erinnerung geblieben. Und immer, wenn ein Projektstart eben nicht sauber und klar war und gut kommuniziert wurde, dann ist es schiefgelaufen. Oder, wenn die Führungskräfte meinen, alles besser zu wissen oder mehr Ahnung zu haben als die (externen) Projektprofis in Gestalt der Projektleitung oder eines Scrum Masters …

René Windus

MF: *»Sage mir, wie dein Projekt beginnt und ich sage dir, wie es endet.«*
Gemäß dieser alten Projektmanagement-Weisheit – welche Punkte sind Ihnen beim Projektstart besonders wichtig und warum?

RW: An dieser Projektmanagement-Weisheit ist wirklich viel Wahres. Ich habe es leider oft erlebt, dass Projektleiter auf Basis völlig unklarer Vorgaben und Wünsche mit der Umsetzung starten. Es gibt keine saubere Auftragsklärung, keine Stakeholderanalyse und keine Risikobetrachtung und schon gar keine Planung.
Ein so gestartetes Projekt läuft regelmäßig ins Verderben. Häufig wird dann auch noch mit großem Aufwand in der Durchführungsphase durch intensives Projektcontrolling versucht, das Projekt zu retten. Leider funktioniert das nicht.
Gerade wenn man wenig Zeit hat, ist eine gute Auftragsklärung wichtig. Man beschäftigt sich sonst mit unnötigen oder falschen Dingen.

Die Ursache für einen solchen unglücklichen Start ist oft auch die Forderung von Auftraggebern, schnell erste Ergebnisse sehen zu können, ohne sich auf konkrete Ziele festzulegen. Da wird oft viel Druck aufgebaut, der sich negativ auf den Projekterfolg auswirkt. Vielen noch nicht so erfahrenen Projektleitern fällt es schwer, sich diesem Druck zu widersetzen.

Ich habe vor vielen Jahren mal zu einem Auftraggeber in einer solchen Situation gesagt: »Jeder Auftraggeber bekommt die Projektergebnisse, die er verdient.« Vielleicht ist das auch eine Projektmanagement-Weisheit. Was sollte man also tun? Das Minimalprogramm wäre für mich:

- Klare Ziele
- Stakeholderanalyse
- Risikoanalyse
- Phasenplan

Wenn die Ziele wirklich – noch – nicht beschreibbar sind, sollte man eine Vorstudie oder ein Vorprojekt aufsetzen, um zu erarbeiten, was wirklich gewünscht ist. Hierfür eignen sich sehr gut agile oder hybride Vorgehensweisen.

MF: Wie stellen Sie sicher, dass Auftraggeber und Auftragnehmer das gleiche »Verständnis« vom Projekt haben?

RW: Da gibt es drei wichtige Dinge: Kommunikation, Kommunikation und nochmal Kommunikation. Es ist wichtig, zu verstehen, dass Auftraggeber häufig in einer anderen Begriffswelt leben und ganz andere Assoziationen zu bestimmten Fachbegriffen haben als ein Projektleiter. Da hilft »aktiv zuzuhören«, d. h., das Gehörte mit eigenen Worten zusammenzufassen und so dem Sender der Nachricht zu zeigen, was angekommen ist. Das sollte man nicht nur als Projektleiter tun, sondern auch von seinem Auftraggeber einfordern. Noch ein Praxistipp: Ein »ok« unter eine E-Mail mit einer Leistungsbeschreibung ist kein Zeichen dafür, dass der Empfänger genau das verstanden hat, was der Sender gemeint hat.

Oft werden auch unscharfe Anforderungen über den Zaun geworfen und eine Auftragsklärung wird von bestimmten Stakeholdern verhindert. »Sie können doch den Vorstand nicht fragen, was er damit gemeint hat.«, habe ich mal von dem Leiter des Vorstandsstabs zu hören bekommen. Damals habe ich es akzeptiert und bin später mit dem Projekt in größte Probleme geraten. Ehrlich, offen und wertschätzend miteinander umzugehen, keine hidden agenda zu pflegen, und so Vertrauen aufzubauen, habe ich auch immer als hilfreich empfunden.

Olaf Piper

MF: »Sage mir, wie dein Projekt beginnt und ich sage dir, wie es endet.« Gemäß dieser alten Projektmanagement-Weisheit – welche Punkte sind Ihnen beim Projektstart besonders wichtig und warum?

OP: Wichtig ist eine ordentliche Kick-off Veranstaltung face-to-face, nicht online. Denn das beeinflusst die Qualität der Zusammenarbeit massiv positiv. Außerdem müssen wir in einer frühen Phase bereits wissen, wer den Hut aufhat, und wie die Rollen verteilt sind. Wenn das nicht von Anfang an passt, geht es schief. Das gilt vor allem auch beim Thema »wer hat welche Befugnisse«. Oft laufen Dinge im Projekt schief, weil die Leute nicht wissen, wer für was verantwortlich ist, und wer die ultimative Quelle für bestimmte Themen ist. Ich arbeite hier gerne mit RACI Charts – das hilft.

Petra Berleb

MF: »Sage mir, wie dein Projekt beginnt und ich sage dir, wie es endet.« Gemäß dieser alten Projektmanagement-Weisheit – welche Punkte sind Ihnen beim Projektstart besonders wichtig und warum?

PB: Für mich gehört zu einem Projektstart generell immer die Frage nach dem »Wozu?«. Das ist mir ganz wichtig und ich fordere mein Team auch diesbezüglich. Wofür investiere ich meine wertvolle Zeit? Ohne »Wozu«, kein Projekt! Aus dem Agilen kommt ja das »Ask why«, aber »why« wird im Deutschen übersetzt mit »warum«. Ein »Warum?« richtet sich aber in die Vergangenheit, dabei ist es für mich in diesem Zusammenhang viel sinnvoller, unseren Blick in die Zukunft zu richten, zum dem »wo will ich hin?«. Deshalb passt für mich »Wozu?«. Und wenn wir gleich zu Beginn unseres Projektes das zukünftige Ergebnis im Blick haben, dann stehen die Chancen gut, dass auch unser Projekt gut wird. Diese Einstiegsfrage bedeutet für mich einen großen Unterschied.

Chris Schiebel

MF: Was sollten wir über Projektmanagement unbedingt noch lernen? Nicht nur zu Beginn eines Projektes, sondern aufs ganze Projekt bezogen?

CS: Wir sollten uns etwas davon abschauen, was wir von der »agilen Welle« lernen können, die ja schon eine ganze Weile über uns hinwegschwappt und die zwar nichts Neues ist, aber die dort manifestierten Werte und Prinzipien gehen leider in vielen Projekten oftmals zu stark unter oder werden gar nicht gelebt oder beachtet. Dabei geht es in Projekten um die Perspektive Mensch! Und das funktioniert nur, wenn wir uns nicht nur mit Werten befassen, sondern sie auch leben. Davon sollte sich Projektmanagement eine Scheibe abschneiden und attraktiver sein. Emotionen hineinbringen und persönlicher werden. Und wir sollten lernen, Verantwortung für unser Budget zu gestalten, auch in die Projekte hinein. Projektmanager dürfen keine zahnlosen Tiger sein oder Marionetten ohne echte Entscheidungsbefugnisse, sondern wir brauchen hier viel mehr Gestaltungsspielraum für die Projektmenschen. Die Projektleitung ist viel zu oft entmachtet. Das macht keinen Spaß, nichts zu sagen zu haben, aber dem Druck trotzdem voll ausgesetzt zu sein. Mein Wunsch ist es außerdem, dass wir lernen, wie wir aus Projektmanagement einen transparenten Karrierepfad machen. D. h., nicht einfach Projektleiter zu werden und wie die Jungfrau zum Kinde zu kommen, sondern dass es eine regelrechte Choreografie gibt. Dass jemand zunächst in einem Projekt mitarbeitet, dann eine Junior Projektleitungsfunktion bekleidet, dann Senior PL wird und es einen strukturierten Aufbau gibt. Wo klar ist, welches Skillset ich wann brauche, wie es mit der Gehaltsstruktur bestellt ist und wann ich welchen Aufgaben und Verantwortungen wirklich gewachsen bin.

3 Definitionsphase

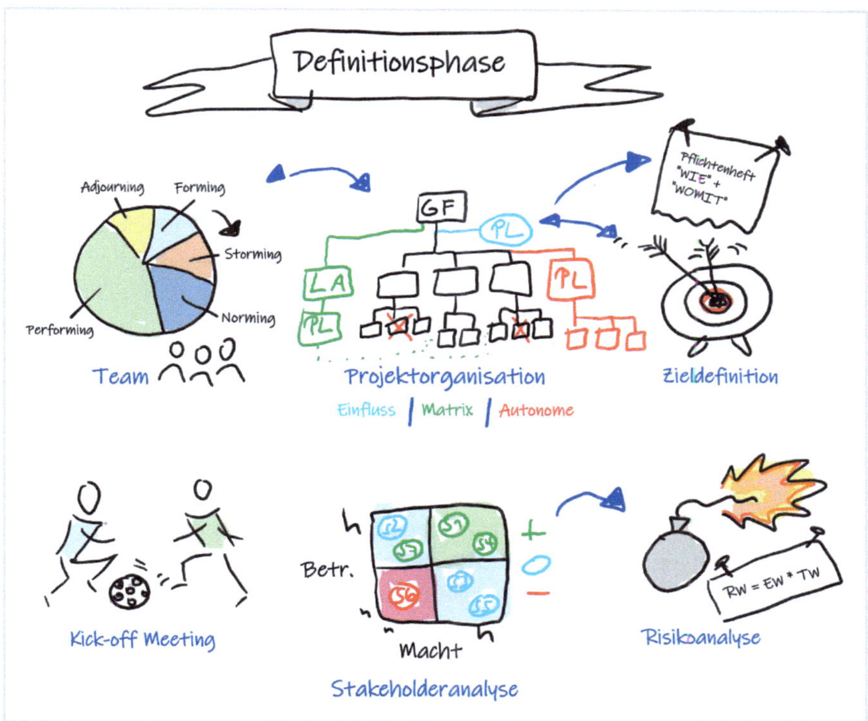

Abbildung 3: Übersichtsbild Definitionsphase

3.1 Grundlagen

Diese Phase startet mit der Erstellung des Projektdesigns, d. h., mit der Interpretation und Gewichtung der Bedürfnisse, Wünsche und Einflüsse der Stakeholder, um daraus den vorteilhaftesten Ansatz für ein Projekt abzuleiten, also aktive Beteiligung und Erfolg sicherzustellen. Dabei werden nur essenzielle Entscheidungen und die Konsequenzen jeder Entscheidung für den Projekterfolg betrachtet.

3.1.1 Projektdesign

Der erste Schritt beim Erstellen des Projektdesigns besteht darin, herauszufinden, wie der Auftraggeber den Erfolg des Projekts bewertet, also welche **Erfolgskriterien** er ansetzt. Kriterien des **Abwicklungserfolgs** sind z. B. Funktionalität und Qualität der

Ergebnisse, Einhaltung der Termine und Kosten, Qualifikation und Arbeitsmotivation des Projektpersonals, Konfliktverhalten und Führungsstil. Wichtig ist dabei natürlich auch, was den Auftraggeber »glücklich« macht bzw. welchen Nutzen ihm das Projekt bringt. Kriterien des Anwendungserfolgs können z. B. langfristige Nutzerzufriedenheit, Reparaturanfälligkeit und Nachfolgeprojekte sein. Im zweiten Schritt werden die **Erfolgsfaktoren** bestimmt – also die Faktoren, die den Projekterfolg begünstigen. Dazu gehören nicht nur die allgemeinen Projektmanagement-Erfolgsfaktoren wie ein starker, in die Organisation integrierter Projektmanager, motivierte, gut ausgebildete Mitarbeiter, Unterstützung durch die Führungsebene, gute Kommunikation, klar definierte Ziele, sondern auch spezifische Erfolgsfaktoren, die nur für dieses Projekt gelten. Angenommen, wir wollten eine Schule in einer Region bauen, in der es keine Schulpflicht gibt, dann wäre ein wichtiger Erfolgsfaktor, dass die Unterrichtsinhalte von der Bevölkerung auch angenommen werden. Denn was würde die beste Schule bringen, wenn niemand sie besucht? Oder können Sie sich noch an die durch den Tsunami im Dezember 2004 im indischen Ozean ausgelöste Flutkatastrophe in Asien erinnern? Ein wichtiger Erfolgsfaktor war die schnelle Trockenlegung des Gebiets, denn was hätten andere Maßnahmen gebracht, wenn der größte Teil der Bevölkerung durch die sich nach einigen Tagen ausbreitende Cholera verstorben wäre? So hat jedes Projekt seine spezifischen Erfolgsfaktoren, die erfüllt sein müssen, damit das Projekt eine Chance hat, erfolgreich zu werden. Genau diese Erfolgsfaktoren muss man herausfinden und beachten. Im dritten Schritt geht es darum, die in der **Initialisierungsphase** recherchierten Erfahrungen aus anderen Projekten zu nutzen, damit wir das Rad nicht neu erfinden müssen. Es folgt der vierte Schritt, in dem es darum geht, die Projektart und die Komplexität zu bestimmen. Es gibt Investitionsprojekte, Organisationsprojekte sowie Forschungs- und Entwicklungsprojekte. Für alle diese Projektarten liegen in den verschiedenen Branchen viele Erfahrungen vor, die genutzt werden können. Die Komplexität spielt eine wichtige Rolle bei der Wahl einer geeigneten Projektmanagementmethode. Es gibt einfache, komplizierte und komplexe Projekte. Während bei einfachen Projekten die Anforderungen klar definiert sind und der Lösungsansatz bekannt ist, sind bei komplizierten Projekten nicht alle Ursache-Wirkungs-Zusammenhänge sofort erkennbar, können aber – mit etwas Aufwand – gefunden werden. Nahezu alle Projekte in technischen Systemen gehören zu den komplizierten Projekten. Bei komplexen Projekten sind Aufgaben, Anforderungen, Handlungs- und Lösungsansätze in einem hohen Maße unbekannt und ungewiss. Projekte, bei denen viele Leute mit unterschiedlichen Interessen mitwirken und bei denen viele dieser Personen eigene Ziele verfolgen, gehören in diese Kategorie. Ebenso Projekte mit einer hohen Änderungsdynamik, wie z. B. die Bewältigung von Naturkatastrophen. Das klassische Projektmanagement mit seiner vorhersehbaren Vorgehensweise eignet sich perfekt für einfache oder komplizierte Projekte, während sich agile Methoden mit ihrer schrittweisen Vorgehensweise besser für komplexe Projekte eignen. (**Hinweis**: Nähere Informationen hierzu finden Sie im Vertiefungswissen im Kapitel 9.6 »Stacey Matrix«). Im letzten Schritt wird das Konzept für die Projektdurchführung als »übergeordnete, grobe Skizze« entworfen, die dann in der Planungsphase weiter ausgearbeitet wird. Dabei werden nur wesentliche Entscheidungen und deren Auswirkungen auf den Projekterfolg betrachtet, wie z. B. die Antworten auf die Fragen:

- Eignet sich eher eine klassische Vorgehensweise oder eine agile?
- Welche Tools wollen wir einsetzen und welche Methoden wollen wir anwenden?
- Dürfen ausschließlich interne Ressourcen verwendet werden oder sind auch externe Ressourcen erlaubt?
- Wollen wir alle Bauteile und Baugruppen selbst fertigen oder beziehen wir Zukaufteile von Zulieferfirmen?
- Soll das Produkt möglichst schnell auf den Markt gebracht werden und deshalb nur Grundlegende Funktionen beinhalten oder ist ein ausgereiftes Endprodukt zu bevorzugen?

Damit ist die Erstellung des Projektdesigns abgeschlossen. Jetzt muss es nur noch kommuniziert und eventuell, über den Projektverlauf hinweg, weiterentwickelt werden.

3.1.2 Projektteam und Projektorganisation

Mit dem Festlegen des Projektdesigns haben wir bereits erste Ideen, mögliche Prozesse und gewünschte Ergebnisse bearbeitet und daraus eine grundlegende Vorgehensweise – also eine Art »Blaupause« – für die Projektdurchführung definiert. Jetzt sollten wir uns langsam Gedanken machen, WEN (also welche Mitarbeiter) wir für eine erfolgreiche Projektdurchführung benötigen und wie wir sicherstellen können, dass wir auf diese Mitarbeiter immer dann Zugriff haben, wenn wir diese brauchen. Bei der Zusammenstellung eines Projektteams müssen wir sowohl darauf achten, dass alle zur Projektdurchführung benötigten Qualifikationen vorhanden sind, als auch, dass die einzelnen Teammitglieder sich einigermaßen verstehen und gut miteinander arbeiten können und wollen. Das heißt, wenn wir schon wissen, dass es zwischen bestimmten Personen immer wieder Differenzen gibt, wäre es keine gute Idee, diese Personen gemeinsam in ein Team zu stecken. Natürlich gilt im Geschäftsleben die Verpflichtung »Man muss sich nicht mögen, aber man muss in der Lage sein, professionell zusammenzuarbeiten«. Doch genau das reicht in der Projektarbeit eben nicht unbedingt aus. Dort arbeitet man als Team in der Regel viel enger zusammen als im normalen Geschäftsbetrieb, und wenn einzelne Teammitglieder untereinander einen Kleinkrieg führen, wird das gesamte Team davon in Mitleidenschaft gezogen: Die Motivation sinkt, evtl. bilden sich Lager, die Teamleistung geht zurück etc. Auch Personen, die nicht hinter dem Projekt bzw. den Projektzielen stehen, gehören nicht ins Team, denn ein einzelner Störenfried kann eine ganze Gruppe »wuschig« machen. Dieses Phänomen kennen Sie sicherlich auch: Zu einer Gruppe positiv denkender Menschen kommt eine negativ eingestellte Person dazu. Diese Person verdirbt die ganze Stimmung und am Ende haben Sie lauter negativ denkende Personen in der Gruppe. Deshalb sollte bei der Teamzusammenstellung nicht die fachlich beste Person die erste Wahl sein, sondern die Person, die zwar über die notwendigen fachlichen Kenntnisse verfügt, aber eben auch ins Team passt.

Sobald wir wissen, wer zu unserem Team gehört, muss der Zugriff auf diese Personen geregelt werden – wir müssen also eine projektspezifische Organisation im Unternehmen implementieren. Diese Projektorganisation wird – für die Dauer des Projekts – an die **Aufbauorganisation** der Firma angebunden.

Die einfachste Form der Anbindung ist eine Einflussprojektorganisation (Stabsprojektorganisation). Dabei wird der Projektleiter als Stabstelle zwischen Geschäftsführer und Abteilungsleitern eingebunden. Der Projektleiter ist dann aber kein »echter« Projektleiter, sondern eher ein Projektkoordinator, denn er verfügt über keinerlei Befugnisse und kann deshalb nur beratend, koordinierend oder aufgrund seines persönlichen Einflusses etwas bewirken. Deshalb ist er auch nicht für das Erreichen der Projektziele verantwortlich. Bei der Einflussorganisation kommuniziert der PL lediglich mit den Abteilungsleitern – einen direkten Zugriff auf die Mitarbeiter, welche Aufgaben für das Projekt erledigen, hat er nicht.

Bei der Matrix-Projektorganisation erhält der Projektleiter fachliche Befugnisse. Das heißt, er darf bestimmen, WAS gemacht wird und WANN es gemacht wird. Die disziplinarischen Befugnisse verbleiben beim Abteilungsleiter. Er bestimmt WER es macht und WIE es gemacht wird. Nehmen wir an, Sie als Projektleiter eines Bauprojekts benötigen eine Baugrube, die 30 m lang, 20 m breit und 5 m tief ist. Sie gehen zum Leiter der Abteilung Tiefbau und sagen, dass Sie Ende des nächsten Monats (= WANN) eine Baugrube mit den obigen Spezifikationen (= WAS) benötigen. Damit haben Sie Ihre Befugnisse ausgespielt. Der Abteilungsleiter Tiefbau kann nun bestimmen, ob die Grube mit einem Bagger gegraben oder von Hand mit Schaufeln ausgehoben werden soll (= WIE) und wer den Bagger fährt bzw. welche Mitarbeiter die Grube mit Schaufeln graben müssen (= WER). Der Abteilungsleiter teilt dies dem Projektleiter mit und dieser kann sich dann zwecks genauerer Abstimmungen an die zugeteilten Mitarbeiter wenden. Bei dieser Organisationsform haben die Mitarbeiter plötzlich zwei Chefs: einen fachlichen Vorgesetzten (den PL) und einen disziplinarischen Vorgesetzten (den Abteilungsleiter). Damit ist der eine oder andere Konflikt bereits vorprogrammiert. Vor allem, wenn sich PL und Abteilungsleiter schlecht abgestimmt haben oder sich nicht an getroffene Vereinbarungen halten. Trotzdem werden in Deutschland über 80 Prozent aller Projekte in dieser Organisationsform durchgeführt.

Dann gibt es noch die Autonome Projektorganisation (reine Projektorganisation). Bei dieser Organisationsform bekommt der Projektleiter für die Dauer des Projekts eigene Mitarbeiter, eigene Räumlichkeiten und alle Befugnisse. Es wird quasi eine

»Abteilung auf Zeit« gegründet. Dabei werden Mitarbeiter von anderen Abteilungen abgezogen und in die »Projektabteilung« versetzt. Am Ende des Projekts werden sie in ihre normalen Abteilungen zurückversetzt. Diese Ausgliederung und spätere Wiedereingliederung ist sehr aufwendig und schafft auch so manche Probleme. So ideal diese Organisationsform für den Projektleiter ist, so schlecht ist sie für den Rest der Firma (denn aus den einzelnen Abteilungen werden ja Mitarbeiter abgezogen und deshalb müssen diese Abteilungen schauen, wie sie damit umgehen können). Aus diesem Grund wird diese Projektorganisationsform auch nur für sehr wichtige oder zeitkritische Projekte verwendet.

Sie sehen also, es ist nicht einfach, ein Projekt so in die Organisationsstruktur einer Firma zu implementieren, dass das Alltagsgeschäft möglichst wenig beeinflusst wird, aber der Projektleiter trotzdem möglichst flexibel auf alle Projektanforderungen reagieren kann.

3.1.3 Zieldefinition

Ein weiterer wichtiger Punkt, den es in der Definitionsphase zu erledigen gilt, ist die Definition der Projektziele. Dabei gibt es drei Faktoren, die den Projekterfolg bestimmen: Zeit, Aufwand und Ergebnis. Diese drei Faktoren stehen miteinander in Beziehung und beeinflussen sich gegenseitig. Deshalb spricht man auch von einem Zielsystem, das in der Regel als sogenanntes **magisches Dreieck** dargestellt wird. Wenn sich an einem dieser Faktoren etwas ändert, hat das Auswirkungen auf mindestens einen der beiden anderen Faktoren. Häufig wird das magische Dreieck auch als Termine, Kosten und Leistungen dargestellt. Das ist vermutlich unserer deutschen Gründlichkeit geschuldet. Die Zeit, die in einem Projekt zur Verfügung steht, kann ja z. B. durch einen Projektstarttermin und einen Projektendtermin beschrieben werden. Der **Aufwand**, d. h. der Einsatz von Personal und/oder der Verbrauch oder Gebrauch von Sachmitteln zur Durchführung des Projekts, kann in Kosten umgerechnet werden (Menge × Preis bei Sachmitteln; Stundenanzahl × Stundenverrechnungssatz bei Personal). Das Ergebnis, also der **Projektgegenstand**, der am Projektende an den Auftraggeber übergeben wird, bezeichnet man in der Betriebswirtschaftslehre als Sach- und Dienstleistungen in einer geforderten Qualität.

Bei der Definition der Ziele muss einiges beachtet werden, z. B., dass die Ziele operationalisiert sind, d. h., sie müssen eindeutig formuliert und quantitativ und qualitativ messbar sein. Die Ziele müssen auch sinnvoll, von allen Beteiligten akzeptiert und erreichbar bis zum Projektende sein. Häufig wird bei der Zielbeschreibung auch die Eselsbrücke SMART (= Abkürzung für: spezifisch, messbar, akzeptiert, realistisch, terminiert) verwendet bzw. es wird von SMARTen Zielen gesprochen. Während der Zieldefinition ist ein Leistungs- bzw. Ergebnisziel die Beschreibung eines gewünschten Zustandes, der aber noch in der Zukunft liegt. Die Leistungs- bzw. **Ergebnisziele** werden aber erst bei der Projektabnahme (am Ende des Projekts, meist in Form einer Checkliste) überprüft. Da zum Abnahmezeitpunkt schon alle Ergebnisse erreicht sein müssen, verwendet man zur Beschreibung üblicherweise eine abgeschlossene Zeitform wie z. B. »Die PCs sind ausgeliefert.«. Schriebe man »Die PCs ausliefern«, würde es sich ja um eine Aktivität oder ein **Vorgehensziel** handeln. Bei allen anderen Zielen (wie z. B. den Termin- bzw. Kostenzielen) ist die Zeitform egal.

Neben diesen drei Hauptzielgrößen gibt es aber noch viele weitere Ziele, wie soziale Ziele (z. B. Urlaubswünsche der Mitarbeiter bei der Planung berücksichtigen oder etwas gegen Alterseinsamkeit tun, indem man ein Trend-Café an ein Seniorenheim anbindet, damit die Altersheimbewohner mehr Besuch bekommen), ökologische Ziele (z. B. umweltverträgliche Produktion, Abfallminimierung, Recycling), ökonomische Ziele (z. B. Kostenminimierung, Erhöhung des Marktanteils), Steigerung der Stakeholderzufriedenheit oder Imagegewinn.

Sobald man alle Einzelziele definiert hat, sollte man überprüfen, ob sich einzelne Ziele nicht negativ beeinflussen. Falls es Ziele gibt, die nur dann vollumfänglich erreicht werden können, wenn Abstriche bei anderen Zielen gemacht werden müssen, spricht man von konkurrierenden Zielen bzw. Zielkonflikten. Angenommen, Ziel 1 lautet »Auto mit Superluxusausstattung« und Ziel 2 lautet »Auto mit möglichst geringem Kraftstoff- bzw. Energieverbrauch«. Hier zeigt uns schon die Physik, dass beides gleichzeitig vollumfänglich zu erreichen, einfach unmöglich ist. Denn je mehr Luxus in einem Auto verbaut wird, desto schwerer wird es. Und je schwerer ein Auto ist, desto mehr Kraftstoff bzw. Energie benötigt es. Eine mögliche Lösung wäre hier eine Priorisierung. Wir fragen den Auftraggeber einfach, welches Ziel ihm am wichtigsten ist. Oder wir lassen uns vom Auftraggeber erläutern, welchen Luxus er denn wirklich braucht und wie viel Liter Kraftstoff pro 100 km er noch als geringen Kraftstoffverbrauch ansieht. Diese Erläuterungen nehmen wir in unsere Zieldefinition mit auf.

Doch wozu braucht man operationalisierte Ziele überhaupt?

- Als Messlatte für die Beantwortung der Frage, ob das Projekt insgesamt oder zumindest teilweise erfolgreich war (= Kontrollfunktion)
- Um zu erkennen, »wohin die Reise geht« bzw. »welche grobe Richtung eingeschlagen wird« (= Orientierungsfunktion)
- Bei entsprechender Formulierung kann die Begeisterung aller Beteiligten für die Zielerreichung das »Wir-Gefühl« erzeugen (= Verbindungsfunktion)
- Durch Ziele werden Teilaktivitäten integriert und auf eine gemeinsame Bezugsgröße, nämlich das Ziel selbst, ausgerichtet (= Koordinationsfunktion)
- Aus einer Vielzahl von Alternativen können die besten Entscheidungen ausgewählt werden (= Selektionsfunktion)

3.1.4 Stakeholderanalyse

In der Projektumfeldanalyse haben wir alle Faktoren gesammelt, die unser Projekt in irgendeiner Weise beeinflussen können und diese in soziale und sachliche Faktoren eingeteilt. Die sozialen Faktoren, also einzelne Personen oder Personengruppen, werden im Projektmanagement als **Stakeholder** bezeichnet. Sie sind am Projekt beteiligt, von den Auswirkungen des Projekts betroffen oder einfach am Projekt interessiert. Projektinteressenten, Interessengruppen und jeder, der irgendwie mit dem Projekt in Berührung kommt, ist also ein Stakeholder. Das gilt für den Auftraggeber genauso wie für den Projektleiter, die Mitarbeiter, Handelspartner, Lieferanten und die Bevölkerung. Da Stakeholder Unterstützer oder auch Projektgegner sein können, müssen wir wissen, welche relevanten Stakeholder es gibt und wie diese ticken. Das gibt uns dann die Möglichkeit, den Umgang mit ihnen zu planen, um von Unterstützern weiterhin Unterstützung zu erhalten, Unentschlossene eventuell als Unterstützer zu gewinnen und mit Projektgegnern so umzugehen, dass sie uns möglichst nicht in die Quere kommen. Mit Stakeholdern gibt es nur ein kleines Problem: Es sind Menschen. Und Menschen handeln oftmals impulsiv, unvorhersehbar und werden von Emotionen geleitet. Zudem reagieren dieselben Menschen bei gleichen Situationen oftmals völlig unterschiedlich. Sie glauben mir nicht? Dann machen Sie doch einfach mal folgenden Test:

Sie gehen nach Hause, setzen sich auf die Couch, schalten den Fernseher ein und fragen »Schatz, ist noch Bier im Kühlschrank?«. Vielleicht bekommen Sie ein einfaches »ja« oder »nein« zu hören (Sachebene) oder Sie bekommen zur Antwort »Sieh doch selber nach – ich habe jetzt keine Lust dazu!« (Selbstoffenbarung) oder aber Sie haben Glück und bekommen postwendend ein kühles Bier hingestellt (Appellebene). Angenommen, der letzte Fall tritt ein, und Sie machen das gleiche Spiel jetzt Tag für Tag. Wie lange, denken Sie, bekommen Sie das Bier frei Couch geliefert? Zwei Tage, eine ganze Woche oder sogar noch länger? Ich garantiere Ihnen, dass es nicht allzu lange dauern wird, bis die Bierlieferung frei Couch eingestellt wird und Sie folgenden – oder einen ähnlichen – Satz hören: »Bin ich Dein Dienstmädchen, oder was?«. (Beziehungsebene) **Hinweis:** Dieses Beispiel hat ihren Ursprung in den »Vier Seiten einer Nachricht« nach Friedemann Schulz von Thun (vgl. Kap. 8.1.6).

Ein befreundeter Projektmanager hat mir einmal gesagt: »Projektmanagement könnte doch so einfach sein, wenn nur diese Menschen nicht wären!«. Mit dieser Aussage hatte er völlig recht, denn an was liegt es denn, wenn Projekte scheitern? Fachwissen und notwendige PM-Kompetenzen sind in der Regel vorhanden oder können erworben werden. Daran liegt es also nicht. Es liegt vielmehr daran, dass es im Projekt einfach »menschelt«. Da gibt es Befindlichkeiten, Machtkämpfe, Kompetenzgerangel, unterschiedliche Interessen, Wertvorstellungen oder Prinzipien und die Akteure verschwenden dabei eine Menge Zeit und Energie. Also Zeit und Ressourcen, die dem

Projekt dann fehlen. Da wir leider keine Glaskugel haben und auch nicht in die Köpfe der anderen hineinsehen können, bleibt uns nur ein strukturierter Umgang mit der Situation, z. B. in Form einer Stakeholderanalyse. Dazu müssen wir zuerst einmal wissen, welche Stakeholder es in unserem Projekt gibt. Diese Vorarbeit haben wir bereits gemacht, denn alle sozialen Faktoren der Projektumfeldanalyse sind unsere Stakeholder – sowohl die direkten als auch die indirekten.

Diese Stakeholder werden nun bewertet. Dazu müssen wir das Interesse des einzelnen Stakeholders am Projekt herausfinden. Welche Erwartungen und Befürchtungen hat er? Der Kapitän der *Titanic* zum Beispiel wollte unbedingt das Blaue Band gewinnen. Er hatte die Befürchtung, dass der bisherige Rekord wegen Treibeisfeldern oder Eisbergen nicht gebrochen werden kann. Mögliche Passagiere erwarteten eine luxuriöse Überfahrt, befürchteten aber zugleich, dass sie sich die Reise nicht leisten können. Ein weiterer Bewertungspunkt ist die Einstellung des Stakeholders zum Projekt. Diese kann positiv, neutral oder negativ sein. Ein weiteres, das vermutlich wichtigste, Bewertungskriterium ist die Macht bzw. der Einfluss, den jemand besitzt. Denn diese Macht kann er einsetzen, um das Projekt zu fördern oder dem Projekt zu schaden. Auch hier ist eine Bewertung in hoch oder niedrig ausreichend. Im *Titanic*-Beispiel ist die Macht des Kapitäns hoch – er darf ja an Bord seines Schiffes alles entscheiden. Die Macht der Passagiere hingegen ist niedrig – sie müssen Anordnungen des Kapitäns und der Mannschaft Folge leisten. Dann gibt es noch die Betroffenheit, die angibt, wie stark der Stakeholder von den Auswirkungen des Projekts betroffen ist. Hoch oder niedrig sind zwei mögliche Werte dafür. Häufig wird anstelle von Betroffenheit das Bewertungskriterium Konfliktpotenzial verwendet, für das es ebenfalls die Werte hoch und niedrig gibt. Hohes Konfliktpotenzial lässt sich daran erkennen, dass die Ziele eines Stakeholders stark von den Projektzielen abweichen, dass er von den Auswirkungen eines erfolgreichen Projekts stark betroffen ist oder einfach eine negative Einstellung zum Projekt hat und gewillt ist, seinen Unwillen deutlich zum Ausdruck zu bringen.

Im nächsten Schritt gilt es, eine passende Strategie für die Stakeholder festzulegen. Man kann dabei zwischen den folgenden Strategien auswählen:

- Bei der **partizipativen Strategie** versucht man, die Stakeholder am Erfolg teilhaben (partizipieren) zu lassen. Dabei werden die Stakeholder aktiv in das Projekt einbezogen durch aktive Mitentscheidung, Beteiligung und proaktive Kommunikation. Eine Möglichkeit der Einbeziehung sind z. B. gemeinsame Workshops zur Entscheidungsfindung. Die partizipative Strategie eignet sich besonders für Stakeholder mit
  - Macht: hoch | Konfliktpotenzial: niedrig
  - Macht: hoch | Betroffenheit: hoch
- Bei der **diskursiven Strategie** setzt man auf die sachliche Auseinandersetzung mit dem Projektumfeld und einen Ausgleich der Stakeholderinteressen durch Anwen-

dung von Harvard-Methoden (**Hinweis**: nähere Informationen hierzu finden Sie im Kapitel 8.1.10) oder Konfliktmanagement. Sie eignet sich besonders für Stakeholder mit
  - Macht: hoch | Konfliktpotenzial: hoch
  - Macht: hoch | Betroffenheit: niedrig
  - Macht: niedrig | Betroffenheit: hoch
- Bei der **repressiven Strategie** versucht man, durch Druck, Erpressung, Macht oder Intrigen auf die Stakeholder einzuwirken. Beispiele sind Vorgaben des Managements, scheinbare Beteiligung der Stakeholder oder selektive Informationen. Eine abgeschwächte Form der repressiven Strategie ist die restriktive Strategie, bei der die Stakeholder lediglich wenige oder gar keine Informationen bekommen bzw. sich selbst darum bemühen müssen. Die repressive bzw. restriktive Strategie eignet sich für Stakeholder mit
  - Macht: niedrig | Konfliktpotenzial: hoch
  - Macht: niedrig | Betroffenheit: niedrig

Nach der Strategiefestlegung werden konkrete Maßnahmen zum Umgang mit den Stakeholdern definiert. Natürlich handelt es sich bei einer Stakeholderanalyse nur um eine Momentaufnahme. Im Laufe des Projekts können sich Einstellung, Macht, Betroffenheit, Konfliktpotenzial oder die Interessen einzelner Stakeholder ändern. Außerdem können neue Stakeholder dazukommen oder bekannte Stakeholder wegbrechen – und aus ehemaligen Unterstützern können auch sehr schnell Opponenten werden, falls sich diese Stakeholder nicht mehr wertgeschätzt fühlen oder sie falsch behandelt werden. Deshalb ist es sinnvoll, nicht nur eine Stakeholderanalyse durchzuführen, sondern Stakeholdermanagement zu betreiben. Das bedeutet, im Verlauf des Projekts die Stakeholder zu beobachten und bei Veränderungen die Stakeholderanalyse anzupassen.

3.1.5 Risikoanalyse

Mit der Stakeholderanalyse haben wir das soziale Projektumfeld, d. h. alle Menschen, die in irgendeiner Art und Weise mit unserem Projekt in Berührung kommen, genauestens untersucht und uns überlegt, wie wir dieses beeinflussen können. Was bleibt, ist das sachliche Projektumfeld, also Dinge, Faktoren und Gegebenheiten, die nichts mit Menschen, ihren Gefühlen und Einstellungen zu tun haben. Von diesen sachlichen Umfeldfaktoren können **Risiken** ausgehen oder sich Chancen eröffnen. Bevor wir uns aber mit der Risikoanalyse beschäftigen, wollen wir uns erst einmal ansehen, was Risiken oder Chancen eigentlich sind.

Projektrisiken sind unsichere Ereignisse oder mögliche Situationen mit negativen Auswirkungen (Schäden) auf den Projekterfolg insgesamt, auf einzelne Projektziele,

Ergebnisse oder Ereignisse. Sie werden bestimmt durch die Wahrscheinlichkeit des Risikoeintritts und des möglichen Schadens bei Eintreten des Risikos.

Ein Risiko ist also – laut ICB – ein unsicheres Ereignis, d.h. bei einem Risiko handelt es sich um ein Problem, das eintreten könnte, aber noch nicht eingetreten ist bzw. es handelt sich um einen Umstand, der nicht mit Gewissheit, sondern nur mit einer bestimmten Wahrscheinlichkeit eintritt. Falls das Risiko aber eintritt, verursacht es einen Schaden. Das Pendant zu Risiken sind Chancen. Auch bei Chancen handelt es sich um unsichere Ereignisse, die sich jedoch nicht negativ, sondern positiv auf das Projekt auswirken. In der Praxis unterscheidet man zwischen eindimensionalen Risiken und zweidimensionalen Risiken. Eindimensionale Risiken sind »reine Risiken«, die nur die Möglichkeit einer Verschlechterung beinhalten (wie z.B. ein Vulkanausbruch). Zweidimensionale Risiken sind »spekulative Risiken«, die neben der Möglichkeit einer Verschlechterung auch die einer Verbesserung beinhalten (wie z.B. Wechselkursschwankungen).

Doch wie können Risiken identifiziert werden? Stakeholder zu identifizieren war einfach: Wir haben einfach alle sozialen Umfeldfaktoren eins zu eins in die Stakeholderanalyse übernommen. Bei Risiken ist es etwas schwieriger: Zwar kommen Risiken auch aus der Projektumfeldanalyse, aber die sachlichen Umfeldfaktoren können nicht einfach eins zu eins in die Risikoanalyse übernommen werden. Vielmehr versucht man herauszufinden, ob von einem Umfeldfaktor oder aber von einer Kombination verschiedener Umfeldfaktoren eine Gefahr ausgeht und diese Gefahr beschreibt man dann als Risiko. Angenommen, einer der sachlichen Umfeldfaktoren der Projektumfeldanalyse ist ein Vulkan. Dann lautet das Risiko nicht einfach »Vulkan«. Falls ein Vulkan nämlich nicht mehr aktiv bzw. vollkommen erloschen ist (wie sämtliche Vulkane in Deutschland), geht von ihm auch keine Gefahr aus. Wenn der Vulkan jedoch immer noch aktiv ist (wie z.B. der Vesuv oder der Ätna in Italien), geht von ihm ein Risiko aus. Das Risiko würde dann aber nicht »Vulkan«, sondern »Ausbruch des aktiven Vulkans Vesuv« lauten. **Hinweis:** Im Jahr 79 n. Chr. brach – nach jahrhundertelanger Ruhepause – der Vesuv aus und zerstörte die antike Stadt Pompeji.

Schauen wir uns die Umfeldanalyse *Titanic* aus der Initialisierungsphase an. Da gibt es den sachlichen, indirekten Umfeldfaktor »Eisberg«. Jetzt ist ein Eisberg per se erst einmal kein Risiko – er ist einfach nur da. Aber in Verbindung mit den sachlichen, direkten Faktoren »blaues Band / Geschwindigkeit des Schiffs / Kurs / Unsinkbarkeit« sieht das schon ganz anders aus. Wenn also der Kapitän unbedingt das blaue Band gewinnen will und deshalb mit zu hoher Geschwindigkeit einen Kurs durch ein Eisberggebiet wählt – weil er ja davon ausgeht, dass nichts passieren kann, da die *Titanic* ja als unsinkbar gilt – würde sich dadurch das Risiko »Untergang der *Titanic* aufgrund eines Zusammenstoßes mit einem Eisberg bei zu hoher Geschwindigkeit« ergeben.

Risiken können also aus dem sachlichen Projektumfeld abgeleitet werden. Aber es gibt noch weitere Möglichkeiten, Risiken zu identifizieren:

- Man benutzt Risiko-Checklisten, die aus ähnlichen Projekten erstellt wurden.
- Man schaut sich die Zieldefinition nochmals genau an, denn auch aus Zielkonflikten können sich Risiken ergeben.
- Vertragsbedingungen können ebenfalls Risiken enthalten, die sich oftmals im sogenannten Kleingedruckten verstecken. (**Hinweis**: Entgegen der weitverbreiteten Meinung heißt das Kleingedruckte nicht etwa so, weil es unwichtig ist, sondern wurde von den Verfassern absichtlich in kleiner Schriftgröße verfasst, damit man es gerne mal überliest.)
- Auch von Stakeholdern können Risiken ausgehen – das kann man häufig im Rahmen der Stakeholderanalyse feststellen.
- Man veranstaltet einen Risikoworkshop mit möglichst vielen Teilnehmern und jeder sagt, was seiner Meinung nach alles schiefgehen kann (in diesem Risikoworkshop können die Risiken dann auch gleich bewertet werden).

Sobald die Risiken identifiziert wurden, geht es um die Bewertung. Aus Statistiken und Zahlen aus der Vergangenheit werden die Eintrittswahrscheinlichkeit (in %) und die Tragweite (= Schadenhöhe in €) ermittelt. Liegen keine genauen Zahlen vor, muss geschätzt werden. Aus der Multiplikation der Eintrittswahrscheinlichkeit (EW) mit der Tragweite (TW) ergibt sich der Risikowert. Er gibt an, welcher Schaden uns – bei diesem Risiko – vermutlich trifft und dient auch der Priorisierung. Je höher der Risikowert eines Risikos, desto höher die Notwendigkeit, etwas gegen dieses Risiko zu unternehmen. Der Risikowert lässt sich mit folgender Formel berechnen:

RW (in €) = EW (in %) × TW (in €)

Die Summe der Risikowerte aller Risiken gibt an, wie viel Geld wir auf jeden Fall für schadensbegrenzende Maßnahmen vorhalten sollten. Falls uns diese Summe zu hoch ist, müssen wir uns überlegen, mit welchen Maßnahmen wir diese Risiken verringern können. Dabei wird zwischen präventiven (vorbeugenden) und kurativen (korrektiven/korrigierenden) Maßnahmen unterschieden.

Präventive Maßnahmen sollen gegen die Wahrscheinlichkeit des Eintritts des Risikos (oder die Schadenhöhe) wirken. Deshalb wird eine entsprechende Aktion bereits im Vorfeld gestartet (vorbeugend, proaktiv).

Kurative Maßnahmen sollen gegen die Auswirkung des Risikos bei dessen Eintreten wirken. Als Reaktion gegen das eingetretene Risiko werden Maßnahmen durchgeführt (korrektiv, korrigierend). Dadurch wird Schadensbegrenzung betrieben. Hier tritt also ein Notfallplan (Plan B) in Kraft, sobald das Risiko eintritt. Idealerweise hat man auch noch einen Ausweichplan (Plan C) in der Hinterhand, falls der Notfallplan nicht wirksam ist.

Natürlich ist es immer besser, im Vorfeld etwas gegen mögliche Risiken zu unternehmen (falls man es sich finanziell leisten kann), als darauf zu hoffen, dass das Risiko nicht eintritt oder man mit einem blauen Auge davonkommt. Folgende Vorsorgestrategien lassen sich dabei unterscheiden:

- Risikovermeidung
  Vorrangiges Ziel dieser Strategie ist es, ein Risiko erst gar nicht einzugehen.
- Risikoverminderung
  Diese Strategie soll die Eintrittswahrscheinlichkeit (EW) des Risikos durch Vorbeugen verringern.
- Risikobegrenzung
  Das Ziel dieser Strategie ist es, die Schadenhöhe des Risikos zu begrenzen.
- Risikoverlagerung
  Diese Strategie versucht, das Projektrisiko auf andere Organisationen zu übertragen.
- Risikoakzeptanz
  Risiken werden in Kauf genommen.

Angenommen, Sie tragen sich gerade mit dem Gedanken, Ihren Traumpartner zu heiraten und ausgerechnet da fällt Ihnen die aktuelle Scheidungsstatistik des Statistischen Bundesamts in die Hand. Mit Schrecken lesen Sie, dass die Scheidungsrate bei 38,5 % liegt und eine Ehe in Deutschland im Durchschnitt nur 14,7 Jahre hält. Wie können Sie mit dem Scheidungsrisiko umgehen? Eine Möglichkeit wäre die Risikobegrenzung, soll heißen, Sie schließen vor der Heirat einen Ehevertrag ab. Wenn es zu einer Scheidung kommt, sind Sie wenigstens nicht finanziell ruiniert. Gegen den seelischen Schmerz hilft das allerdings nicht. Eine andere Möglichkeit wäre die Risikoakzeptanz, denn Sie glauben, Ihnen passiert das mit der Scheidung ja bestimmt nicht – schließlich haben Sie sich Ihren Partner sehr sorgfältig ausgesucht. Und überhaupt: Die Statistik zeigt ja eindeutig, dass Scheidungen kontinuierlich zurückgehen. Im Jahr 2003 lag die Scheidungsrate noch bei 55,9 % und seit 2009 liegt sie schon unter 50 %. Eine weitere Möglichkeit, dem Scheidungsrisiko zu begegnen, wäre natürlich auch die Risikovermeidung, d. h. Sie heiraten nicht. Aber dann müssen Sie natürlich auch auf die Vorteile der Ehe verzichten.

Apropos Risikovermeidung: Im Projektgeschäft bedeutet das nicht automatisch, ein Projekt erst gar nicht einzugehen, sondern häufig wird ein Projekt mit veränderten Bedingungen gestartet. Angenommen zur Durchführung Ihres Projekts benötigen Sie eine Million Liter Rohöl und der Auftraggeber möchte unbedingt einen Festpreis haben. Im Zuge der rasant steigenden Energiekosten wäre es unverantwortlich, ein

Projekt unter diesen Bedingungen anzunehmen. Also vereinbaren Sie eine kleine Vertragsänderung: Sie führen das Projekt zu einem Festpreis durch, aber der Auftraggeber ist für das Besorgen und Bezahlen des Rohöls zuständig.

Wenn Sie gerne einen Märchenbrunnen im Garten hätten, aber kleine Kinder haben, liegt das Risiko auf der Hand: Die Kinder können in den Brunnen fallen und sich schwer verletzen. Hier hilft Ihnen die Strategie der Risikoverminderung – Sie decken den Brunnen mit einem verschraubten Gitter ab. Somit sinkt die Eintrittswahrscheinlichkeit des Risikos auf 0 %.

Und falls Sie sich gerade ein neues Auto gekauft haben und Angst vor Schäden am Fahrzeug haben, hilft Ihnen die Strategie der Risikoverlagerung weiter. Sie schließen eine Vollkaskoversicherung ab – im Schadenfall übernimmt die Versicherung die Kosten.

3.1.6 Projektstart-Workshop oder Kick-off-Meeting

Gerade in der Startphase eines Projekts ist die Motivation der Beteiligten besonders hoch und die Aufgabe eines guten Projektleiters ist es, diese Motivation so lange wie möglich zu erhalten. Für die meisten Menschen ist mitzuentscheiden oder wenigstens bei Entscheidungen mitzuwirken wesentlich motivierender, als sich an Vorgaben halten zu müssen, die andere für sie festgelegt haben. Im Idealfall findet deshalb in der Definitionsphase, meistens nach der Festlegung des Projektdesigns, ein ein- bis dreitägiger **Projektstart-Workshop** statt, an dem sowohl die Kernteammitglieder als auch – zumindest zeitweise – der Auftraggeber mit von der Partie sind. Wichtig ist, dass zu diesem Zeitpunkt ausreichend Informationen zum Projekt vorliegen, um damit arbeiten zu können, aber noch nicht alle Fakten festgeschrieben sind, sodass noch ein gewisser Gestaltungsspielraum besteht. Zu Beginn des Projektstart-Workshops wird ein Überblick über das vorgegebene Projektmanagement gegeben, dann erfolgt eine Festlegung der groben Projektziele und die Erstellung eines groben **Projektstrukturplans**, der dann auch für eine erste Kostenschätzung herangezogen werden kann. Zusammen mit dem Auftraggeber werden meistens auch schon die Projektphasen und die wichtigsten Meilensteine festgelegt. Weiter geht es mit der Festlegung der **Projektorganisation** und der Identifikation der wichtigsten Stakeholder. Anschließend wird ein Informations- und Kommunikationssystem implementiert. Dazu werden Informationswünsche der einzelnen Stakeholder erfasst und es wird ermittelt, welche Informationen ein Stakeholder zu welchem Zeitpunkt zur ordnungsgemäßen Wahrnehmung seiner Aufgaben benötigt. Aus dieser **Informationsbedarfsmatrix** wird eine **Kommunikationsmatrix** erstellt, die einen Aktionsplan zum Befriedigen diese Bedarfe darstellt. Schließlich befasst man sich noch mit den Projektrisiken, und eventuell macht man auch noch eine detaillierte Planung für die nächste Projektphase.

In vielen Firmen findet leider kein Projektstart-Workshop statt, sondern alle wichtigen Punkte wie Team, Ziele und Inhalte des Projekts werden von der Geschäftsführung vorgegeben oder wurden in einem Vorprojekt erarbeitet. Dann wird zum Informieren der Projektteammitglieder ein sogenanntes **Kick-off-Meeting** durchgeführt. Eine ausführliche Bearbeitung oder Erarbeitung von Informationen findet hier nicht statt, sondern es werden lediglich die Projektdaten und Festlegungen bekannt gegeben. **Hinweis:** In einer Matrix-Projektorganisation findet das Kick-off Meeting in der Regel erst zu Beginn der Steuerungsphase statt, da erst mit Ende der Planungsphase alle Projektbeteiligte bekannt sind.

3.2 Praxisbeispiel

Nachdem nun nicht nur klar war, dass wir ein Buch über Projektmanagement schreiben würden, sondern auch, was uns dazu bewegt und welchen Nutzen wir aus diesem Projekt ziehen möchten, ging es mit unserer Reise erst so richtig los – wir waren bereit, erfolgreich die Segel zu setzen für praxisnahes Projektmanagement. Wir setzten uns zu einem Projektstart-Workshop zusammen, um die Eckdaten für unser Projekt festzuzurren. Unsere Erfolgskriterien waren z. B., dass wir ein qualitativ hochwertiges Werk generieren wollten, das eine hohe Funktionalität bietet und unseren Leserinnen und Lesern viele (von uns selbst gezeichnete) Bilder, aussagekräftige Praxisbeispiele und Informationen zu den einzelnen Themenbereichen an die Hand gibt. Zusätzlich zu unserem Know-how war es uns wichtig, Interviews mit erfahrenen Projektmenschen zu führen, weil wir der Überzeugung waren, dass diese Impulse sich als überaus wertvoll für unsere Leser herausstellen würden. Als Projektmanager sind wir es gewohnt, ein solides Zeit- und Prioritätenmanagement zu haben, denn das Einhalten von Terminen ist im Projektgeschäft allgegenwärtiges Thema. So hatten wir zu jeder Zeit auf dem Schirm, dass wir auf die Zuarbeit von unseren Interviewpartnern angewiesen waren, aber dass diese natürlich für das Ausfüllen unseres extra für unser Buch erstellten Fragebogens entsprechende Zeit und Vorlauf brauchten. Und auch für die Durchführung der Interviews selbst galt es, sich an die Zeitschiene zu halten.

Ein großer Erfolgsfaktor des Buchprojekts war, dass wir zu 100 % in unserem Lieblingsgewässer segelten, denn das Thema Projektmanagement ist einfach ein wesentlicher Bestandteil unserer DNA als Projektmanager, Trainer und Coaches. Da es sich bei unserem Projekt um ein einfaches Projekt handelte und wir im Vorfeld alle Anforderungen an den Inhalt des Buches mit dem Verlag abgestimmt hatten, war ***klassisches Projektmanagement*** *als anzuwendende Methode prädestiniert. Wir wollten das Rad weder neu erfinden noch die Welt aus den Angeln heben, sondern einfach nur den Fokus auf* *jene Fertigkeiten und Fähigkeiten lenken, die unserer Meinung nach wichtig waren für praxisnahes PM.*

Wir definierten für unser Buchprojekt sowohl Leistungs- als auch Terminziele und machten uns über Kosten- und Sozialziele Gedanken. Ziele SMART zu formulieren ist für uns bereits selbstverständlich, und im Projektmanagement kommt es zudem darauf an, Ziele nicht nur operationalisiert, sondern vor allem die Leistungsziele auch in der vollendeten Gegenwart zu formulieren. Unseren Kursteilnehmern sagen wir an dieser Stelle immer: »Stellen Sie sich einfach vor, Sie beamen sich jetzt mal in die Zukunft der Projektübergabe an den Auftraggeber und dann schauen Sie zurück auf die Leistungsziele. Also sehen Sie diese nun als bereits erfüllt! Und genau so formulieren Sie auch Ihre Leistungs- bzw. Ergebnisziele.« Es hat den Vorteil, dass es für unser Gehirn damit gelebte Realität wird und wir uns positiv konditionieren, unsere Ziele letztendlich auch wirklich zu erreichen.

Abbildung 4: Wie Ziele richtig formuliert werden

Leistungsziel L1: Das Fachbuch über praxisnahes Projektmanagement ist im Haufe Verlag erschienen.

Leistungsziel L2: Interviews mit Projektmanagern wurden geführt, und es liegen pro Kapitel mindestens vier Interviews vor.

Leistungsziel L3: Alle Zeichnungen und Illustrationen wurden vom Autorenteam eigenhändig visualisiert und erstellt.

Bei allen anderen Zielen ist es zwar wichtig, operationalisiert zu formulieren, die Zeitform ist hierbei jedoch egal:

Terminziel T1, 17. Januar 2023: Abgabe der Manuskripte auf Deutsch und Englisch.

Terminziel T2, 21. März 2023: endgültige inhaltliche Freigabe der Autoren.

In der Definitionsphase befassten wir uns damit, unser Buchprojekt in einen groben zeitlichen Rahmen zu packen, wichtige Entscheidungspunkte zu definieren und die Phasen, die wir grob im Projektstart-Workshop festgelegt haben, nun zu konkretisieren und mit Leben zu füllen. Am 05. März 2022 wurde der Grundstein für unser Projekt gelegt – Meilenstein M1, unser Projektstart. Die erste Phase (Brainstorming) war eine Konzeptphase, in der wir Ideen sammelten, unsere Hauptkapitel festlegten und sowohl unsere Zielgruppe als auch unsere Wunsch-Interviewpartner definierten. Mit Meilenstein M2 war diese Phase abgeschlossen und die Vorbereitungs-/Organisationsphase begann. Auch hier sammelten wir erste Ideen, welche Aktivitäten in dieser Phase auf uns zukommen würden: Kontakt zum Haufe Verlag herstellen, den Autorenfragebogen ausfüllen, Ideen für die allgemeine Struktur definieren etc. Meilenstein M3 hieß für uns folglich, dass die nun folgende Manuskriptphase freigegeben werden konnte – die imaginäre Projektampel stand für uns auf Grün und wir durften so richtig loslegen und Content produzieren! Diese Phase war mit Meilenstein M4 (dem Hochladen der Manuskripte und der Freigabe der Lektoratsphase) am 17. Januar 2023 abgeschlossen. Die Lektoratsphase wurde dann erfolgreich mit Meilenstein M5 am 21. März 2023 abgeschlossen und wir befanden uns in der Abschlussphase. Unser Projektende manifestierte sich im Meilenstein M6, der offiziellen Veröffentlichung unseres Werkes am 15. Mai 2023.

Aus den sozialen Faktoren der Umfeldbetrachtung ließen sich auch in unserem Buchprojekt eine ganze Reihe von Stakeholdern identifizieren – alle mit unterschiedlicher Macht oder Einfluss, Erwartungen, Befürchtungen, Einstellungen zum Projekt. Neben Mathias und mir als Autoren – und ich hatte hier ja noch die weitere Rolle als Projektleiterin, da Mathias als Lead PM bei der Lutz und Grub AG bereits voll ausgelastet war – gab es einige wichtige Akteure vom Haufe Verlag, die für uns sehr wichtige Stakeholder wurden wie z. B. der Leiter Business-Publikationen, unsere Produktmanagerin, die Logistikverantwortlichen oder die Grafiker und natürlich die Lektorin. Weitere wichtige Akteure waren unsere Interviewpartner, unsere potenziellen Leser, unsere Kunden und Kursteilnehmer, die bereits im Vorfeld ein sehr starkes Interesse an unserem Buch bekundeten und sich auf die Fertigstellung des Werkes freuten und, nicht zu vergessen, unsere Familie, die uns auf dem gesamten Weg begleitete und tatkräftig unterstützte. Es war wichtig, für jeden Stakeholder eine entsprechende Kommunikationsstrategie abzuleiten und fundiertes Stakeholdermanagement zu betreiben.

Ein weiteres wichtiges Thema in der Definitionsphase eines Projektes ist es, sich mit Chancen und Risiken auseinanderzusetzen. In unserem Buchprojekt sahen wir eine große Chance darin, dass wir durch die Tatsache, nun auch offiziell Autoren zu werden, mehr Sichtbarkeit erlangten und damit einhergehend eben noch stärker als Experten auf dem Gebiet Projektmanagement gesehen würden. Mögliche Risiken, mit denen wir uns konfrontiert sahen, waren natürlich zum einen, dass der Haufe Verlag unser Buch nicht publizieren wollte und uns somit die Möglichkeit verwehrt wäre, Autoren bei unserem Lieblingsverlag zu werden. Zum anderen bestand die Gefahr, dass das Grafik-Team bei Haufe Coverentwürfe lieferte, die uns nicht vollumfänglich zusagten und es hier deshalb als Konsequenz großen Diskussionsbedarf gäbe.

Für jedes Risiko überlegten wir uns sowohl präventive Maßnahmen im Vorfeld als auch kurative bzw. korrektive Maßnahmen für den Fall, dass das Risiko eintreten sollte. Präventiv bereiteten wir uns sehr gut darauf vor, dem Verlag unserer Wahl entsprechende Argumente und damit eine Begründung zu liefern, warum sie mit uns zusammenarbeiten sollten. Die kurative Maßnahme, uns einen alternativen Verlag zu suchen, kam weder für Mathias noch für mich infrage und wurde deshalb ad acta gelegt. Wir setzten auf die präventive Maßnahme und arbeiteten eine valide Nutzenargumentation aus, die im Autorenfragebogen des Verlags zum Tragen kam und letzten Endes erfolgreich war.

Die Wahl der Projektorganisation ist für ein Projekt ein wichtiger Aspekt, den es zu durchdenken gilt. Matrix-PO? Oder doch vielleicht eine reine bzw. autonome PO? Vielleicht aber auch eine Stab-/Einfluss-PO? Große Unternehmen oder Organisationen sind hier erfahrungsgemäß häufig sehr treffsicher unterwegs, die Hierarchien sind geklärt, es gibt Befugnisse und Verantwortungen bzw. die Arbeit in Projekten gehört zum Tagesgeschäft und die Projektorganisationsform ist quasi von vornherein gesetzt. In unserem Buchprojekt war der Kontext so, dass wir in keine Organisation, in kein Unternehmen oder gar Konzern eingebunden waren, sondern unser Projekt auf dem sehr kleinen Dienstweg abwickelten. Als erfahrenen Projektmenschen war es uns dennoch wichtig, in unserem Projekt ganz stringent Projektmanagement zu leben, und demzufolge stellte sich auch die Frage nach der Projektorganisationsform. Aufgrund der fehlenden Macht bzw. Hierarchie und aufgrund der Tatsache, dass wir in Bezug auf die Stakeholder aus dem Haufe Verlag keinerlei Handhabe hatten, führten wir unser Buchprojekt als Stab-/Einfluss-PO durch. Für uns bedeutete die Wahl dieser Projektorganisationsform auch der wunderbare Blick in die Praxis der **lateralen Führung***, d. h. Führen ohne Weisungsbefugnis. Da gerade dieser Aspekt der Führung sehr spannende Perspektiven mit sich bringt, war es für uns überaus interessant und positiv, im Rahmen unseres Buchprojekts genau hier ansetzen zu können. Mathias und ich sind seit mehr als 27 Jahren zusammen, 26 davon verheiratet. Wir sind nicht nur privat, sondern oftmals auch beruflich 24/7 als eingespieltes Team unterwegs und vertrauen uns blind. In Bezug auf unsere Ansprechpartner des Haufe Verlags mussten wir hingegen erst einmal Vertrauen aufbauen und herausfinden,* *welche »Sprache« und welche Form der Kommunikation für unser Projekt hilfreich war, um erfolgreich unsere Ziele zu erreichen. Ich war als Projektleitung hierbei die Hauptansprechpartnerin für den Verlag und baute eine gute Beziehung zur Produktmanagerin auf, was der Durchführung unseres Buchprojekts sehr zuträglich war und die Zusammenarbeit mit den unterschiedlichen Akteuren angenehm gestaltete.*

3.3 Quintessenz

In der Definitionsphase geht es vor allem darum, die Weichen für eine erfolgreiche Projektdurchführung zu stellen. Es werden Definitionen zur allgemeinen Vorgehensweise, zur Teamzusammensetzung, zur Einbindung in die Organisationsstruktur, zur Kommunikation und zu Zielen getroffen. Zusätzlich werden Unterstützer und Projektgegner identifiziert und der Umgang mit ihnen festgelegt. Es wird geprüft, welche Risiken und Chancen es gibt und wie mit ihnen umzugehen ist, um keine bösen Überraschungen während der Projektdurchführung zu erleben.

3.4 Tools und Tipps

Oftmals fällt es Auftraggebern schwer, die Ziele richtig zu priorisieren, d. h. sie denken, dass alle drei Hauptzielgrößen wie Termine, Kosten und Leistungen gleich wichtig sind. In diesem Fall hilft einem das magische Dreieck weiter. Man zeichnet auf ein Blatt Papier ein gleichseitiges Dreieck und beschriftet die Ecken mit den Begriffen Termine, Kosten und Leistung. In die Mitte dieses Dreiecks zeichnet man einen Kreis, der fast bis an die Ränder reicht. Das ist ein gesperrter Bereich, in den nichts eingezeichnet werden darf. Jetzt lässt man den Auftraggeber einen Punkt an die Stelle setzen, die für ihn am wichtigsten ist. Da er den Punkt nicht in die Mitte setzen darf, da dieser Bereich ja gesperrt ist, wird er automatisch zu einer Entscheidung gezwungen.

Häufig hat man das Problem, dass aus der Zieldefinition nicht so ganz genau hervorgeht, wie weit ein Projekt geht (also – was noch alles zur Projektdurchführung dazugehört) und wo das Projekt endet (also – was nicht mehr Bestandteil der Projektarbeit ist). In einem solchen Fall kann die Definition von **Nicht-Zielen** hilfreich sein. Wenn Sie z. B. mit der Anpassung einer Standardsoftware für einen bestimmten Kunden beauftragt wurden, kann es ganz hilfreich sein, das Nichtziel »Eine Schulung der Mitarbeiter ist nicht Bestandteil dieses Projekts« zu definieren. Nicht, dass am Ende der Kunde noch auf die Idee kommt, dass seine Mitarbeiter auch noch kostenlos in der angepassten Software geschult werden. Durch eine solche Definition haben Sie sich abgesichert und der Kunde weiß jetzt genau, was er nicht bekommt. Möglicherweise bietet das auch nochmals die Gelegenheit den Projektinhalt – natürlich gegen Aufpreis – anzupassen, bzw. ein Folgeprojekt zu generieren.

Viele Auftraggeber – besonders bei internen Projekten – haben ein Problem damit, ein Budget zu nennen, und wollen einen mit »das sehen wir dann schon« oder »Geld spielt keine Rolle« abspeisen. Tatsächlich wissen sie aber ganz genau, was ihnen das Projekt wert ist, wollen aber keine Zahlen nennen, denn vielleicht geht es ja noch günstiger. Oder sie haben einfach Angst, dass ein vorhandenes Budget verbraucht wird, auch wenn es gar nicht notwendig gewesen wäre. In einem solchen Fall kann es hilfreich sein, einfach eine völlig übertriebene Summe in den Projektsteckbrief oder die Zieldefinition aufzunehmen. Also, wenn Sie denken, dass das Projekt ca. 150 000 Euro kostet, schreiben sie ruhig 2 Millionen Euro hin. Sie werden sehr schnell feststellen, dass der Auftraggeber sehr wohl ein Budget definiert hat. Und falls er wider Erwarten Ihrer überhöhten Budgetforderung zustimmen sollte – umso besser! Dann können Sie jetzt endlich einmal aus dem Vollen schöpfen.

Bei der Definition der formellen Rollen darf man folgende drei Aspekte – die unter dem Namen AKV-Matrix bekannt wurden – nicht aus den Augen verlieren:

- **A**ufgaben
  Was muss der Rolleninhaber genau machen?
- **K**ompetenzen
  Was darf er (= Befugnisse) und was muss er können (= Fähigkeiten)?
- **V**erantwortung
  Wofür wird er zur Rechenschaft gezogen?

Es muss unbedingt überprüft werden, ob Aufgaben, Kompetenzen und Verantwortung übereinstimmen. Das wird als Kongruenzprinzip bezeichnet. In der Praxis ist es leider häufig so, dass zwar ganz klar ist, welche Aufgaben jemand übernehmen muss, welche Fähigkeiten er dazu braucht und wofür er verantwortlich gemacht wird, aber über die Befugnisse, die er dazu benötigt, wird nicht gesprochen bzw. diese werden nicht erteilt. Deshalb sollte ein Rolleninhaber immer prüfen, ob denn auch das »Dürfen« geregelt ist – ansonsten muss er um seine Befugnisse kämpfen, um seiner Rolle gerecht werden zu können. Im Projektmanagement gibt es als formelle Rollen z. B. Auftraggeber, Auftragnehmer, Lenkungsausschuss, Projektleiter, Teilprojektleiter oder Arbeitspaketverantwortlicher und Projektmitarbeiter.

Häufig werden die Stakeholder (anstelle einer **Stakeholderanalyse**) in Form eines Stakeholderportfolios mit den Beschriftungen Macht + Betroffenheit oder Macht + Konfliktpotenzial dargestellt. Das ist übersichtlich und hat den Vorteil, dass nicht für jeden Stakeholder einzelne Maßnahmen definiert werden müssen, sondern Maßnahmenbündel für jeden Quadranten (für jedes Portfoliofeld) definiert werden können. Wenn man viele Stakeholder hat, spart das enorm viel Zeit.

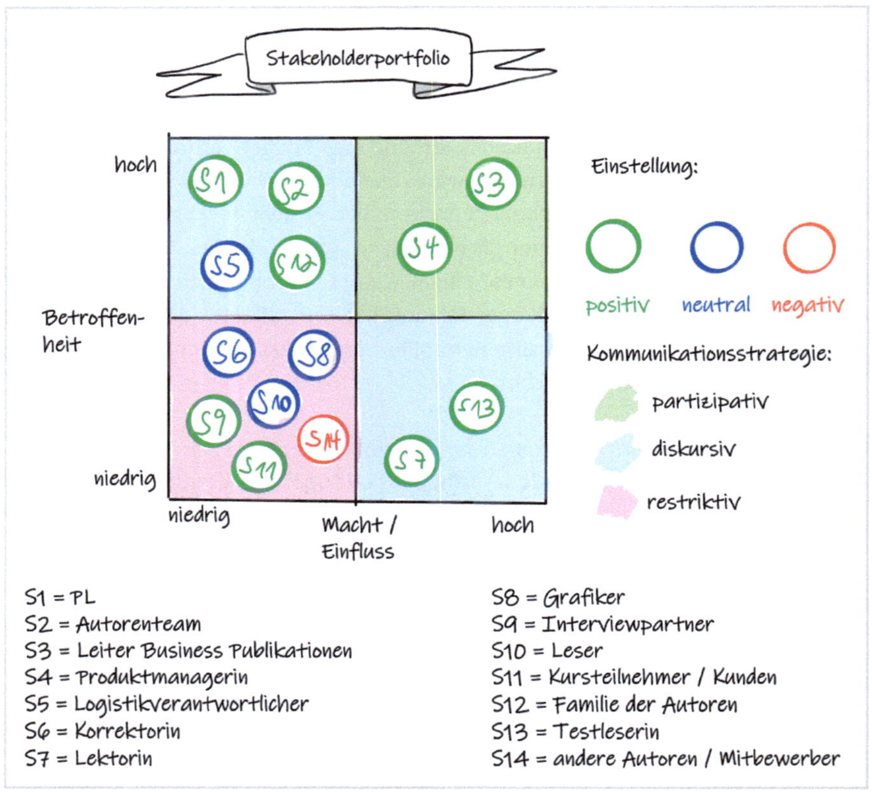

Abbildung 5: Stakeholderportfolio des Praxisbeispiels

Ein sehr praxisnahes, hilfreiches Tool bei der Risikobetrachtung ist die Erstellung einer ABC-**Risikoanalyse**. Wenn wir alle Risiken bewertet und uns sowohl präventive als auch kurative Maßnahmen zum Umgang mit dem jeweiligen Risiko überlegt haben, entscheiden wir gemeinsam mit dem Auftraggeber darüber, welche Maßnahmen wir letzten Endes im Vorfeld ergreifen werden. Vorbeugende Maßnahmen senken entweder die Eintrittswahrscheinlichkeit oder die Schadenhöhe (Tragweite). Es ist sinnvoll, eine Risikoneubewertung durchzuführen und die Veränderungen visuell darzustellen. Diese Grafik führt sowohl die ursprünglichen Projektrisiken auf als auch die geplanten Auswirkungen der ausgewählten vorbeugenden Maßnahmen und visualisiert alles mittels Wirkungspfeilen in einem Koordinatensystem. Bei A-Risiken müssen vorbeugende Maßnahmen ergriffen werden, um sie mindestens in den B-Bereich zu verschieben. Bei B-Risiken sollte das Ziel sein, sie durch entsprechende Präventivmaßnahmen in den C-Bereich zu verschieben. Für C-Risiken können vorbeugende Maßnahmen unterbleiben.

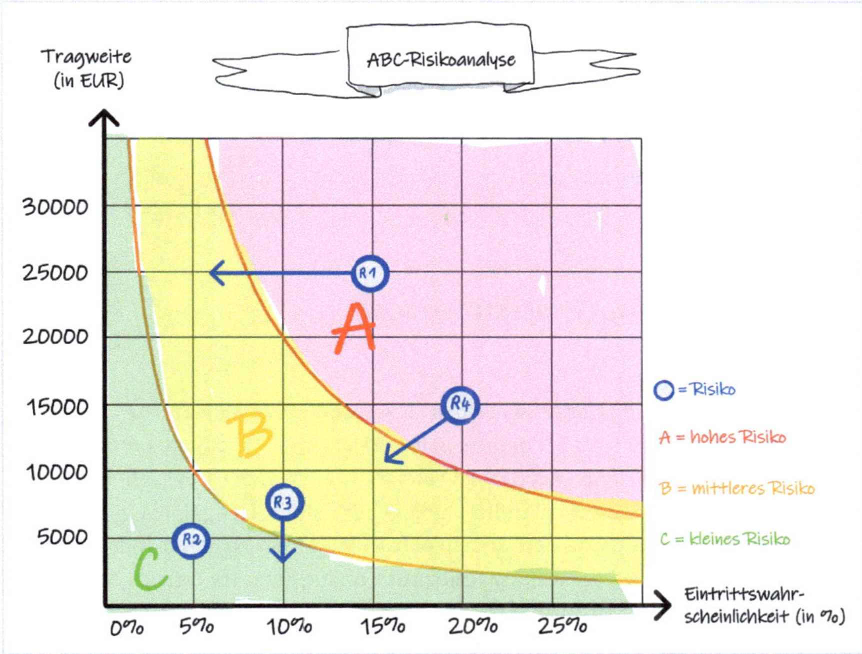

Abbildung 6: Grafische Darstellung von Risiken

Es ist empfehlenswert, wenn sich das Projektteam in der Definitionsphase die Frage stellt, ob es sinnvoller ist, bestimmte Teile fertig zu kaufen oder sie selbst herzustellen und zu entwickeln. Diese typische Make-or-Buy-Entscheidung sollte nicht auf die leichte Schulter genommen werden, deshalb ist ein wertvoller Tipp, kritisch zu hinterfragen, ob die Aktivität der Fertigung bestimmter Teile wirklich und wahrhaftig eine Kernkompetenz des Teams ist oder ob es nicht vielleicht ein anderes Team, ein anderer Bereich oder sogar ein anderes Unternehmen gibt, das es besser, schneller, professioneller und womöglich auch kostengünstiger machen kann.

Impulsfragen für die Definitionsphase

- Welche Faktoren wirken auf unser Projekt?
- Wie ist unsere Projektmannschaft aufgestellt?
- Wie sieht es mit der Projektorganisation aus?
- Welcher Projektmanagementansatz ist am besten für unser Projekt geeignet?
- Welche Interessen und Bedürfnisse sind von welchen Stakeholdern zu berücksichtigen?
- Was könnte schief gehen?

- Welche zusätzlichen Chancen oder Möglichkeiten spielen uns in unserem Projekt in die Karten?
- Mit welchen kaufmännischen Risiken müssen wir uns auseinandersetzen – kann es z. B. Zahlungsausfälle geben oder bestehen Währungsrisiken?
- Wie sieht es mit etwaigen gesetzlichen Auflagen aus?
- Gibt es besondere interkulturelle Mentalitäten zu beachten?
- Muss mit Katastrophen oder Sabotage gerechnet werden?
- Was könnte uns daran hindern, mit unserem Projekt erfolgreich zu sein?
- Wie sehen unsere Stakeholder den Projekterfolg?
- Wohin geht unsere Projektreise?
- Was soll sein, wenn wir unser Projekt ins Ziel gebracht haben und fertig sind?

3.5 Interviews mit Projektmanagern

Ben Ziskoven

MF: *Wie lauten Ihre Tipps für erfolgreiches Stakeholdermanagement?*

BZ: Fange an mit einem Stakeholderregister, stelle Fragen und finde heraus, was bei welchem Menschen funktioniert und frage auch andere Menschen um Rat. Ganz wichtig ist, sich oft zu treffen. Online oder offline ist egal. Klar gibt es Vorteile bei offline Treffen – gemeinsam eine »lustige Zeit« zu haben hilft bei der Zusammenarbeit. Aber wenn Meetings etc. online gemacht werden, ist es toll, auf einmal Menschen aus der ganzen Welt zusammenzubekommen. Auch kurzfristig. Und es ist auch wirtschaftlich sinnvoller, viel online zu machen. Es klappt nicht für jeden Menschen – wir sollten aber alle die Erwartungshaltung haben, dass es positive Effekte hat, online zusammenzuarbeiten. Es ist wichtig, unsere Stakeholder gut zu kennen. Und das geht nur durch Fragen, Fragen, Fragen!

Carsten Mende

MF: *Wie lauten Ihre Tipps für erfolgreiches Stakeholdermanagement?*

CM: **GENBA**. Keine Angst, niemand wird Euch fressen ... Naja, gut, etwas einstecken können sollte man schon als Projektleiter/in. Aber GENBA hilft, so sehr man sich auch evtl. davor scheut. Geht zu Euren Stakeholdern, zu den Kritikern genauso wie zu denen, die Ihr vermeintlich als Unterstützer sicher habt. Beide können ihre Position im Laufe des Projekts ändern. Das könnt Ihr am besten antizipieren, wenn Ihr nah bei Ihnen seid und sie versteht. Ein sehr hilfreiches Tool ist hier beispielsweise die »**Empathy Map**«.

Astrid Beger

MF: *Wie sieht in Ihren Projekten eine Eröffnungsveranstaltung aus und welcher Teilnehmerkreis ist dazu eingeladen? (online, offline)*

AB: Gute Frage! Zunächst: Die Eröffnungsveranstaltung ist für mich der Beginn der zweiten Projektphase. Im Projekt starte ich mit Startworkshops, über eine verabredete Zeitdauer hinweg. Intern wird so eine Basis gelegt. Da wir wissen, dass das Projekt nicht auf grüner Wiese existiert, plane ich gern Eröffnungsveranstaltungen als Event. Online, offline oder Face to Face: Diese drei Spielarten nutze ich am liebsten gemeinsam. Bei einem Projekt hatten wir eine Liveveranstaltung im Auditorium mit feierlicher Eröffnung durch den Vorstand. Das wurde per Video an alle übertragen, die remote dabei waren. Im Anschluss daran haben wir mit einem Filmteam eine Offlineeröffnung gefilmt, die ab dann auf den internen Displays im Unternehmen eine Zeit lang immer wieder gezeigt wurde.
Ich empfehle anderen Projekten: Mache den Anfang sichtbar und konserviere ihn auf eine bestimmte Art. Auch, wenn es anfangs das Gefühl von Zeitdruck, Stress o. Ä. gibt. Kreiere eine Projekteröffnungsveranstaltung, die greifbar ist. Eine Eröffnungsveranstaltung ist das Durchschneiden des Roten Bandes! Das sollte GUT gemacht sein. Es gibt viele Spielarten dazu.
Ein Projekt, das ich als Leitung der PMO-Abteilung erlebt habe, hatte zum Beispiel ein Remote-Team verteilt über die ganze Welt. Das Budget reichte nicht für Teamreisen, es war klar: Wir arbeiten eng zusammen, ohne uns jemals zu sehen. Das Projektleitungsteam hat daher vom Marketingbudget sogenannte Projekt-Badeenten erstellt. Eine Ente für jeden und eine ganz besondere Ente. Die Besondere bekam einen eigenen Namen auf den Bauch gedruckt. Diese besondere Ente ging per Post auf Weltreise, eine Rundreise zu jedem im Team und anschließend retour ins Headquarter. Wer Besuch von der Projektente hatte, hat mit ihr ein Foto gemacht – inspiriert von dem reisenden Gartenzwerg in »Die fabelhafte Welt der Amelie«. Am Ende gab es eine online und Face-to-Face-Veranstaltung mit allen Fotos der Ente – ansonsten ein klassischer, finaler Projektstart-Workshop.

Sebastian Wächter

MF: *Wie schaffen Sie es, in Veränderungsprojekten die Erwartungen der unterschiedlichen Stakeholder unter einen Hut zu bringen?*

SW: Veränderung sieht bei jedem anders aus. Wir können viele Menschen auf unsere Veränderungsreise mitnehmen, aber eben nicht alle. Das muss uns bewusst sein. Aber wir müssen auch nicht jeden mitnehmen. Wichtig ist, so früh wie möglich in den Prozess eingebunden zu sein, um die Erwartungen und Befürchtungen aller Beteiligten zu erfahren. Für Widerstand gibt es immer Gründe – manchmal sind es fachliche Themen, manchmal (meistens sogar) emotionale Themen. Das herauszufinden ist elementar. Und dann kommt es darauf an,

Multiplikatoren zu finden und den Fokus der Führungskräfte und des Managements darauf zu lenken, dass wir genau mit den Stakeholdern enger arbeiten, die eine positive Einstellung zum Veränderungsprozess und damit zum Projekt haben. Und über diese Multiplikatoren springt der Funke dann oftmals auch auf die anderen über, Zweifel können ausgeräumt und Bedenken zerstreut werden. Je früher wir uns mit den Beteiligten austauschen und wissen, was sie bewegt, desto erfolgreicher sind wir am Ende.

Michael Künnell

MF: Wie lauten Ihre Tipps für erfolgreiches Stakeholdermanagement?

MK: Zum einen eine ständige, zielgerichtete Kommunikation und wenn notwendig, dann sollten Einzelgespräche geführt werden. Insgesamt ist sehr wichtig, den Teammitgliedern Raum zu geben, damit sie sich aufeinander einschwören können, denn das erleichtert und verbessert ihre Zusammenarbeit. Ich empfehle auch immer, (Teil-) Erfolge zu feiern – das motiviert. Als Führungskraft sollte ich Leadership leben, d. h. nicht nur delegieren, sondern selbst mit anpacken.

Daniel Laufs

MF: Wie sehen in Ihren Projekten Eröffnungsveranstaltungen aus bzw. welcher Projektstart ist Ihnen besonders in Erinnerung geblieben?

DL: Unter dem Dach der CAPTN Initiative (das steht für **c**lean **a**utonomous **p**ublic **t**ransport **n**etwork) haben wir sehr, sehr viele Projekte. Zum Beispiel das Projekt, in dem ich als Projektkoordinator involviert bin, ist die (teil-)autonome emissionsfreie Fährschifffahrt auf der Kieler Förde, das hat als Maxime »Design schafft Aufmerksamkeit«. In den verschiedenen Gremien mussten wir erst einmal Aufmerksamkeit bekommen, um Unterstützer zu finden. Da haben wir dann ganz stark auf Visualisierung gesetzt und zwei Designkonzepte erstellen lassen, wie eine Fähre auf der Kieler Förde in der Zukunft aussehen könnte. Und daraufhin kam dann die Resonanz, dann kamen die unterschiedlichen Stakeholdergruppen – im Positiven wie im Negativen, denn mit unseren Präsentationsfilmen haben wir auch Skeptiker angezogen und kamen in den Dialog.
Es kamen eben auch die Partner. Wichtig war aber, der Impuls musste vorweg kommen! Die zwei Designkonzepte mit allem Drum und Dran waren sehr spektakulär und überzeugend. Die Präsentationen und Filmvorführungen kamen gut an und brachten uns von Anfang an die Aufmerksamkeit, die unsere Initiative für ihre ganzen Projekte benötigt.

MF: Wie schaffen Sie es, die Erwartungen der unterschiedlichen Stakeholder unter einen Hut zu bringen?

DL: Am Anfang gab es viele Partner unter dem großen Dach der CAPTN Initiative. Wichtig war aber vom ersten Tag an, dass wir auf *Commitment* setzen und eine Zugehörigkeit schaffen, indem wir Verantwortung auch abgeben. D. h. dadurch, dass wir nicht so viel vorgeben, sondern den Projektbeteiligten die Möglichkeit geben, sich einzubringen und ihre Nische zu finden, haben wir sie sprichwörtlich von Anfang an ins Boot geholt. Ganz wichtig ist hierbei auch, die Skeptiker und Gegner zu involvieren, ihnen Raum zu geben für Skepsis und dann mit Erklärungen und Input im Idealfall die Ängste oder Skepsis zerstreuen. Wichtig ist auch eine gute Kommunikation und sehr gutes Informationsmanagement. Bei CAPTN sind so viele unterschiedliche Stakeholdergruppen involviert, so viele unterschiedliche Partner aus Industrie, Wissenschaft und der Gesellschaft, da geht es nur, wenn alle sich immer und zu jeder Zeit über die Themen informieren können, die für sie relevant sind.

Thor Möller

MF: Wie sieht in Ihren Projekten eine Eröffnungsveranstaltung aus und welcher Teilnehmerkreis ist dazu eingeladen? (online, offline)

TM: Erst einmal sind nur die aktiven Teammitglieder dazu eingeladen. Es ist für den weiteren Verlauf des Projekts unglaublich wichtig, hier mit einer netten Überraschung zu beginnen, dass wir gemeinsam etwas Schönes machen. In der Regel nichts Teures, sondern etwas, das allen positiv im Gedächtnis bleiben kann.
In meinen Projekten machen wir hier gerne eine kleine Fahrt auf der Alster mit Ruderbooten oder den Besuch des Klimahauses in Bremerhaven. Es geht darum, Erinnerungen zu schaffen – die erhalten die Motivation über den gesamten Projektverlauf hinweg aufrecht, weil wir uns eben gerne an die gemeinsame Ruderbootfahrt erinnern. Wichtig ist dabei aber natürlich, es muss eine Aktivität sein, die für alle Teammitglieder funktioniert und bei der niemand Angst hat oder sich unwohl fühlt. Z. B. ist der Ausflug in den Hochseilgarten nicht für jeden etwas. Es ist auch nicht empfehlenswert, einfach nur ins nächste Seminarhotel zu gehen. Da fehlt dann das Schöne und Besondere. Es muss nichts Spektakuläres sein – auch ein Picknick ist gut, um miteinander ins Gespräch zu kommen und eine andere Atmosphäre und Ruhe zu haben. Offline funktionieren hier natürlich mehr Dinge, aber auch online lassen sich gemeinsam mit dem Team schöne Aktivitäten machen, an die wir uns dann später immer wieder gerne zurückerinnern.

MF: Wie stellen Sie sicher, dass der Projektleiter immer dann auf die Ressourcen zugreifen kann, wenn diese benötigt werden?

TM: Der Projektleiter muss bei seiner Beauftragung klare Vorgaben und Regeln einfordern. Ein erfahrener PL fragt gleich zu Beginn ganz kritisch, ob das Vorhaben auch realistisch ist, um gleich von Anfang an die benötigten Ressourcen einzufordern. Es geht also nicht nur darum, dass ich mich geehrt fühle, weil mir die Projektleitung angetragen wird, sondern es geht darum, dass ich das Projekt überhaupt auch realistisch zum Erfolg führe. Deshalb ist es auch wichtig, nicht sofort »ja« zu jeder Projektleitung zu sagen, sondern das Ego mal hintenan zu stellen und kritisch zu hinterfragen, wie es mit den Ressourcen bestellt ist. Dazu gehört dann auch, dem Auftraggeber zu verklickern, wie wichtig diese sind! Ein Profi im PM schafft Klarheit – und verhandelt mit dem Auftraggeber. Wenn diese Verhandlung funktioniert, dann funktionieren auch die Verhandlungen mit anderen Stakeholdern. Dazu gehört, dass der PL eben auch mal »unbequem« ist.

Tobias Rohrbach

MF: Wie stellen Sie sicher, dass der PL immer dann auf die Ressourcen zugreifen kann, wenn diese benötigt werden?

TR: Gute Planung und Commitment! Von Anfang an. Alle relevanten Projektthemen müssen allen klar sein. Deshalb ist ein Vorab-Screening des gesamten Projektes wichtig und das Abstecken von Themengebieten. Alles muss sauber durchgeblockt werden – und dazu braucht es eine realistische Einschätzung. D. h. ich muss ganz klar die harten Fakten kennen und wissen, welche Ressourcen ich zu welchem Zeitpunkt im Projekt brauche – und wozu. Und es muss klar sein, wer für was verantwortlich ist. Wenn dieser Rahmen feststeht, dann müssen alle dazu stehen und die Regeln einhalten. Dazu ist es wichtig, mit Profis zu arbeiten, die viel PM-Wissen haben, viel Praxiserfahrung – und die fit sind in allen Softskills. Das wird leider häufig unterschätzt.

René Windus

MF: Wie stellen Sie sicher, dass alle Projektbeteiligten die für sie relevanten Informationen bekommen?

RW: Erst einmal muss ich verstehen, was die Projektbeteiligten brauchen und was ihnen wichtig ist. Dann organisiere ich das mit einer guten Kommunikationsplanung. Oft bekommen die Leute viel zu viel Informationen, die sie gar nicht brauchen. Sie werden fast schon erschlagen mit E-Mails – und lesen letzten Endes gar nichts mehr, d. h. die wirklich wichtigen Informationen gehen dabei sogar unter und finden keine Beachtung. Kommunikation darf kein Zufallsprodukt sein, und auch so vermeintlich profane Dinge wie eine Ablagestruktur müssen berücksichtigt werden. Gefährlich ist zudem auch, bei E-Mails quasi jeden in »CC« zu setzen. Oftmals passiert das aus einem Bedürfnis nach Absicherung heraus. Da hilft dann nur ein guter E-Mail-Filter, um die Mails auszusortieren, in denen ich nur in »CC« gesetzt bin. Und Regeln müssen im Vorfeld kommuniziert werden – »CC« heißt eben, dass ich lediglich eine Info bekomme, aber kein *to-do* habe. Da gibt es in der Praxis leider viele Missverständnisse.

Stefanie Gries

MF: Wie stellen Sie sicher, dass der PL immer dann auf die Ressourcen zugreifen kann, wenn diese benötigt werden?

SG: Das ist meiner Erfahrung nach eine der größten Herausforderungen im Projektmanagement. Ich glaube, eine Ressourcenplanung à la »Ich brauche Kollegin XY am Montag in drei Wochen für 2,25 Stunden, Donnerstag für eine und in drei Monaten nochmal für 3 Tage« funktioniert nur bedingt. Deswegen ist es wichtig, Art und Umfang der Anforderungen möglichst transparent zu haben und vor allem, dass alle Mitarbeitenden die Freiheit haben, sich in gewissem Rahmen selbst zu organisieren. Möglichst frühzeitige Einbindung der Ressourcen, damit jeder weiß, dass »da in den nächsten Wochen was kommt« und bei Bedarf entsprechend reagieren kann.

MF: Wie lauten Ihre Tipps für erfolgreiches Stakeholdermanagement?

SG: Kommunizieren. Dann kommunizieren. Und danach noch einmal kommunizieren. Hier können die Formate ganz unterschiedlich sein, aber man darf nie vergessen (um meinen Kollegen Markus zu zitieren): »Gedacht ist nicht gesagt, gesagt ist nicht gehört, gehört ist nicht verstanden, verstanden ist nicht verinnerlicht und verinnerlicht ist noch nicht umgesetzt.«

4 Planungsphase

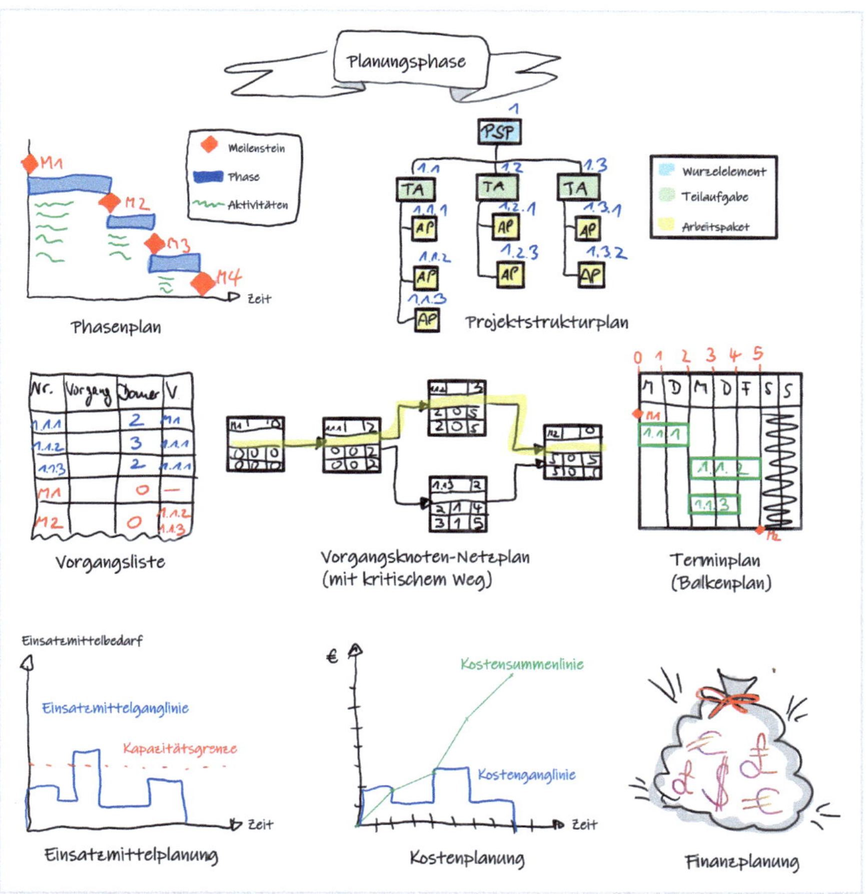

Abbildung 7: Übersichtsbild Planungsphase

4.1 Grundlagen

Nachdem wir in der Definitionsphase alle wichtigen Festlegungen, die man zur erfolgreichen Durchführung eines Projektes braucht, getroffen haben, geht es jetzt an die Planung. Nun müssen alle Pläne, die zur Erstellung des Projektgegenstandes oder des Produkts notwendig sind, erstellt werden. Es muss also festgelegt werden, was alles gemacht werden muss und in welcher Reihenfolge. Es gilt, Termine festzulegen und Ressourcen zuzuweisen. Ein besonderes Augenmerk ist dabei auf knappe Ressourcen zu richten, also auf die Ressourcen, die nicht zu jedem Zeitpunkt in der benötigten

Menge zur Verfügung stehen. Solche Ressourcen werden als **Engpassressourcen** bezeichnet. Aber auch Dinge, die nicht direkt mit der Produkterstellung in Zusammenhang stehen, müssen geplant werden. Dazu gehören die anfallenden Kosten und der **Cashflow**, also die Geldmenge, die zur Deckung der Kosten zu einem bestimmten Zeitpunkt zur Verfügung steht. Durch gute Planung sollen Fehler vermieden werden (z. B. Beschreitung falscher Lösungswege, Doppelarbeiten, das Vergessen einzelner Elemente oder das Übersehen von Risiken). Alle Pläne zusammen werden als **Projektplan** bezeichnet.

4.1.1 Phasenplanung

Bei einem **Phasenplan** handelt es sich um einen groben Ablaufplan, bei dem ein unüberschaubares Projekt in kleine Häppchen zerlegt wird. Das Projekt wird also in beherrschbare, sachlich/inhaltlich abgegrenzte zeitliche Abschnitte unterteilt. Diese Abschnitte werden als Phasen bezeichnet. Jede Phase ist also ein bestimmter Zeitraum, der für die Erledigung der anfallenden Aktivitäten zur Verfügung steht. Am Anfang und am Ende jeder dieser Phasen gibt es einen Meilenstein. Das ist ein Zeitpunkt im Projektverlauf, der selbst keine Dauer hat, aber bei dessen Erreichen allerlei Aktionen angestoßen werden. Zum Beispiel kann überprüft werden, ob die gewünschten Ergebnisse einer Phase erreicht wurden, ob noch Nacharbeiten nötig sind oder ob die nächste Phase freigegeben werden kann. Ein Meilenstein ist also ein Qualitätsprüfpunkt, an dem eine dem Projektleiter übergeordnete Instanz (z. B. die Auftraggeberin) ihre Interessen einbringen kann. An Meilensteine werden auch häufig Teillieferungen oder Zahlungsverpflichtungen geknüpft. Werden diese nicht eingehalten, stoppt erst einmal das Projekt, und zwar so lange, bis alles erfüllt wurde oder die Beteiligten sich in irgendeiner Form geeinigt haben.

Bei einem strikt sequenziellen Phasenplan werden die Phasen nacheinander abgearbeitet – Phasenüberlappungen oder parallel laufende Phasen gibt es dabei nicht. Ein solcher Phasenplan beginnt mit einem Projektstart-Meilenstein, gefolgt von der ersten Phase. Danach gibt es einen phasentrennenden Meilenstein, der zwischen der ersten Phase und der zweiten Phase liegt. An dessen Meilensteintermin wird geprüft, ob alle vereinbarten Ergebnisse der ersten Phase ordnungsgemäß erreicht wurden. Ist dies der Fall, wird die zweite Phase zur Bearbeitung freigegeben. Nach der zweiten Phase gibt es wieder einen Meilenstein, gefolgt von der dritten Phase. Das Ganze geht so weiter bis zur letzten Phase und dem darauffolgenden Projektende-Meilenstein. Idealerweise hat ein solcher Phasenplan mindestens drei, aber höchstens neun Phasen. Da jede Phase mit einem Meilenstein beginnen und mit einem Meilenstein enden muss, gibt es vier bis zehn Meilensteine. Da beim sequenziellen Phasenplan der Projektgegenstand in aufeinanderfolgenden abgeschlossenen Phasen bearbeitet wird, ist die Projektdurchführung aufgrund der einfachen und nachvollziehbaren Logik zwar sehr sicher, dauert aber auch sehr lange.

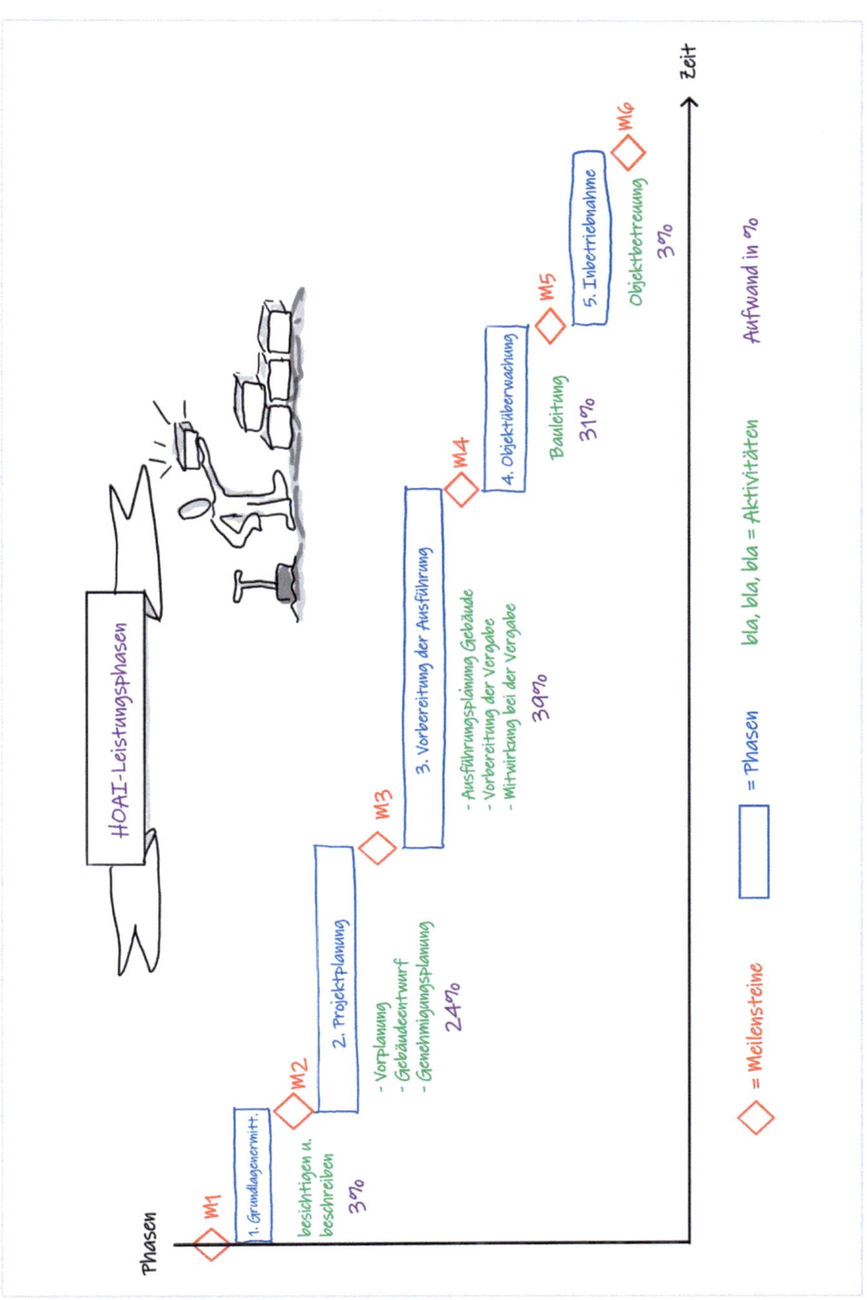

Abbildung 8: Verdichtete Leistungsphasen nach HOAI

Ein Phasenplan ist nicht nur ein tolles Instrument zur Kommunikation mit dem Kunden, er gibt auch einen ersten Überblick über den Projektablauf. Außerdem kann er für eine grobe Aufwandsschätzung herangezogen werden. Einen Phasenplan kann man entweder komplett selbst erstellen, indem man auf die (hoffentlich) bereits in der Definitionsphase gemeinsam mit dem Auftraggeber festgelegten Phasen und Meilensteine zurückgreift, oder man nimmt ein projektspezifisches oder branchenspezifisches Vorgehensmodell und passt dieses entsprechend an.

Ein typisches Beispiel für ein standardisiertes Vorgehensmodell in der Baubranche sind die Leistungsphasen (für die Gebäudeerrichtung) nach HOAI (Honorarordnung für Architekten und Ingenieure), die in Abb. 8 in einer verdichteten Form dargestellt sind.

Die fünf Phasen – Grundlagenermittlung, Projektplanung, Vorbereitung der Ausführung, Objektüberwachung und Inbetriebnahme – sind in Blau dargestellt. Die wichtigsten Aktivitäten innerhalb der Phasen sind (exemplarisch) in Grün und die sechs phasentrennenden Meilensteine in Rot eingezeichnet. Die Prozentzahlen innerhalb der Phasen stellen die Aufwandsrichtwerte dar. Der Vorteil der Verwendung standardisierter Vorgehensmodelle ist, dass nichts Wichtiges vergessen wird und man den ungefähren Ressourcenaufwand kennt, der in einer Phase anfällt. Bei diesem Modell sind die einzelnen Phasen wie Treppenstufen angeordnet – wenn man also oben Wasser darauf gießen würde, könnte man erkennen, dass das Wasser Stufe über Stufe nach unten fließt – wie bei einem Wasserfall. Daher kommt auch der umgangssprachliche Name **Wasserfallmodell**.

4.1.2 Projektstrukturierung

In einem **Projektstrukturplan** (PSP) sind alle in einem Projekt zu erledigenden Arbeitsinhalte und Arbeitsaufgaben in einer strukturierten Form dargestellt. Er ist die Basis für alle nachfolgenden Pläne. Wenn in ihm etwas vergessen wird, wird es auch in der Ablauf-, Termin-, Einsatzmittel- und Kostenplanung nicht berücksichtigt. Nicht umsonst wird der PSP als der Plan der Pläne bezeichnet. Ein Projektstrukturplan besteht aus einem Wurzelelement, einigen **Teilaufgaben** und vielen **Arbeitspaketen**. Das Wurzelelement steht an oberster Stelle des Projektstrukturplans (erste Ebene) – es repräsentiert das gesamte Projekt. Eine Teilaufgabe ist ein Teil eines Projekts, der im PSP weiter aufgeteilt wird und repräsentiert eine Gruppe zusammengehöriger Elemente (Teilaufgaben oder Arbeitspakete). Ein Arbeitspaket ist eine in sich geschlossene Aufgabenstellung innerhalb eines Projekts, die bis zu einem festgelegten Zeitpunkt mit definiertem Ergebnis und Aufwand vollbracht werden kann. Ein Arbeitspaket ist das kleinste Element des PSP, das in diesem nicht weiter aufgegliedert wird. Jedes PSP-Element ist mit einer eindeutigen Kennzeichnung versehen – dem sogenannten

PSP-Code. Diese Kennzeichnung (z. B. eine Nummerierung) muss einmalig sein, d. h. innerhalb eines Projektstrukturplans darf keine Nummer doppelt vorkommen, sonst gibt es Chaos. Der PSP-Code ist vergleichbar mit einer Artikelnummer. Wenn zwei Artikel die gleiche Artikelnummer hätten, würde bei jeder zweiten Bestellung der falsche Artikel geliefert.

Bei der Erstellung eines Projektstrukturplans gibt es verschiedene Vorgehensweisen. Man kann in einem Brainstorming alle in einem Projekt anfallenden Aufgaben sammeln und anschließend zusammengehörende Arbeitspakete zu Teilaufgaben zusammenfassen (Clustern). Diese Bottom-up-Vorgehensweise eignet sich vor allem bei neuartigen Projekten. Wenn man das Projektendprodukt kennt, z. B. wenn man ein Auto bauen möchte, bietet sich eine Top-down-Vorgehensweise an. Man überlegt sich, aus welchen Hauptkomponenten ein Auto besteht (Karosserie, Fahrgestell, Innenraum, Motor, Räder) und übernimmt diese als Teilaufgaben. Anschließend teilt man diese weiter auf. Die Teilaufgabe Innenraum könnte z. B. in Himmel, Verkleidung, Sitze, Armaturenbrett etc. aufgeteilt werden. Da in diesem Beispiel ausschließlich Objekte (Dinge, Substantive) verwendet wurden, spricht man in einem solchen Fall von einer objektorientierten Gliederung. Wenn wir bei der Gliederung nur von Funktionen (Tätigkeiten, Verben) wie kochen, putzen, dekorieren, waschen etc. ausgehen, spricht man von einem funktionsorientierten PSP. Dann gibt es noch den phasenorientierten Projektstrukturplan. Bei diesem werden alle Phasen des Phasenplans als Teilaufgaben in die zweite Ebene (die Ebene unter dem Wurzelelement) übernommen. In den weiteren Ebenen werden diese Teilaufgaben in weitere Elemente unterteilt. Ein phasenorientierter PSP hat den Vorteil, dass wir die Ergebnisse der Vorarbeit – die wir bei der Phasenplanung geleistet haben – jetzt weiterverwenden können. Die Phasen sind ja schon in die Teilaufgaben eingeflossen, die Aktivitäten des Phasenplans können wir in Arbeitspakete oder weitere Teilaufgaben zerlegen.

Nehmen wir zum Beispiel den Phasenplan »verdichtete Leistungsphasen«. Da haben wir in der Phase Grundlagenermittlung die Aktivitäten Besichtigen und Beschreiben. Daraus könnten wir die drei Arbeitspakete Bestandsaufnahme, Standortanalyse und Umweltverträglichkeit bündeln. In der zweiten Phase Projektplanung gibt es die Aktivitäten Vorplanung, Gebäudeentwurf und Genehmigungsplanung, die wir einfach als Teilaufgaben übernehmen und in weitere Arbeitspakete aufteilen könnten.

- Die Teilaufgabe Vorplanung würde dann in die vier Arbeitspakete Finanzplan, Kosten-Nutzen-Analyse, Bauanfrage und Modellerstellung aufgeteilt werden.
- Aus der Teilaufgabe Gebäudeentwurf könnten die drei Arbeitspakete Objektbeschreibung, Kostenberechnung und Gebäudeoptimierung abgeleitet werden.
- Aus der Teilaufgabe Genehmigungsplanung könnten die drei Arbeitspakete Nachbarliche Zustimmungen/Unterlagen für Prüfverfahren/Genehmigungsunterlagen entstehen.

Die dritte Phase Vorbereitung der Ausführung ließe sich wie folgt unterteilen:

- Teilaufgabe: Ausführungsplanung Gebäude
  Arbeitspakete: Leistungsbeschreibung/Baupläne/Ausführungspläne
- Teilaufgabe: Vorbereitung der Vergabe
  Arbeitspakete: Ausschreibungen/Kostenübersichten
- Teilaufgabe: Mitwirkung bei der Vergabe
  Arbeitspakete: Bewertung der Angebote/Vorbereitung der Verträge/Mitwirken bei der Auftragserteilung

Diese mögliche Aufteilung ist in »Variante A« der nachfolgenden Abbildung dargestellt. Äquivalent dazu könnte man auch die vierte Phase – Objektüberwachung und die fünfte Phase – Inbetriebnahme aufteilen.

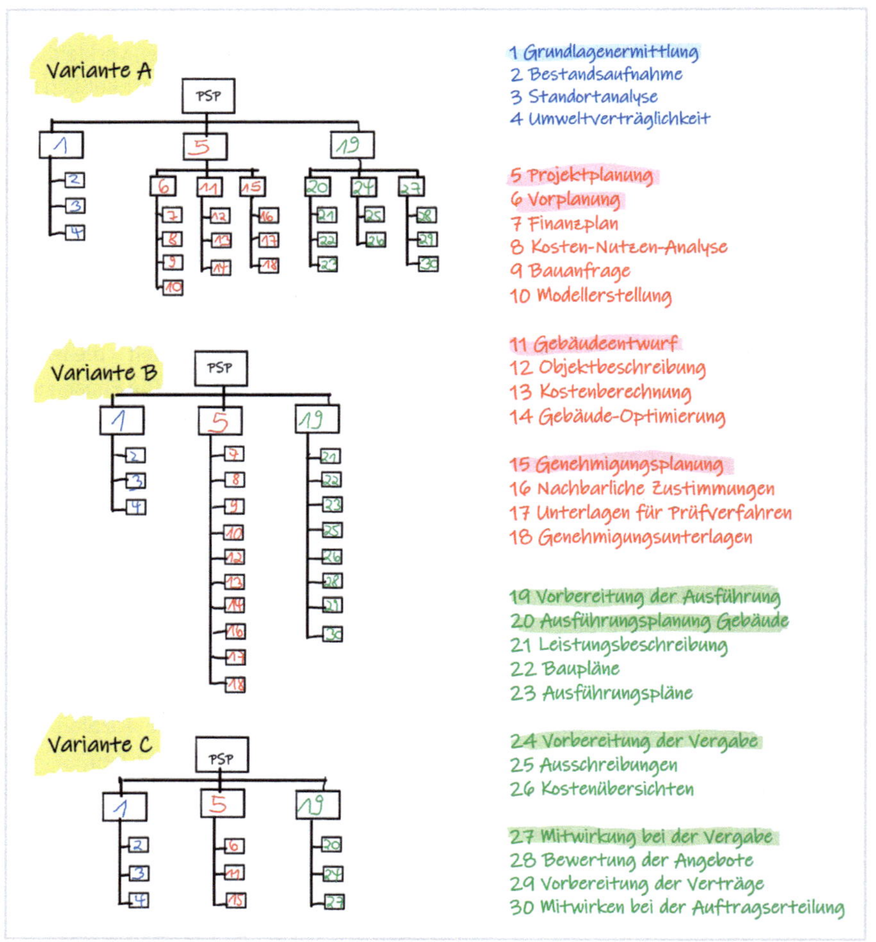

Abbildung 9: HOAI PSP-Varianten

Hinweis: Die Aufteilung der zweiten Phase (Projektplanung) in die Teilaufgaben Vorplanung/Gebäudeentwurf/Genehmigungsplanung und der dritten Phase (Vorbereitung der Ausführung) in die Teilaufgaben Ausführungsplanung Gebäude/Vorbereitung der Vergabe/Mitwirkung bei der Vergabe (Variante A) ist rein optional. Man könnte auch einfach unter die Teilaufgabe Projektplanung die o. g. dazugehörenden zehn Arbeitspakete hängen und der Teilaufgabe Vorbereitung der Ausführung die zugehörigen acht Arbeitspakete zuordnen (Variante B). Es wäre sogar auch möglich, für die Teilaufgabe Projektplanung nur die drei Arbeitspakete Vorplanung, Gebäudeentwurf und Genehmigungsplanung zu definieren (Variante C). Wie weit der PSP aufgeteilt wird und wie umfangreich einzelne Arbeitspakete sein dürfen, entscheidet letztendlich der Projektleiter, zusammen mit seinem Team. Der PSP sollte jedoch so grob, wie möglich, aber so fein wie nötig gehalten werden. Das heißt, mehr als fünf Ebenen und mehr als 100 Arbeitspakete sollte er auf keinen Fall haben.

Nachdem der Projektstrukturplan erstellt wurde, müssen die einzelnen Arbeitspakete noch genau beschrieben werden. Dabei kann man eine Arbeitspaketbeschreibung wie eine Arbeitsanweisung sehen. Diese Arbeitsanweisung muss so beschrieben sein, dass ein hinreichend qualifizierter Mitarbeiter die Aufgabe erledigen kann, ohne nachfragen zu müssen. Eine gute Arbeitspaketbeschreibung muss sowohl Informationen zur Identifikation (Projektname und Nummer, Arbeitspaketname und PSP-Code, Name des Arbeitspaketverantwortlichen) und zum Inhalt (Leistungsbeschreibung, Ergebniserwartung, Aktivitäten, Dauer, Aufwand, Kosten) enthalten.

4.1.3 Ablaufplanung

Bei der Ablauf- und Terminplanung geht es darum, alle Arbeitspakete aus dem Projektstrukturplan in **Vorgänge** umzuwandeln, in eine sachlich/logische Ablaufreihenfolge zu bringen und dann mit Terminen zu versehen. Bei kleineren Projekten kann man die einzelnen Arbeitspakete dazu 1:1 als Vorgänge übernehmen. Bei großen Projekten, bei denen man deutlich mehr als 100 Vorgänge benötigt, zerlegt man ein Arbeitspaket in viele Vorgänge, was als 1:n Beziehung bezeichnet wird. Angenommen, wir bauen ein Haus und haben ein Arbeitspaket Dach, dem folgenden Aktivitäten zugeordnet sind:

- Dach mit Ziegeln decken
- Kniestock mauern
- Dachstuhl errichten (Gebälk)
- Sparren mit Glaswolle isolieren
- Giebel errichten
- Latten auf Balken anbringen
- Dach mit Gipskartonplatten verkleiden

Für die komplette Errichtung des Daches benötigen wir verschiedene Handwerker (Dachdecker, Maurer, Zimmermänner, Gipser) und wollen auch einiges selbst machen. Wir müssen also eine logische Ablaufreihenfolge festlegen, alles mit Terminen versehen und dann die Handwerker entsprechend buchen.

Das Mauern des Giebels und des Kniestocks kann parallel erfolgen. Dazu werden Maurer benötigt. Anschließend lassen wir den Dachstuhl errichten. Das machen die Zimmermänner. Jetzt müssen die Latten im richtigen Abstand (abhängig von der verwendeten Ziegelsorte) auf die Balken genagelt werden. Das können entweder die Zimmermänner oder die Dachdecker machen. Danach muss das Dach (Ziegel und Formteile) gedeckt werden. Das machen die Dachdecker. Wenn alles dicht ist, können die Sparren mit Glaswolle gedämmt werden. Das wollen wir selbst machen. Da das Dach als Kinderzimmer benutzt werden soll, muss es noch mit Gipskartonplatten verkleidet werden. Dazu beauftragen wir einen Gipser. Damit haben wir das Arbeitspaket Dach in einer 1:7-Beziehung als Vorgänge übernommen, d. h. wir haben aus einem Arbeitspaket sieben gut handhabbare Vorgänge gemacht und dabei auch schon die richtige Ablaufreihenfolge definiert.

Die Ablaufreihenfolge kann entweder grafisch oder tabellarisch festgelegt werden. Die grafische Darstellung wird dabei als Ablaufplan bezeichnet, die tabellarische Darstellung als Vorgangsliste. Für unerfahrene Planer oder bei größeren Teams hat sich die grafische Ablaufplanung bewährt. Dazu wird jeder Vorgang auf Kärtchen geschrieben und die Kärtchen werden anschließend auf einem großen Planungstisch so lange verschoben, bis ein logischer Ablauf entsteht. So kann sich jeder einbringen und es entstehen auch einige Diskussionen, die zur Klärung des richtigen Vorgehens führen. Anschließend werden noch Pfeile eingezeichnet, um die richtige Ablaufreihenfolge festzulegen. Das Pfeilende verweist dabei auf den Vorgänger, die Pfeilspitze zeigt auf den logischen Nachfolger. Diese Pfeile werden im Projektmanagement als Anordnungsbeziehungen bezeichnet. Es gibt dabei folgende vier Arten von Anordnungsbeziehungen:

- Normalfolge (NF) bzw. Ende-Anfang-Beziehung (EA)
  Der nachfolgende Vorgang beginnt frühestens, sobald der vorausgehende Vorgang abgeschlossen ist.
- Anfangsfolge (AF) bzw. Anfang-Anfang-Beziehung (AA)
  Der nachfolgende Vorgang beginnt frühestens, sobald der vorausgehende Vorgang beginnt.
- Endfolge (EF) bzw. Ende-Ende-Beziehung (EE)
  Der nachfolgende Vorgang endet frühestens, sobald der vorausgehende Vorgang endet.
- Sprungfolge (SF) bzw. Anfang-Ende-Beziehung (AE)
  Der nachfolgende Vorgang endet frühestens, sobald der vorausgehende Vorgang beginnt.

Hinweis: Beim Vorgänger und Nachfolger besteht keine zeitliche, sondern eine sachlich/logische Abhängigkeit – wie man an der Sprungfolge sehr schnell erkennen kann.

Außer den vier Anordnungsbeziehungen gibt es auch noch Zeitabstände, die angegeben werden können. Man unterscheidet dabei zwischen:

- Mindestzeitabstand (MinZ)
  Ist der Mindestzeitabstand eine positive Zahl, handelt es sich um eine Wartezeit, ist der MinZ negativ, handelt es sich um eine Vorlaufzeit bzw. Rüstzeit. Wenn z. B. der Vorgänger »betonieren« mit dem Nachfolger »Fliesen legen« durch eine Normalfolge mit einem Mindestzeitabstand von zwei Tagen verknüpft ist, bedeutet das, dass erst zwei Tage nach dem Betonieren mit Fliesen legen begonnen werden kann (da der Beton erst trocknen muss).
- Maximaler Zeitabstand (MaxZ)
  Ein maximaler Zeitabstand beschreibt die Zeit, die maximal zwischen zwei Vorgängen vergehen darf. Wenn Sie z. B. in den Supermarkt gehen, um gefrorene Hähnchen zu kaufen, aber draußen ist es sehr heiß und sie wissen, dass Sie maximal eine Stunde Zeit haben, um die Hähnchen aus der Supermarkt-Kühltheke zu nehmen und daheim in die Gefriertruhe zu legen (da ansonsten die Kühlkette unterbrochen wird und sich Salmonellen bilden können), ist das eine typische Normalfolge mit einem MaxZ von einer Stunde.

Hinweis: Wenn ein Nachfolger nur einen einzigen Vorgänger hat und es keinen Mindestzeitabstand gibt, bedeutet das bei einer Anfangsfolge, dass beide Vorgänge gleichzeitig beginnen und bei einer Endfolge, dass beide Vorgänge gleichzeitig enden.

4.1.4 Terminplanung

Im nächsten Schritt müssen die einzelnen Vorgänge noch mit Kalenderterminen versehen werden. Bei kleineren Projekten können Sie dazu einfach einen Kalender nehmen und die einzelnen Vorgänge aus dem Ablaufplan (unter Berücksichtigung von Wochenenden, Sonn- und Feiertagen) in den Kalender übertragen, was im PM-Jargon als »Kalendrierung« bezeichnet wird.

Bei umfangreicheren Projekten kann man die relativen Termine (Arbeitstage ab Projektstart) für die Vorgänge mittels Netzplanberechnung ermitteln und diese Termine in einen Kalender übertragen – aber einfacher ist natürlich die Verwendung einer Projektplanungssoftware wie z. B. MS-Project oder ProjectLibre (freeware). Diese berechnet den Netzplan automatisch anhand der angegebenen Logik (also der definierten Anordnungsbeziehungen aus dem Ablaufplan) und trägt alles – unter Berücksichtigung von Wochenenden, arbeitsfreien Tagen und Feiertagen – direkt in einen Kalender ein.

Hinweis: Falls Sie schon mit Netzplänen gearbeitet haben und nur noch einen Wiederholungsbooster brauchen oder sich in die Netzplanberechnung einarbeiten wollen, finden Sie dazu alles Notwendige im Vertiefungswissen unter Netzplanberechnung.

4.1.5 Einsatzmittelplanung

Die in der Ablauf- und Terminplanung in ihrer Abhängigkeit und zeitlichen Folge geplanten Vorgänge müssen nun durch Handlungen umgesetzt werden. Hierfür müssen Personen tätig werden, denen dafür entsprechende Sachmittel zur Verfügung zu stellen sind. Sachmittel werden unterschieden in Gebrauchsgüter und Verbrauchsgüter. Während Gebrauchsgüter wie z. B. ein Auto oder ein Laserdrucker nach der Benutzung immer noch zur Verfügung stehen, sind Verbrauchsgüter wie z. B. Benzin, Papier oder Toner danach nicht mehr in derselben Form vorhanden. Sie wurden also in etwas anderes umgewandelt oder verbraucht. In der BWL (Betriebswirtschaftslehre) unterscheidet man zwischen Betriebsmitteln (Maschinen, Fahrzeuge etc.), Werkstoffen (Roh-, Hilfs- und Betriebsstoffen) und sonstigen Leistungen (z. B. Dienstleistungen Dritter). Alle diese Dinge werden als Einsatzmittel oder Ressourcen bezeichnet.

Bei Betriebsmitteln muss besonders auf die Verfügbarkeit geachtet werden, denn wenn eine Maschine gerade von jemand anderem benutzt wird, kann sie nicht gleichzeitig von uns benutzt werden. Das ist auch der Grund, warum in Deutschland viele Haushalte mehrere Autos haben. Denn wenn die Frau mit dem Auto zur Arbeit gefahren ist, kann der Mann die Kinder damit nicht in den Kindergarten fahren – auch wenn das Auto den ganzen Tag über ungenutzt auf dem Firmenparkplatz herumsteht.

Während man bei Personalressourcen besonders auf die Qualifikation und Verfügbarkeit achten muss, geht es bei Sachmitteln um die Spezifikationen und die Logistik. Aufgabe der Logistik ist es, dafür zu sorgen, dass die benötigten Sachmittel

- zum gewünschten Zeitpunkt
- am richtigen Ort
- in der richtigen Menge und
- der geforderten Qualität

zur Verfügung stehen. Ist nur einer der vier Punkte nicht erfüllt, hat man ein Problem.

Angenommen, Sie wollen am 17. August Ihren 40. Geburtstag auf Schloss Neuschwanstein feiern und haben einen Cateringservice beauftragt, das Essen für die 200 Gäste zu liefern und die Bewirtung zu übernehmen. Alle Einzelheiten (Termin, Lokation, Gästeanzahl, Menü) haben Sie bereits Anfang Juni mit dem Caterer abgeklärt.

- **Fall 1: Caterer hat sich den Termin falsch notiert.**
  Nehmen wir an, der Caterer hat sich beim Termin um genau eine Woche vertan und das Essen wird schon am 10. August auf Schloss Neuschwanstein geliefert.

Dann ist niemand da, der feiert und das ganze Essen muss weggeworfen werden. Das wäre zwar sehr ärgerlich, aber immerhin hätten Sie noch die Chance, ein neues Menü am 17. August geliefert zu bekommen. Falls der Caterer sich als Termin den 24. August notiert hat (also genau eine Woche danach), dann stehen Sie am 17. August dumm da und Ihre Gäste müssen mit leerem Magen feiern. Ein kleines Trostpflaster wäre vielleicht, dass wenigstens keine Lebensmittel weggeworfen werden müssen und Sie auch eine ganze Menge Geld sparen – und vielleicht können Sie ja Jahre später auch herzhaft darüber lachen, denn so ein Ereignis würde auf jeden Fall in Erinnerung bleiben.

- **Fall 2: Caterer liefert an den falschen Ort.**
  Falls der Caterer sich beim Ort geirrt hat und das Menü zum benachbarten Schloss liefert, haben Sie ebenfalls ein Problem: Ihre Gäste sind am 17. August auf Schloss Neuschwanstein, aber das Essen ist im Schloss Hohenschwangau. Auch jetzt gehen Ihre Gäste mit knurrendem Magen heim.
- **Fall 3: Caterer liefert die falsche Menge.**
  Auch wenn sich der Caterer die falsche Personenzahl notiert hat und das Menü auf 20 (anstatt 200) Personen ausgelegt hat, kommt keine große Freude auf. Ihre Gäste bekommen zwar etwas zu essen, werden aber nicht satt. Da die Gäste natürlich nicht wissen, dass bei der Bestellung etwas schief gegangen ist, könnte man Sie für knausrig halten.
- **Fall 4: Die Qualität stimmt nicht.**
  Angenommen, das Menü für 200 Gäste wird am 17. August auf Schloss Neuschwanstein geliefert. Leider hat der Caterer bei der Fleischlieferung keine Qualitätskontrolle durchgeführt und hat sich überlagertes Fleisch andrehen lassen. Das Fleisch hat nun im wahrsten Sinne des Wortes ein »Geschmäckle«. Deshalb schmecken die Fleischgerichte leider nicht so gut, wie erwartet. Auch das führt nicht gerade zur Steigerung der Gästezufriedenheit.

Sie sehen, eine gut funktionierende Logistik ist für eine erfolgreiche Projektdurchführung extrem wichtig. Deshalb ist die Bereitstellung der Ressourcen zur rechten Zeit, am richtigen Ort, in der richtigen Menge und der benötigten Qualität die Aufgabe des Projektmanagements.

Um ein qualitativ hochwertiges Produkt herzustellen, muss bei Sachmitteln also auf die Spezifikationen geachtet werden. Äquivalent dazu kommt es bei Personal auf die Qualifikationen an. Wenn Sie ein Raketentriebwerk entwickeln wollen und dazu fünf Ingenieurinnen benötigen, sie aber nur fünf Buchhalter haben, wird das nichts werden. Aber auch im umgekehrten Fall würde es nicht funktionieren: Die fünf Ingenieurinnen könnten auch nicht die Buchhaltung erledigen und daraus eine Bilanz erstellen. Dazu würde man dann doch Buchhalter oder Bilanzbuchhalter benötigen. Wenn Sie ein neues Gerät entwickeln wollen und dazu zwei Ingenieurinnen (zum Entwerfen der Schaltung) und vier Techniker (zum Bauen des Prototyps) benötigten, bringt es Ihnen nichts, wenn Sie zehn Techniker zur Verfügung haben, aber keine Ingenieurinnen. Denn die Techniker wären nicht in der Lage, die Schaltungen zu konstruieren. Im umgekehrten Fall – Sie haben zehn Ingenieurinnen aber keine Techniker zur Verfügung – würde es zwar funktionieren, aber eben nicht optimal. Die Ingenieurinnen wären zwar in der Lage, den Prototyp zu bauen, aber da sie das in der Regel nur sehr selten machen, brauchen sie dazu viel länger. Wirtschaftlich wäre das auch nicht, denn die Ingenieurinnen kosten ja viel mehr als die Techniker. Außerdem wäre es auch nicht gerade motivierend für die Ingenieurinnen, »niederere Arbeiten« zu verrichten.

Ein weiterer wichtiger Punkt bei der Planung von Personalressourcen ist die Unterscheidung zwischen der Grundkapazität und freier (bzw. verfügbarer) Kapazität. Unter Grundkapazität versteht man die Kapazität einer Person, die insgesamt für alle zu bearbeitenden Projekte und andere Aufgaben zur Verfügung steht. Die freie Kapazität einer Person ist die Kapazität, die unter Berücksichtigung der Summe aller bereits bestehenden Belastungen noch für weitere Arbeiten bereitsteht. Dieser Sachverhalt spielt vor allem bei der Einfluss-Projektorganisation und der Matrix-Organisation eine wichtige Rolle, denn da arbeiten die Mitarbeiter ja an mehreren Aufgaben. Aber selbst bei der autonomen Projektorganisation, wo Mitarbeiter ja ausschließlich im Projekt arbeiten, stehen sie dem Projekt nicht zu 100 % zur Verfügung. Schließlich haben sie auch mal Urlaub, sind krank oder nehmen gerade an Weiterbildungsmaßnahmen teil. Aber selbst, wenn sie den ganzen Tag da sind, können sie nicht immer 100 % Leistung bringen – so wie man mit einem Auto auch nicht permanent Vollgas fahren kann. Als guter Projektleiter sollte man also Mitarbeiter – innerhalb der verfügbaren Kapazität – zu maximal 80 % auslasten.

Hinweis: Wenn auch Sie zu den Projektleiterinnen gehören die – aus Gründen der Planungsvereinfachung – nicht alle Tätigkeiten wie z. B. Meetings, Reisezeit, Dokumentation, Projekt- und Qualitätsmanagement, Telefonsupport o. Ä. als Arbeitspakete erfassen, müssen Sie auch das bei der Einsatzmittelplanung berücksichtigen. In diesem Fall dürfen Sie menschliche Ressourcen nur zu 50–60 % fest verplanen.

Bei der Einsatzmittelplanung müssen die folgenden drei Dimensionen beachtet werden:

1. WAS muss gemacht werden?
   Die Projektdimension berücksichtigt sowohl Projekte als auch Tagesgeschäft. Dazu gehören alle durchzuführenden Arbeitspakete aus dem Projektstrukturplan sowie alle anfallenden Aufgaben aus dem operativen Geschäft.
2. WANN muss es gemacht werden?
   Die Zeitdimension ist für die Ressourcenplanung in der Regel in Einheiten von Tagen, Wochen, Monaten, Quartalen oder Jahren relevant. Die Termine können den Terminplänen (z. B. Balkenplan) entnommen werden.

3. WER macht es?
   Die Ressourcendimension beinhaltet Personen und/oder Organisationseinheiten (z. B. Fachabteilungen) entsprechend des Aufwands (Anzahl) und der benötigten Qualifikationen.

Hinweis: Bei der Einsatzmittelplanung hat es sich bewährt, sich wirklich über die Qualifikation des benötigten Mitarbeiters Gedanken zu machen. Ein paar Stichworte wie »kommunikativ, Organisationstalent, Führungsfähigkeit« zu nennen reicht nicht aus. Sonst bekommt man anstelle der gesuchten Eventmanagerin eine Verkäuferin am Obststand, die ihren kleinen Sohn dabeihat. Denn um erfolgreich Obst verkaufen zu können, muss man sehr kommunikativ sein. Den Obststand auf dem Wochenmarkt einzurichten, erfordert schon ein gewisses Organisationstalent und dabei auch noch auf den kleinen Sohn aufpassen zu können, zeugt von guter Führungsfähigkeit.

Sollen die Ergebnisse der Einsatzmittelplanung visualisiert werden, kann man den Einsatzmittelbedarf pro Zeiteinheit als Einsatzmittelganglinie darstellen. Als Erstellungsgrundlage kann dafür zum Beispiel ein Balkenplan herhalten, in dem in jedem Vorgangsbalken die benötigten Mitarbeiter (WER) eingetragen sind. Jeder Balken repräsentiert dabei einen Vorgang (WAS). Die Position des Balkens auf der X-Achse repräsentiert die Zeit (WANN). Der Einsatzmittelbedarf (also die in einer Zeiteinheit benötigte Mitarbeiteranzahl mit einer bestimmten Qualifikation) ergibt sich aus der Summe der eingesetzten Mitarbeiter pro Tag, Woche oder Monat. In diese Grafik kann auch noch die Menge der verfügbaren Mitarbeiter (einer bestimmten Qualifikation) als sogenannte Kapazitätsgrenze eingezeichnet werden. So sieht man auf einen Blick, ob und wann Überlastungen vorliegen bzw. die Mitarbeiteranzahl nicht ausreicht. Wenn die Einsatzmittelganglinie komplett unterhalb der Kapazitätsgrenze verläuft, ist alles in Ordnung.

Für eine optimale Einsatzmittelplanung muss sich ein Projektleiter mit folgenden Fragen kritisch auseinandersetzen:

- Welche Qualifikationen benötige ich für mein Projekt?
- In welcher Menge und zu welchem Zeitpunkt werden diese Qualifikationen benötigt?
- Welche Abteilungen oder externe Firmen verfügen am ehesten über die entsprechenden Qualifikationen und Kapazitäten?
- Wie erreiche ich, dass (vor allem bei Engpassressourcen) mein Projekt Vorrang vor anderen Projekten oder Arbeiten erhält?
- Wie stelle ich während der Projektbearbeitung sicher, dass die bereitgestellten Ressourcen auch tatsächlich verfügbar bleiben und auf Bedarfsänderungen möglichst flexibel reagiert werden kann?

4.1.6 Kostenplanung

Häufig will man schon sehr frühzeitig wissen, welche Kosten für das Projekt ungefähr anfallen. Sofern man schon eine Aufgabensammlung oder einen ersten groben Projektstrukturplan vorliegen hat – häufig wird dieser bereits in der Definitionsphase im Projektstart-Workshop erstellt – gestaltet sich das recht einfach. Der Projektstrukturplan enthält ja alles, was im Projekt zu tun ist – heruntergebrochen auf ca. 20 bis 100 Arbeitspakete. Da nur in Arbeitspaketen Kosten anfallen, weil ja nur in ihnen etwas bearbeitet wird, kann man eine grobe Kostenplanung nach dem Bottom-up-Prinzip durchführen. Während es schwierig wäre, die Kosten für ein ganzes Projekt auf einmal zu schätzen, ist das bei den Arbeitspaketen anders. Ein Arbeitspaket beschreibt ja eine genau definierte Leistung, die erbracht werden muss. Das heißt, wir haben es hier mit kompakten kleinen Einheiten zu tun, deren Kosten sich einfach ermitteln oder schätzen lassen. Die einzelnen Arbeitspaketkosten werden jetzt nach oben in alle Projektstrukturplanebenen aufsummiert, sodass sich daraus die Kostenwerte für die Teilaufgaben ergeben sowie ein Gesamtwert für das Projekt.

Angenommen, Sie wollen eine Geburtstagsparty mit 50 Gästen im Partyraum Ihrer eigenen Wohnung durchführen. Die Party soll mit einem Barbecue beginnen, später soll es noch Kaffee und Kuchen geben und danach Snacks und Käseplatten. Wenn Sie jetzt spontan schätzen sollen, was das in etwa kostet, sind sie vermutlich überfragt. Wenn Sie aber alles auf kleine Einheiten herunterbrechen, wird die Sache schon viel einfacher. Nehmen wir als Beispiel das Arbeitspaket Barbecue-Essen: Sie überlegen sich, dass im Durchschnitt jeder ein Steak und eine Wurst isst – das ist ausreichend, da auch einige Gäste Vegetarier bzw. Veganer sind. Sie brauchen also 50 Steaks und 50 Würstchen. Dann soll es noch zehn verschiedene Salate geben. Sie schätzen, dass jeder Gast ca. 300 g Salate und ein Brötchen isst – hier langen die Vegetarier/Veganer etwas mehr zu. Sie benötigen also insgesamt ca. 15 kg Salate. Aus Erfahrung wissen Sie, dass Kartoffel- und Nudelsalat am meisten gegessen wird. Davon besorgen Sie also jeweils 3 kg. Die verbleibenden 9 kg teilen Sie auf die anderen 8 Salate auf. Da Sie nicht selbst grillen wollen, fragen Sie Ihren Nachbarn, ob er das mit seinem neuen High-Tech-Grill für eine Aufwandsentschädigung von 100 Euro machen würde. Aus dieser Aufzählung können Sie jetzt ganz einfach die Kosten errechnen. Genauso machen Sie es auch mit den anderen Arbeitspaketen wie alkoholfreie Getränke, alkoholische Getränke, Kuchen, Snacks, Käseplatten, Dekomaterial und natürlich der Reinigungskraft, denn Sie haben ja besseres zu tun, als zu spülen oder sauber zu machen. Zum Schluss müssen Sie nur die Kosten aller Arbeitspakete addieren und schon haben Sie ihre ungefähren Projektkosten.

In der Praxis fallen neben Personal- und Materialkosten auch noch Maschinenkosten, Umlagekosten und Kosten für Fremdleistungen an. Für eine grobe Kostenschätzung ist es ausreichend, bei Personal mit einem durchschnittlichen Stundensatz (bzw. internen Verrechnungssatz) zu kalkulieren – unabhängig von der Qualifikation. Diesen Kostensatz bekommt man in der Regel von der Buchhaltung. Auch qualifikationsbezogene Stundensätze für Ingenieure, Techniker, Facharbeiter, kaufmännische Angestellte etc. bekommt man ebenfalls von der Buchhaltung, die diese aus Werten abgelaufener Abrechnungsperioden (z. B. vergangene Geschäftsjahre) ermittelt. Maschinen und Umlagekosten kann man von den Leitern der entsprechenden Abteilungen erfragen. Materialpreise findet man in Preislisten oder man holt sich Angebote ein. Für Fremdleistungen lässt man sich Kostenvoranschläge erstellen oder holt sich ebenfalls Angebote ein.

Während eine erste grobe Kostenschätzung zu einem frühen Zeitpunkt im Projekt, z. B. für die Kalkulation eines Angebots für den Auftraggeber, ausreichend ist, braucht man im Verlauf des Projekts jedoch genauere Kosten. Inzwischen haben wir aber nicht nur einen nahezu vollständigen Projektstrukturplan vorliegen, dem wir entnehmen können, was alles gemacht wird, sondern wir wissen auch, wann (Terminplan bzw. Balkenplan) es gemacht wird und von wem (Einsatzmittelplan). Jetzt sind wir also nicht nur in der Lage, die genauen Kosten zu ermitteln, sondern wissen auch, wann welche Kosten anfallen. Für die Kostenplanung verwenden wir jetzt nicht mehr den durchschnittlichen Personenstundensatz, sondern die genaueren qualifikationsbezogenen Stundensätze, aufgeschlüsselt nach Ingenieurin, Technikerin oder Kauffrau. Bei größeren Materialmengen geben wir uns nicht mehr mit den Listenpreisen zufrieden, sondern verhandeln Preise und Rabatte direkt mit den Lieferanten. Die Kosten für ein Arbeitspaket oder einen Vorgang lassen sich dann wie folgt berechnen:

- Bei Personal: Stundenanzahl × Stundenverrechnungssatz
- Bei Maschinen: Anzahl der Stunden × Maschinenstundensatz
- Bei Sachmitteln: Menge × Preis
- Bei Fremdleistungen: Kostenvoranschlag bzw. Angebotspreis

Ziel ist es, sowohl eine **Kostenganglinie** zu erstellen als auch eine **Kostensummenlinie**. Aus der Kostenganglinie ist ersichtlich, in welchem Zeitraum in welcher Höhe Kosten anfallen. Zu wissen, in welcher Zeitperiode wie viel Geld benötigt wird, ist wichtig, damit wir immer unseren Zahlungsverpflichtungen nachkommen können. Die Kostensummenlinie zeigt zu jedem Zeitpunkt die Summe der bisher angefallenen Kosten seit Projektbeginn. Die Kostensummenlinie heißt im Projektcontrolling auch Plankostenkurve (PK). Im Vergleich mit dem Fertigstellungswert (FW) und den Ist-Kosten (IK) lassen sich damit Aussagen über den Zustand des Projekts treffen.

Hinweis: Die genaue Vorgehensweise und weitere Details finden Sie im Vertiefungswissen unter Controlling (vgl. Kap. 9.2).

Auch für die Finanzabteilung ist die Kostensummenlinie wichtig, da sie zur Berechnung des Zahlungsstroms (Cashflow) benötigt wird. Der Cashflow wird aus der Summe aller Einnahmen abzüglich der Summe aller Ausgaben berechnet. Die Kostensummenlinie entspricht dabei der Summe aller Ausgaben zum jeweiligen Zeitpunkt.

In der nachfolgenden Abbildung ist beispielhaft erläutert, wie man in guter alter Handarbeit eine Kostenganglinie und eine Kostensummenlinie zeichnet. In der Praxis ist die Benutzung einer Projektplanungssoftware zu empfehlen, denn da hat man viel mehr Vorgänge (unser größtes Projekt bestand z. B. aus ca. 3000 Vorgängen). Die Projektplanungssoftware gibt dann die Daten tabellarisch oder grafisch aus.

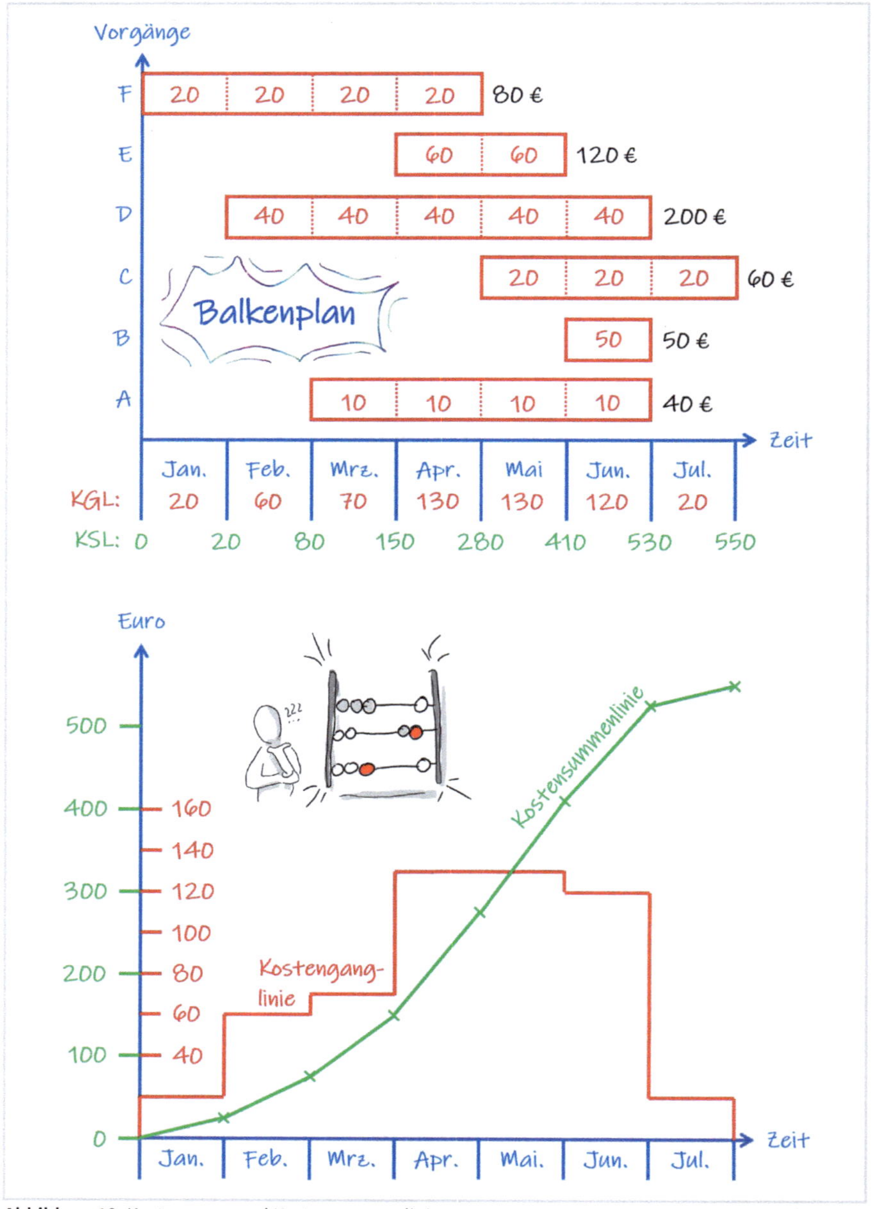

Abbildung 10: Kostengang- und Kostensummenlinie

Grundlage für das Erstellen einer Kostenganglinie und einer Kostensummenlinie ist ein Balkenplan. Die geschätzten Kosten pro Vorgang werden auf die gewünschte Zeiteinheit aufgeteilt und in die Vorgangsbalken eingetragen. Dann werden die Kosten pro Zeiteinheit (vertikal) addiert und daraus eine Kostenganglinie gezeichnet.

Grundlage für das Erstellen einer Kostensummenlinie sind die (vertikal) addierten Kosten pro Zeiteinheit im Balkenplan bzw. die Kostenganglinie. Diese Kosten werden kumuliert und als Summenkurve über der Zeitachse eingetragen.

Das Beispiel in Abbildung 10 besteht aus einem Balkenplan mit den sechs Vorgängen A, B, C, D, E und F. Die Vorgänge werden im Zeitraum Januar bis Juli bearbeitet. Die Gesamtkosten eines Vorgangs sind rechts neben dem jeweiligen roten Vorgangsbalken in Schwarz angegeben. Vorgang A kostet 40 Euro, Vorgang B kostet 50 Euro, C kostet 60 Euro, D kostet 200 Euro, E kostet 120 Euro und F verschlingt insgesamt 80 Euro. Jetzt werden die Kosten auf die einzelnen Zeitabschnitte aufgeteilt und in die Vorgangsbalken in roter Farbe eingetragen. Vorgang A hat Gesamtkosten von 40 Euro bei einer Laufzeit von vier Monaten (er läuft von März bis Juni). Deshalb fallen jeden Monat 10 Euro Kosten an. Vorgang B verursacht Kosten von insgesamt 50 Euro. Er wird komplett im Juni bearbeitet, also fallen die gesamten 50 Euro in diesem Monat an. Vorgang C hat Gesamtkosten von 60 Euro, geteilt durch drei Monate (Mai bis Juli) ergibt das Kosten von 20 Euro pro Monat. So geht es weiter bis zum Vorgang F. Sobald die Kosten aller Vorgänge auf die einzelnen Balken verteilt wurden, können die Werte für die Kostenganglinie (KGL) berechnet werden. Dazu werden einfach die Kosten vertikal addiert. Im März werden zum Beispiel 20 Euro aus Vorgang F, 40 Euro aus Vorgang D und 10 Euro aus Vorgang A addiert, was zusammen 70 Euro ergibt. Dieser Wert wird unter der X-Achse (in der Zeile in der »KGL:« steht) unter »Mrz.« eingetragen. Hat man die Werte für alle sieben Monate errechnet, geht es mit der Kostensummenlinie (KSL) – die in Grün dargestellt ist – weiter. Anfang Januar sind noch keine Kosten angefallen, deshalb steht da die Zahl 0. Im Januar kommen 20 Euro dazu, deshalb steht bei Ende Januar die Zahl 20. Im Februar kommen 60 Euro dazu, deshalb steht bei Ende Februar die 80. Im März kommen 70 Euro dazu, das ergibt die Zahl 150 zum Zeitpunkt Ende März. Das Spiel geht so weiter, bis alle Werte kumuliert wurden. Jetzt kann man aus den Werten der Zeile »KGL:« die Kostenganglinie und aus den Werten der Zeile »KSL:« die Kostensummenlinie in ein neues Koordinatensystem einzeichnen.

4.1.7 Finanzplanung

In der Kostenplanung wurde ermittelt, wann und in welcher Höhe im Projekt Kosten anfallen. Damit wurde auch ermittelt, wann das Projekt welche Finanzmittel benötigt.

In vielen Fällen ist dies völlig ausreichend. Die Deckung der anfallenden Kosten wird in diesen Fällen durch Bereiche außerhalb des Projekts sichergestellt.

Soll das Projekt jedoch als eine Art **Profit-Center** betrachtet werden, kann durch Gegenüberstellung der Einnahmen und Ausgaben der Cashflow ermittelt werden, um so den Finanzmittelbedarf des Projekts herauszufinden. Indem den Ausgaben (Kostensummenlinie) die Einnahmen (Erlöskurve) gegenübergestellt werden, ist zu jedem Zeitpunkt erkennbar, ob eine Über- bzw. Unterdeckung an flüssigen Mitteln herrscht. Nur wenn sichergestellt ist, dass zu jedem Zeitpunkt der Projektdurchführung genügend Geld vorhanden ist, um alle Verbindlichkeiten zu decken, darf die nächste Phase freigegeben werden. Für den Fall einer Kapitalunterdeckung muss also Geld besorgt werden. Kurzfristig kann dafür ein Kredit aufgenommen werden. Langfristig ist ein Darlehen sinnvoller, da dafür geringere Zinsen anfallen. Natürlich können auch Verträge mit Lieferanten abgeschlossen werden, die ein längeres Zahlungsziel vorsehen. Oder wir betreiben **Sponsoring** oder nehmen Teilhaber mit an Bord.

4.2 Praxisbeispiel

Nachdem wir in der Definitionsphase bereits unseren Phasenplan ausgearbeitet hatten und uns Gedanken darüber machen konnten, welche Aktivitäten in welcher Phase anfallen könnten, war es nun an der Zeit, uns mit dem Projektstrukturplan, dem PSP, zu befassen – der »Mutter aller Pläne« und dem wohl wichtigsten Planungsinstrument im PM. Wir konnten die bereits erledigte Vorarbeit der Aktivitätenermittlung sehr gut nutzen, um daraus unseren PSP top-down zu erstellen, also angefangen von oben – dem Wurzelelement – bis nach unten zu den einzelnen Arbeitspaketen. Die Phasen wurden zu Teilaufgaben in die zweite Gliederungsebene übernommen, da sie bereits projektspezifisch anhand der wichtigsten Aktivitäten erstellt wurden, sodass es uns leichtfiel, diese nach unten weiter aufzuteilen. Da Mathias und ich zum Zeitpunkt unseres Buchprojektes keine weiteren gemeinsamen Projekte hatten, in die wir eingebunden waren, war es für uns ein einfacher und sehr pragmatischer Schritt, uns bei der Codierung unseres PSP für eine numerische Variante zu entscheiden. D. h., unser Wurzelelement bekam der Einfachheit halber die 1 – und da wir neben der Teilaufgabe Projektmanagement noch fünf weitere Teilaufgaben (resultierend aus unseren Phasen) hatten, konnten wir die Ebene der Teilaufgaben von 1.1 bis 1.6 durchnummerieren. Unser PSP bekam pro Teilaufgabe im Durchschnitt fünf bis sieben Arbeitspakete zugewiesen, sodass wir am Ende insgesamt 37 Arbeitspakete aufführen konnten.

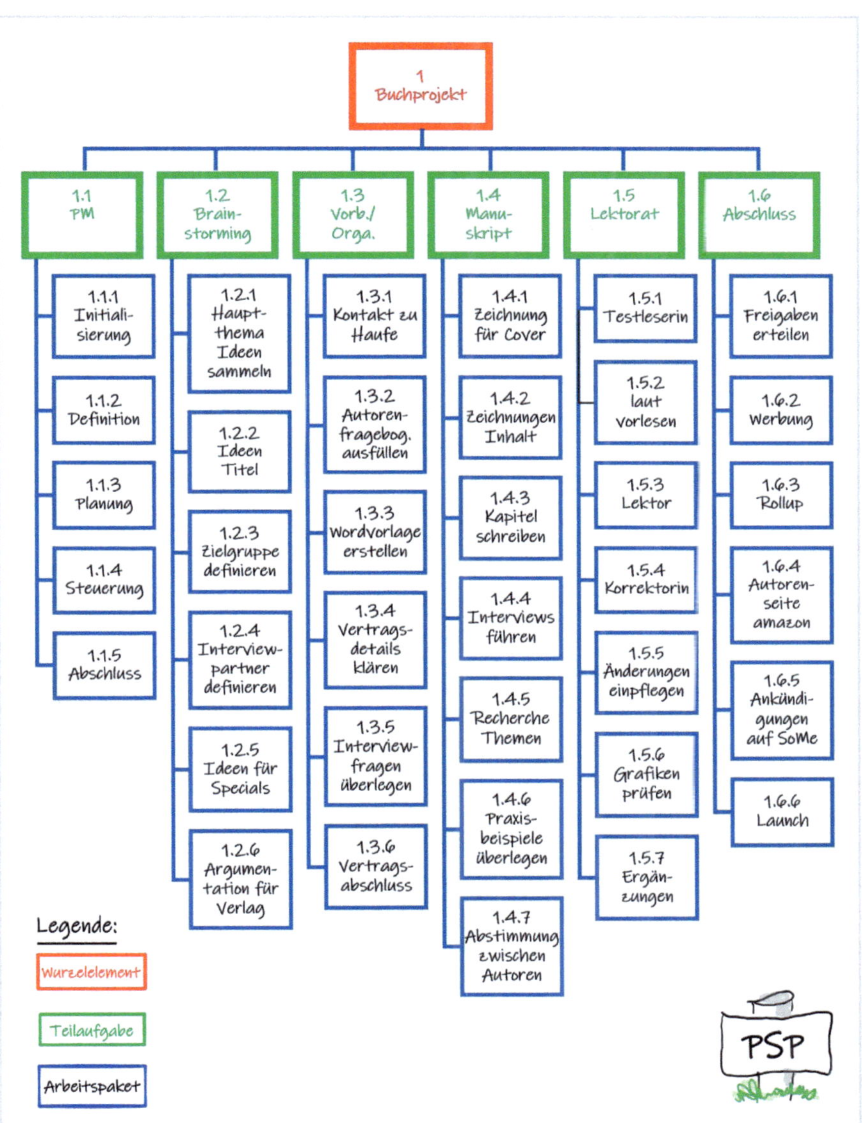

Abbildung 11: Projektstrukturplan des Praxisbeispiels

Zur besseren Übersicht haben wir bei der Erstellung unseres PSP auf unterschiedliche bunte Kärtchen zurückgegriffen, die zum Standardrepertoire von uns Projektmenschen gehören und die wir deshalb immer in unterschiedlichen Farben, Formen und Größen vorrätig haben. Da wir sehr visuelle Typen sind, war es hilfreich, für die verschiedenen Elemente des PSP unterschiedlich farbige Kärtchen zu beschriften und mit Stecknadeln an ein großes Metaboard zu pinnen, um so ein übersichtliches Bild unseres Projektstrukturplans zu bekommen. »Bild schlägt Text!«, wie es ein befreundeter Schauspieler und Regisseur unseres ortsansässigen Theaters gerne auf den Punkt bringt. So schrieben wir den Projektnamen »Buchprojekt« als Wurzelelement auf ein rotes Kärtchen, für die unterschiedlichen Teilaufgaben Projektmanagement, Vorbereitung/Orga, Manuskript, Lektorat und Abschluss nahmen wir grüne Kärtchen, während wir die einzelnen Arbeitspakete auf blaue Kärtchen notierten. Auf die Rückseite jedes blauen Arbeitspaketkärtchens machten wir uns erste Notizen hinsichtlich der geschätzten Dauer, der voraussichtlich anfallenden Kosten und der Ergebniserwartung, damit wir so schon mal eine solide Vorstellung davon bekamen, was bei den einzelnen Arbeitspaketen auf uns zukommen würde.

Als nächsten wichtigen Schritt gingen wir daran, uns für jedes AP eine Arbeitspaketbeschreibung zu erstellen. Da wir aus unserer Projektpraxis bereits sehr gute, praktikable Formularvorlagen hatten, konnten wir für die AP-Beschreibungen unseres Buchprojekts ein entsprechendes Word-Dokument nutzen und mussten das Rad hier zum Glück nicht neu erfinden. Für jedes AP definierten wir eine passende Fortschrittsgradmessmethode, die es einfach machte, im laufenden Projekt einen validen Status darüber zu erhalten und abzufragen, wo wir mit unseren AP im Projekt standen. Bei der Wahl der Fortschrittsgradmessmethode kann man einiges falsch – aber eben auch einiges richtig machen. Je aussagekräftiger die Methode zur Messung des Fortschrittsgrades des jeweiligen AP gewählt wird, desto eindeutiger wissen wir später auch Bescheid, wie weit wir schon sind bzw. was noch alles zu tun ist. Für das in Abbildung 12 aufgeführte Arbeitspaket waren Start und Ende am selben Tag und es beinhaltete eine Reihe unterschiedlicher Aktivitäten und Leistungen. Da wir fünf unterschiedliche Aktivitäten in diesem AP beschreiben konnten, lag es auf der Hand, dass unsere Schrittlänge bei 20 % lag. D. h., mit Abarbeitung der ersten Aktivität wären 20 % erledigt, mit Abarbeitung der zweiten Aktivität wären bereits 40 % vom Gesamtfortschritt erledigt etc. Wir machten uns zudem Gedanken über mögliche Risiken und den Aufwand. Da dieser einen Tag betrug und wir für uns mit einem kalkulatorischen Stundensatz von 50,00 Euro rechneten, kalkulierten wir für das gewählte AP Kosten in Höhe von 800,00 Euro.

Hinweis: *Nähere Informationen zur Fortschrittsgradberechnung finden Sie im Vertiefungswissen unter Controlling (vgl. Kap. 9.2).*

Arbeitspaketbeschreibung	Datum:
AP-Titel: Vertragsdetails klären	PSP-Nr.: 1.3.4
Projektname: Buchprojekt	Projekt-Nr.: 1
Leistungsbeschreibung: Persönliches Kennenlernen mit Produktmanagerin vom Verlag auf der Frankfurter Buchmesse, um ein paar offene Punkte aus der Vertragsgestaltung zu klären (wie z.B. Covergestaltung und Terminschiene).	Verantwortliche: Mathias Flick Auftraggeber: Projektleiterin Start / Ende: 20.10.2022
Ergebniserwartung: • Vertragsentwurf zwischen Haufe und den Autoren finalisiert • Offene Punkte geklärt und von allen Beteiligten abgesegnet	
Aktivitäten: 1.) Nach Frankfurt/M. fahren 2.) Gegenseitiges Kennenlernen am Haufe-Stand 3.) Offene / zu klärende Punkte vorbringen 4.) Vertragsdetails klären 5.) Weitere Schritte festlegen und Rückfahrt	Fortschrittsgradmessung: (Statusschrittmethode) 20% 40% 60% 80% 100%
Mögliche Risiken: • Chemie zwischen Beteiligten stimmt nicht • Keine Einigung zwischen Beteiligten	Dauer: 1 Tag Aufwand: 16 Stunden
Anlagen: Mustervertrag mit Ergänzungen	Kosten: 500,- €

Abbildung 12: Arbeitspaket Nr. 1.3.4 des Praxisbeispiels

Nachdem wir unseren PSP bis zur Arbeitspaketebene heruntergebrochen und visualisiert hatten, ging es im nächsten Schritt darum, eine sachlogische Reihenfolge zu erwirken und die Ablaufplanung zu erstellen. Obwohl unser Projekt ein relativ kleines und überschaubares Projekt mit lediglich 37 Arbeitspakten war, wurden diese 1:1 in Vorgänge übernommen, um es für uns weiterhin einfach zu halten, d. h., wir haben uns für jeden Vorgang ein kleines, blaues Kärtchen geschrieben, um diese dann gemeinsam auf einem großen Tisch sprichwörtlich hin- und herzuschieben, um zu eruieren, welcher Vorgang zuerst kommen musste, wo wir die Möglichkeit sahen, dass Vorgänge parallel laufen konnten und welche Vorgänge Nachfolger bzw. Vorgänger waren. Bei vielen Punkten waren wir Autoren uns sofort einig, bei anderen gab es die eine oder andere Diskussion, und wir überlegten gemeinsam laut, wie es denn wohl mit der sachlogischen Reihenfolge der einzelnen Vorgänge bestellt sein könnte. Es war für uns beide das erste gemeinsame Buchprojekt, das wir auf die Beine stellten, aber ich konnte bereits auf die Erfahrungen zurückgreifen, die ich beim Schreiben meines ersten Buches gesammelt hatte, und so hatten wir bei den meisten Themen bereits eine grobe Vorstellung davon, wie es sich mit der Ablaufreihenfolge oder den Anordnungsbeziehungen der Tätigkeiten im Projekt verhielt. Je mehr wir uns in die Thematik hineindachten, desto klarer begannen wir ein Gespür dafür zu entwickeln, wie der Ablauf unseres Buchprojekts aussehen würde. So lag z. B. auf der Hand, dass die Vorgänge »Hauptthema Ideen sammeln (1.2.1)« und »Zielgruppe definieren (1.2.3)« durchaus parallel laufen konnten, während der Vorgang »Ideen Titel (1.2.2)« oder »Argumentation für Verlag (1.2.6)« erst im Anschluss angegangen werden mussten. Aufgrund der vom Verlag vorgegebenen Terminschiene war klar, dass erst die Freigabe des Autorenteams erfolgen musste – Vorgang 1.6.1. – bevor der Verlag die Produktion eines Rollups in Auftrag geben konnte – Vorgang 1.6.3. Es gebot zudem die Ablauflogik, dass sowohl der Verlag als auch wir erst richtig die Werbetrommel auf allen Kanälen rühren würden, wenn unser Buch kurz vor der Veröffentlichung stünde, denn große Ankündigungen zu verfassen und die potenzielle Leserschaft »anzufüttern« war schließlich erst dann sinnvoll, wenn das Buch auch umgehend erworben werden könnte. Da der Launch unseres Erstlingswerkes für den 15.05.2023 vorgesehen war (Vorgang 1.6.6), wurden von uns verfasste Ankündigungen auf Social-Media-Plattformen wie LinkedIn erst danach angedacht, damit die Ablauflogik passte.

Nach der Ausarbeitung des Ablaufplans und der Berechnung des Netzplans gingen wir daran, alles zu »kalendrieren«, d. h. wir übertrugen alles in einen Kalender und konnten dann sehen, wie es sich mit der konkreten Terminschiene unseres Buchprojekts verhielt. Sowohl Projektstart als auch Projektende und wichtige Meilensteine wurden uns im Vorfeld vom Verlag vorgegeben. Es war allerdings sehr hilfreich, unser Projekt für uns an dieser Stelle der Planungsphase einmal in einen Kalender zu übertragen und zu visualisieren. Auf diese Weise wurde alles viel konkreter und übersichtlicher.

Als nächstes Planungsinstrument beschäftigten wir uns mit der Einsatzmittelplanung. Als Personal sind hier in erster Linie wir Autoren zu nennen. Da wir verlagsseitig vor allem mit unserer wunderbaren und sympathischen Produktmanagerin zu tun hatten, wurde sie ebenfalls in unserer Einsatzmittelplanung als Personal berücksichtigt – allerdings nicht kostenseitig, sondern vielmehr in Bezug auf ihre Rolle, die sie im Projekt einnahm. Da es bei der Einsatzmittelplanung darum geht, zu bestimmen, WER dem Projekt WANN in welcher Form zur Verfügung steht, und WAS getan werden muss, ist es sinnvoll, sich mit dem Thema Befugnisse und Qualifikationen zu befassen. Gerade die Frage nach den

Befugnissen – also der Klärung, wer was bestimmen darf und der Verantwortung – also wer für was zur Rechenschaft gezogen wird – ist ein wichtiges Thema im Projektmanagement. Wir waren uns sehr schnell darin einig, dass wir für unser Buchprojekt mit einer sogenannten ***ABVF-Matrix*** *arbeiten wollten, um für jeden relevanten Stakeholder im Projekt dessen Rolle, Aufgaben, Befugnisse, Verantwortlichkeiten und Fähigkeiten in einer Tabelle zu erfassen.*

So hatte ich als Projektleiterin z. B. die Aufgaben, das Projekt zu definieren, zu planen und zu überwachen. Ich war zudem für die Organisation des Projekts und für die Koordination und Kommunikation mit den unterschiedlichen Ansprechpartnern des Verlages zuständig. Meine Befugnisse erstreckten sich darauf, Entscheidungen im Rahmen der Projektdurchführung zu treffen und PM-Belange zu koordinieren. Zudem lag es in meinem Zuständigkeitsbereich, als Hauptansprechpartnerin für den Verlag zu fungieren. Demzufolge erstreckte sich der Verantwortungsbereich der Projektleitung auf die Einhaltung der Termin-, Kosten- und Leistungsziele und die dazu erforderliche Qualität sicherzustellen, Transparenz im Projekt zu schaffen sowie der Produktmanagerin regelmäßig Bericht zu erstatten. Die für diese Rolle notwendigen Fähigkeiten umfassten deshalb logischerweise, fit in PM zu sein – sowohl, was die Theorie als auch die Praxis betraf – sich als gute Kommunikatorin unter Beweis zu stellen und über Organisationstalent zu verfügen.

Als Autorenteam hatten wir hingegen die Aufgaben, inhaltlich fundierten, interessant aufbereiteten Content zu liefern, Interviews mit Projektmanagern zu führen und umfangreiche Recherchen zu unseren jeweiligen Fachthemen durchzuführen. Unsere Befugnisse erstreckten sich dabei auf die Festlegung der Inhalte, dem Abstimmen des Designs und dem Auftreten als Autoren des Haufe Verlags nach außen. In unserem Verantwortungsbereich lagen demzufolge neben dem Abliefern fachlich fundierter Inhalte zu den einzelnen PM-Themen natürlich auch, sämtliche Quellen zu nennen und entsprechende Links mit konkretem Abrufzeitpunkt im Anhang des Buches aufzuführen. Zu unseren Fähigkeiten als Autoren gehörte es, fundierte Erfahrungen als Projektschaffende, Trainer und Coaches vorzuweisen, Fachexperten in den unterschiedlichen Disziplinen zu sein und darüber hinaus, toll und mitreißend schreiben zu können.

Die Rolle unserer Produktmanagerin sah vor, dass es ihre Aufgabe war, mit Mathias und mir zusammenzuarbeiten, sich mit mir als Projektleitung abzustimmen und den Launch unseres Buches vorzubereiten und zu koordinieren. Zu ihren Befugnissen gehörte es, uns die Terminschiene vorzugeben und regelmäßig einen Projektstatus zu erfragen sowie alle produktrelevanten Abstimmungen innerhalb des Haufe Verlags durchzuführen. Im Verantwortungsbereich der Produktmanagerin lag es, auf Fragen der Projektleitung bzw. des Autorenteams zu antworten und natürlich, dass unser Buchprojekt verlagsseitig umgesetzt wurde. Dafür waren Fähigkeiten wie gutes Organisationstalent notwendig, sie musste sich als zuverlässige und angenehme Ansprechpartnerin präsentieren und brauchte ein Händchen dafür, stets einen Überblick über alle Projektstadien zu haben.

Neben Personal gehören auch Sachmittel zu den zu planenden Einsatzmitteln eines Projekts. In unserem Falle waren die Sachmittel recht überschaubar, da wir weder Produktionsmaschinen noch Rohstoffe o.Ä. benötigten. Was allerdings für uns zum Tragen kam, war natürlich unsere technische Ausstattung wie Laptops, Tablets, Mobiltelefone oder Scanner bzw. Drucker inklusive Farbpatronen und Papier. Des Weiteren galt es als Sachmittel die zu fahrenden Kilometer einzuplanen, da wir im Rahmen unseres Projektes neben vor Ort Terminen mit unserer Produktmanagerin auch diverse Abstimmungstermine mit unseren Interviewpartnern hatten, die für uns wichtig waren und die dazu beitrugen, dass unser Werk immer mehr zum Leben erweckt werden konnte. Da wir unser Buch neben unseren jeweiligen beruflichen Tätigkeiten als Lead PM, Projektbegleiter, Trainer und Coaches schrieben, war es für uns wichtig, dass wir unsere Termine entsprechend sinnvoll koordinieren und nicht nur mit unserem Beruf, sondern auch mit unserer Familie in Einklang bringen konnten.

Da es sich bei unserem Buchprojekt um ein internes Projekt handelte, das für uns in erster Linie einen Marketingcharakter hatte und weniger die Profitabilität im Vordergrund stand, wurde das Thema Kostenplanung von uns recht hemdsärmelig angegangen. Wir haben uns natürlich umfassend darüber Gedanken gemacht, wo an welcher Stelle im Projektverlauf welche Kosten entstehen, aber wir haben uns im Vorfeld kein fixes Budget gesetzt oder starre Vorgaben gemacht. Trotzdem war es uns wichtig – alleine schon, um unser Projekt von A bis Z nach Projektmanagementmethoden durchzuführen und PM quasi in unserem Buchprojekt zu leben – uns mit dem Thema Kostenplanung zu befassen. Da wir für jedes Arbeitspaket bereits grob notiert hatten, mit welchen Sachmittel- und Dienstleistungskosten voraussichtlich zu rechnen sei, konnten wir anhand unseres PSP eine grobe Kostenplanung Bottom-up vornehmen, indem wir die Kosten pro Arbeitspaket von unten nach oben hin zur jeweiligen Teilaufgabe aufsummierten und am Ende eine grobe Vorstellung darüber bekamen, welche Kosten uns aller Voraussicht nach bei unserem Projekt entstehen würden.

Da wir auch wissen wollten, mit welchen Kosten sich unsere eigene Arbeitskraft in den einzelnen Arbeitspaketen niederschlägt, haben wir dazu einen kalkulatorischen Kostensatz von 50 Euro pro Arbeitsstunde angenommen, sodass wir für unser jeweils zeitliches Investment die Personalkosten anhand der Formel Stundenanzahl × Stundenverrechnungssatz pro Arbeitspaket bestimmen konnten. Kalkulatorische Kosten sind hierbei sogenannte Opportunitätskosten, die natürlich nicht wirklich ausbezahlt werden und sich auch steuerlich nicht niederschlagen, da de facto keine realen Zahlungen stattfinden. Kostentechnisch ist die Erfassung der kalkulatorischen Kosten natürlich dennoch interessant, um den Gesamtwert des Projektgegenstandes zu ermitteln, denn hätten wir einen Ghostwriter beauftragt, unser Buch zu verfassen, hätte dieser diese Kosten verursacht.

4.3 Quintessenz

In einem Phasenplan sind alle wichtigen Ereignisse, also sowohl die vom Auftraggeber vertraglich definierten Meilensteine als auch die von uns geplanten Meilensteine mit Terminen und Ergebnissen zu sehen. Außerdem gibt er uns einen ersten, groben Überblick über den zeitlichen Projektablauf.

Im Projektstrukturplan ist alles aufgelistet, was im Projekt zu tun ist. Er enthält alle Aufgaben, die zum Erreichen der Leistungs- bzw. Ergebnisziele notwendig sind, jedoch keine Ablaufreihenfolge. Der PSP ist die Grundlage für die Ablaufplanung, **Einsatzmittelplanung** und **Kostenplanung** und die Basis für die Dokumentation und das Controlling.

Bei der Ablauf- und Terminplanung werden alle Arbeitspakete 1:1 oder 1:n in Vorgänge umgewandelt. Diese werden in eine logische Ablaufreihenfolge gebracht und mit Start- und Endterminen versehen. Damit wissen wir genau, wann was unter optimalen Bedingungen stattfindet.

Bei der Einsatzmittelplanung werden den Vorgängen geeignete Einsatzmittel zugewiesen und bei Menschen und Maschinen wird darauf geachtet, dass diese zu keinem Zeitpunkt überlastet sind.

Bei der Kostenplanung wird der Aufwand pro Arbeitspaket oder Vorgang, also die Menge aller benötigten Ressourcen, nach der Formel Menge × Preis in Kosten umgerechnet. Anschließend werden alle Arbeitspaket- oder Vorgangskosten addiert und so die Gesamtkosten des Projekts ermittelt. Die Kostenganglinie dient als Indikator für den Kostenanfall pro Zeitabschnitt, während die Kostensummenlinie wichtig für die Finanzplanung sowie das Controlling ist. Hier trägt die Kostensummenlinie die Bezeichnung Plankostenkurve und ist die Bezugsgröße für den Soll-Ist-Vergleich.

Bei der Finanzplanung wird dann geprüft, ob das zur Verfügung stehende Geld zu jedem Zeitpunkt im Projekt ausreicht, um die Kosten zu decken. Erst wenn das gewährleistet ist, darf die Realisierungs- bzw. **Steuerungsphase** freigegeben werden.

4.4 Tools und Tipps

Was sind typische Meilensteine in Phasenplänen?

- Vom Kunden erarbeitetes Lastenheft
- Fertiggestellte Ausschreibungsunterlagen
- Vom Auftragnehmer verabschiedetes Pflichtenheft
- Auftragserteilung

- Von der Behörde genehmigter Bauplan
- Unbeanstandeter Abschluss der Materialprüfung
- Bericht des Prüffelds über den Test eines Prototyps
- Abschlagszahlung bei erbrachter Teilleistung
- Fehlerfrei abgeschlossener Integrationstest

Was sollte man bei der PSP-Erstellung berücksichtigen?

- Darauf achten, dass der PSP-Code eindeutig ist. Wenn eine Firma viele Projekte durchführt, ist es sinnvoll, die Projektnummer in den PSP-Code zu integrieren.
- Wichtige Arbeitspakete dürfen nicht vergessen werden (Projektmanagement; vorbeugende Maßnahmen aus der Risikoanalyse wie z. B. Abschluss einer Versicherung), denn alles, was nicht im PSP steht, wird später auch nicht gemacht.
- Aufwand, Dauer und Kosten von den Abteilungen schätzen lassen, die später die Arbeit auch durchführen werden. Aber trotzdem Vergleichsangebote einholen!
- Ein Arbeitspaket darf nur einen Arbeitspaketverantwortlichen haben. Wenn zwei Verantwortliche genannt werden und etwas schiefgeht, schiebt jeder die Schuld auf den anderen.
- Wenn man feststellt, dass ein Arbeitspaket von mehreren Stellen (Organisationseinheiten oder Anbietern) bearbeitet wird, ist es sinnvoll, dieses in mehrere Arbeitspakete aufzuteilen, sodass für jedes Arbeitspaket ein Verantwortlicher genannt werden kann.

Wie wird eine Vorgangsliste erstellt?

1. Man legt eine Tabelle an, die die Spalten »Nummer/Vorgangsbezeichnung/Dauer/Vorgänger/Anordnungsbeziehung« enthält.
2. In diese Tabelle überträgt man die Nummer, den Namen und die Dauer jedes einzelnen Vorgangs.
3. Jetzt trägt man für jeden Vorgang den oder die Vorgänger in die Spalte »Vorgänger« ein und die passende Anordnungsbeziehung in die Spalte »Anordnungsbeziehung«.

Wie geht man bei der Einsatzmittelplanung vor?

1. Für jedes Arbeitspaket oder jeden Vorgang muss der zur Durchführung benötigte Bearbeitungsaufwand geschätzt werden (in Personenstunden oder Personentagen), z. B. durch Vergleich mit ähnlichen Arbeitspaketen/Vorgängen aus früheren Projekten.
2. Es muss geprüft werden, wer für die Durchführung der einzelnen Aufgaben geeignet ist und wie viel freie Kapazität er hat.
3. Jetzt werden die unter 1. ermittelten Stunden oder Tage auf die Mitarbeiter so umgelegt, dass diese zu maximal 80 % ausgelastet sind.
4. Zum Schluss wird überprüft, ob einzelne Ressourcen durch parallel laufende Vorgänge überlastet sind. Falls ja, wird ein Belastungsabgleich durchgeführt, z. B. durch Einsatz zusätzlicher Ressourcen oder Terminanpassungen.

Wie werden Kostengang- und Kostensummenlinie erstellt?

- Für jeden Vorgang werden die Kosten ermittelt oder geschätzt.
- Die Kosten werden durch die gewünschte Zeiteinheit (Tage, Wochen, Monate) dividiert.
- Die Kosten pro Zeiteinheit werden in die Vorgangsbalken im Balkenplan eingetragen.
- Die Kosten pro Zeiteinheit werden (vertikal) addiert und daraus wird die Kostenganglinie gezeichnet.
- Die Kosten der einzelnen Zeitabschnitte der Kostenganglinie werden kumuliert und als Summenkurve über der Zeitachse eingetragen.

Impulsfragen für die Planungsphase

- Was ist zu tun in puncto Projektstruktur- bzw. Arbeitsplanung?
- Welcher Aufwand steckt dahinter?
- Wer übernimmt welche Aufgaben und Rollen und was benötigen wir dafür?
- Wie binden wir unseren Auftraggeber in die Projektplanung ein?
- Was passiert zu welchem Zeitpunkt im Projekt?
- Wie lange brauchen wir für die Bearbeitung eines Arbeitspakets bzw. Vorgangs?
- Welche Kosten entstehen uns und wofür genau?
- Woher kommen die Ressourcen und gibt es Engpässe?
- Haben wir für unser Projekt genug Geld und wie regeln wir die Finanzierung?

4.5 Interviews mit Projektmanagern

Ben Ziskoven

MF: *Was ist Ihr liebstes Planungstool (online, offline, digital, »hands-on« …) und warum?*

BZ: JIRA funktioniert sehr gut bei den meisten Projekten, die komplexer sind; für kleinere Projekte reichen Trello oder Microsoft Excel auch prima. Scrum, Kanban und ScrumBan sind als Tools generell sehr erfolgreich bei Projekten, da es dabei von Anfang an immer wieder kurze Momente gibt, um zu reflektieren, wie die Teams zu neuen Ideen kommen. Die iterative Art zu Arbeiten bedeutet, dass etwas ausprobiert werden kann, aber nicht permanent sein muss, sondern nur, solange es auch zu besseren Resultaten führt.

MF: *Wann waren Sie in einem Ihrer Projekte (oder in mehreren) schon mal so richtig in der Storming-Phase – mit vielen (zwischenmenschlichen) Konflikten? Welche Tipps haben Sie für uns zu diesem Thema?*

BZ: Konflikte gehören zum Projektmanagement. Das ist auch gut so. Bleibe immer bei dir selbst und frage dich, wie du nach deinem idealen Selbstbild handeln würdest. Denke nach, wie du den Konflikt lösen könntest, und teste deine Annahmen. Wir müssen uns zu Bewusstsein und Klarheit verhelfen, das ist gerade dann wichtig, wenn es zwischenmenschliche Konflikte gibt.

Carsten Mende

MF: Was ist Ihr liebstes Planungstool (online, offline, digital, »hands-on« ...) und warum?
(Gerne auch »quick & dirty« oder hemdsärmelig!)

CM: Ich liebe Netzpläne. Einfach umzusetzen, bspw. via Post-it für einen ersten Wurf. Übersichtlich, flexibel ... zeigt schnell sowohl den kritischen Pfad als auch die Schwachstellen im Ablauf.

MF: Stichwort: Storming bzw. Machtkampfphase ...
Wann waren Sie in einem Ihrer Projekte (oder in mehreren) schon mal so richtig in der Storming-Phase – mit vielen (zwischenmenschlichen) Konflikten? Welche Tipps haben Sie für uns zu diesem Thema?

CM: Oh, schwieriges Thema. Projekte gehen oftmals einher mit Veränderungen ... und bei Veränderungen hat man nie alle am gleichen Punkt der Veränderungskurve. Irgendein Konflikt kommt somit immer: Zielkonflikte, Interessenkonflikte, jemand will das Alte bewahren etc. Wichtig ist, sich dabei nicht in Konflikte reinziehen zu lassen. Als Projektleiter/in hat man Macht ... und sollte lernen, damit umzugehen. Dazu gehört, dass man akzeptiert, dass jeder seine eigene Wahrheit hat und (im Normalfall) nicht aus Bosheit gegen etwas ist. Diese Erkenntnis ist meines Erachtens extrem wichtig, damit man als Schlichter ernst und angenommen wird und die Konflikte in wichtige Impulse, Denkanstöße auf dem Weg in Richtung Projekterfolg umwandeln kann.

MF: Wie stellen Sie sicher, dass der PL immer dann auf die Ressourcen zugreifen kann, wenn diese benötigt werden?

CM: Eine saubere Ressourcenplanung inkl. Einsatzmittel-Ganglinie ist dabei m. E. unverzichtbar. Jedoch bildet man damit nur die theoretische Verfügbarkeit von Ressourcen ab. Mitarbeitende werden ungeplant krank, technische Probleme, Lieferschwierigkeiten, Abhängigkeit von Dritten ... es gibt nun mal alle möglichen Risiken, welche mir die schönste Planung zunichtemachen können. Als Projektleiter ist mir daher wichtig, Risiken mit einzuplanen, flexibel auf Änderungen reagieren zu können, indem ich immer im Blick habe, welche Aufgaben ich bspw. vorziehen, welche alternativen Ressourcen ich nutzen könnte. Keine Beschäftigung der Beschäftigung wegen, sondern immer mit absolutem Fokus auf den kritischen Pfad des Projekts.

Peter B. Taylor

MF: Stichwort: Storming bzw. Machtkampfphase ...
Wann waren Sie in einem Ihrer Projekte (oder in mehreren) schon mal so richtig in der Storming-Phase – mit vielen (zwischenmenschlichen) Konflikten? Welche Tipps haben Sie für uns zu diesem Thema?

PBT: Ich glaube, der erste Schritt ist erst einmal, dass wir uns bewusst machen, dass jedes Projektteam anders ist.
In nahezu jedem Projektteam gibt es Teammitglieder, die nicht zu 100 % hinter dem Projekt oder den anderen Projektteammitgliedern stehen. Sie fühlen sich eher als Teilzeitteammitglieder (und sind längst nicht immer freiwillig an Bord), weil sie parallel zur Arbeit im Projekt noch ihr Tagesgeschäft am Laufen halten müssen und ihre »Vollzeitkollegen« bzw. die Kollegen aus ihrer eigentlichen Linienabteilung unterstützen müssen.
Der zweite Unterschied ist, dass Projektteams nie ab dem allerersten Tag vollständig sind und viele Teammitglieder auch nicht über den gesamten Projektverlauf dabei sind. Zumindest ist das die Erfahrung, die ich in den ganzen Jahren gemacht habe – möglicherweise gibt es ein paar Ausnahmen, aber das wäre nicht die Norm. Die Hintergründe sind meistens wirtschaftlicher Natur, denn es ist nicht profitabel, Ressourcen zu verschwenden und es ist auch nicht rentabel »abgezogene« Teammitglieder zu ersetzen, während diese an einem Projekt arbeiten.
Anstelle dessen kommen und gehen die Teammitglieder, sie tauchen dann auf, wenn sie gebraucht werden – oder weil ihre speziellen Fähigkeiten gebraucht werden – und wenn ihre Arbeit erledigt ist, dann verschwinden sie wieder im Nichts. Während sich also das Kernteam durch die gesamten Teamphasen nach Tuckman arbeitet – von Forming über Storming und Norming (vgl. Kap. 8.1.5) – vielleicht sogar erfolgreich ins Performing kommt – tauchen immer wieder Teilzeitteammitglieder auf und verschwinden wieder, aber sie werden niemals denselben Status erreichen können wie die Vollzeitteammitglieder. Auch wenn das Projektteam eigentlich schon im Norming ist – kommt jemand Neues dazu – zack – alle wieder zurück in die Stormingphase. Nicht mit Absicht, nicht aus bösen Hintergedanken heraus, auch nicht, um das Projekt zu sabotieren, aber einfach aus dem Grund, weil sie frisch dabei sind und jetzt erst einmal ihren Platz im Gesamtteam einnehmen müssen.
Der dritte Unterschied nimmt uns mit in die Welt interner und externer Teams, die sich sehr schnell zusammenfinden und zusammenraufen müssen. Auch hier liegt der Grund dafür bei den Kosten. Wenn wir eine Ressource nutzen (vor allem, wenn es sich um eine externe kostenintensive Ressource handelt) dann wird das Budget sehr schnell aufgebraucht. Wenn wir zu viel in ein »Kennenlernen« investieren – zack – explodieren die Projektkosten und als Projektmanager hast du gleich schon mal ein dickes Problem, bevor das eigentliche Projekt überhaupt richtig angefangen hat.
Und wenn wir mal in Ruhe darüber nachdenken, stellen wir fest, interne Teams haben eine Gemeinsamkeit – sie vereint die Kultur eines Unternehmens, für das sie bereits arbeiten. Externe Ressourcen bringen ihre ganz eigene Kulturmischung mit, haben möglicherweise ganz eigene Erwartungen, Vorurteile etc. Und das bringt noch einmal richtig Zunder in die Stormingphase.

Und zu guter Letzt haben wir Unterschied Nummer 4, die Zielsetzung bzw. vielmehr die unterschiedlichen Zielsetzungen, die möglicherweise so gar nicht zu den eigenen Projektzielen passen wollen.
Folglich brauchen wir dringend und unbedingt Projektmanager, die sich kontinuierlich um ihre Teams kümmern, deren Erwartungen und Befürchtungen auf dem Schirm haben und deren Bedürfnisse kennen. Wir brauchen Projektmanager, die sich einbringen, wenn es Konflikte gibt oder wenn Stress aufkommt. In diesem Sinne ist die Stormingphase genau das – eine Phase, durch die die Teammitglieder durch müssen, damit alle am Ende zu einem wunderbar funktionierenden Team zusammenwachsen können.

Astrid Beger

MF: *Was ist Ihr liebstes Planungstool (online, offline, digital, »hands-on« ...) und warum?*

AB: Für meine eigenen Arbeitsbereiche: hemdsärmelig bitte! Mein Skribbel-Block. Mein Gedächtnis, nachdem ich Dir zugehört habe, lieber Auftraggeber. Für das gesamte Team: Das hängt davon ab, aber bitte so einfach und *easy to adapt* wie möglich. Zentrale Lösungen sollten nach meinem Wunsch nur die Top Level Reportingaufgaben erfüllen und nicht ins Projekt hinein steuern müssen. Es ist und bleibt bei Projekten immer so, dass der Bericht oder die Planung schon veraltet sind, wenn sie abgegeben wurden. Viel PM Software ist für mich daher ein Werkzeug für das Top Level Reporting oder den Budgetantrag. Excel und PowerPoint werden gern verlacht – aber: Lass die anderen doch lachen, wenn Du selbst damit steuern kannst. Denn dann hast Du am Ende vielleicht den Projekterfolg und zudem mit anderen zusammen gelacht.

Felix Mühlschlegel

MF: *Wann waren Sie in einem Ihrer Projekte (oder in mehreren) schon mal so richtig in der Storming-Phase – mit vielen (zwischenmenschlichen) Konflikten? Welche Tipps haben Sie für uns zu diesem Thema?*

FM: Wenn es zu zwischenmenschlichen Konflikten kommt, dann lassen sich diese oftmals lösen, wenn wir uns mit dem Thema Rollen & Befugnisse bzw. Hierarchieebenen befassen. Wer hat welche Entscheidung getroffen?
Wenn wir es mit Konflikten zwischen unterschiedlichen Abteilungen zu tun haben, die genug Macht oder Autorität haben, um ein Vorankommen zu blockieren oder zu verlangsamen, sodass das Projekt nicht mehr so erfolgreich wird, dann ist das eine weitaus schwierigere Situation. Wenn wir es mit so etwas zu tun haben, gibt es weder ein Geheimrezept noch eine schnelle Lösung, da musst du dann selbst ran und versuchen, es auf zwischenmenschlicher, persönlicher Ebene aus der Welt zu schaffen. Oft ist es dafür dann aber schon zu spät und das ist leider der beste Beweis dafür, dass wir die Initialisierungsphase eines Projektes nicht ernst genug genommen haben.

Thor Möller

MF: Was ist Ihr liebstes Planungstool (online, offline, digital, »hands-on« ...) und warum?

TM: Ich bin ein Fan von Excel – es sieht nicht schön aus, aber es kann alles, zumindest bis zu einer gewissen Projektgröße und Projektumfeld. Aber wenn die Projektgröße überschaubar ist, dann mache ich gerne alles in Excel – das Tracking der Ziele genauso, wie Vertragstracking oder das gesamte Claim Management. Pro Projekt eine Datei – natürlich mit mehreren Mappen. Und dann wöchentlich tracken und versionieren. Im Nachgang visualisiere ich dann natürlich noch das eine oder andere etwas »schicker«, weil Excel das nicht so kann. Aber es funktioniert. Für größere Projekte hilft aber nur noch eine professionelle PM-Software wie z. B. MS Project. Eine coole Zwischenlösung ist übrigens auch MS Teams, das unterschätzen leider viele. Es ist eine tolle Teamplattform, die über SharePoint alles abbildet, was wir im Projekt brauchen. Eine sehr solide kollaborative Lösung, die ich gerne in meinen Projekten nutze – gerne auch über räumliche Distanz hinweg online. Die Teams können z. B. gemeinsam auf Whiteboards arbeiten, virtuelle Post-it-Zettelchen kleben, sich in Gruppenräumen austoben und den MS Planner nutzen, um Aufgaben abzuarbeiten. Das ist sehr hilfreich und geht ohne großen Aufwand. Wir brauchen keine extra Miro- oder Mural-Boards, sondern haben in MS Teams alles, was wir benötigen. Viele sind sich aber leider gar nicht der vielen Möglichkeiten bewusst und stecken MS Teams in dieselbe Ecke wie ein einfaches Tool für Videokonferenzen, dabei bietet es viel mehr. Deshalb ist es auch immer so wichtig, dass alle im Team erklärt bekommen, welche Tools es gibt und wie man sie benutzt. Denn nur, wenn ich etwas bedienen kann, werde ich es wirklich auch für meine Arbeit im Projekt anwenden und zu schätzen wissen.

MF: In welcher Form binden Sie den Auftraggeber in die Pläne mit ein?

TM: Von Anfang an und in enger Abstimmung. Ich möchte nie wieder ein Produkt am Markt vorbei entwickeln – damit bin ich schon einmal mit einem eigenen Produkt gescheitert und möchte das nie wieder erleben. Deshalb bin ich auch ein Fan von »agil«, weil ich den Auftraggeber so ganz eng von Anfang an sehr stark einbinde und dann auch alle anderen Stakeholder sehr stark berücksichtige. Diese Denkweise aus dem agilen Manifest sollten wir viel, viel stärker auch im klassischen PM nutzen und anwenden. Es geht zudem nicht immer nur darum, am Produkt zu schrauben, denn nicht das beste Produkt setzt sich durch, sondern das besser vermarktete Produkt. Das beste Beispiel hierfür sind die Videorekordersysteme. Da hat sich VHS durchgesetzt und nicht das von Philips entwickelte Video2000, obwohl das technisch deutlich besser war. Z. B. streifenfreies Spulen und Standbild durch dynamische Spurnachführung (dynamic track controlling). Am Ende geht es bei unserem Projekt immer darum, dass der Auftraggeber zufrieden ist, d. h. wir müssen unbedingt gutes Projektmarketing betreiben, intern wie extern – hier könnten wir uns in Europa wirklich eine Scheibe von den Amerikanern abschneiden.

René Windus

MF: In welcher Form binden Sie den Auftraggeber in die Pläne mit ein?

RW: Die wichtigste Frage ist, inwieweit es den Auftraggeber überhaupt interessiert, in die Pläne mit eingebunden zu werden. Es kommt durchaus häufig vor, dass ein Auftraggeber nur Ergebnisse sehen will – dann halte ich ihn weitestgehend raus, denn zu viel ist auch nicht gut und verwirrt möglicherweise nur. Der Auftraggeber soll ja zu Recht auf uns im Projektteam vertrauen können und sich darauf verlassen dürfen, dass wir unseren Job richtig machen, um die Ergebnisse zu erzielen, die er erwartet. Aber wenn es meinen Auftraggeber interessiert, bereits in der Planungsphase in alles einbezogen zu werden (und er mir dabei aber nicht »ins Lenkrad greift«), dann bekommt er alle Informationen genau in der Form, wie er sie braucht. Ansonsten gilt natürlich, regelmäßige Status-Info zu geben so, dass es passt. Am besten passiert das im ersten Schritt live bei einem Mittagessen, wo ein Dialog entsteht und ein Austausch stattfindet. Und im Nachgang gibt es dann natürlich einen schriftlichen Report.

Stefanie Gries

MF: Stichwort: Storming bzw. Machtkampfphase …
Wann waren Sie in einem Ihrer Projekte (oder in mehreren) schon mal so richtig in der Storming-Phase – mit vielen (zwischenmenschlichen) Konflikten? Welche Tipps haben Sie für uns zu diesem Thema?

SG: Da ich bisher eher Projekte mit eingespielten Teams geleitet habe, haben sich die Machtkämpfe zum Glück in Grenzen gehalten. Lediglich der Involvierungsgrad der Sponsoren in die Aktivitäten der PL haben hier und da eines klärenden Gesprächs bedurft, aber auch hier war der Schlüssel wieder, klare Worte zu finden und die »Tanzbereiche« klar abzugrenzen.

Olaf Piper

MF: Was ist Ihr liebstes Planungstool (online, offline, digital, »hands-on« …) und warum?

OP: Gibt es nicht. Ist ein absolutes Problem. Aktuell verwenden wir SAP-PPM. Ich habe noch nie ein so deplatziertes und unverständliches Tool gesehen. MS Project ist deutlich besser, aber nur in der Server-Variante mit zentralem Ressourcenmanagement. Am Ende des Tages macht ein gutes Tool aber noch kein gutes PM, deshalb ist es wichtig, dass die Mitarbeiter entsprechendes PM-Wissen haben und in der jeweiligen Software richtig geschult werden. Wenn die Tools nicht richtig beherrscht werden, überdimensioniert sind oder schwerfällig wie ein großer Tanker, dann hilft mir das nicht weiter. Ich kann möglicherweise auch mit Excel-Charts klarkommen, wenn mein Projekt es hergibt. Wichtig ist vor der Nutzung irgendeines Tools, dass ich weiß, was ich alles planen und berücksichtigen muss. Ohne das nötige Fachwissen in PM bringt mir das beste Tool nichts.

5 Steuerungsphase

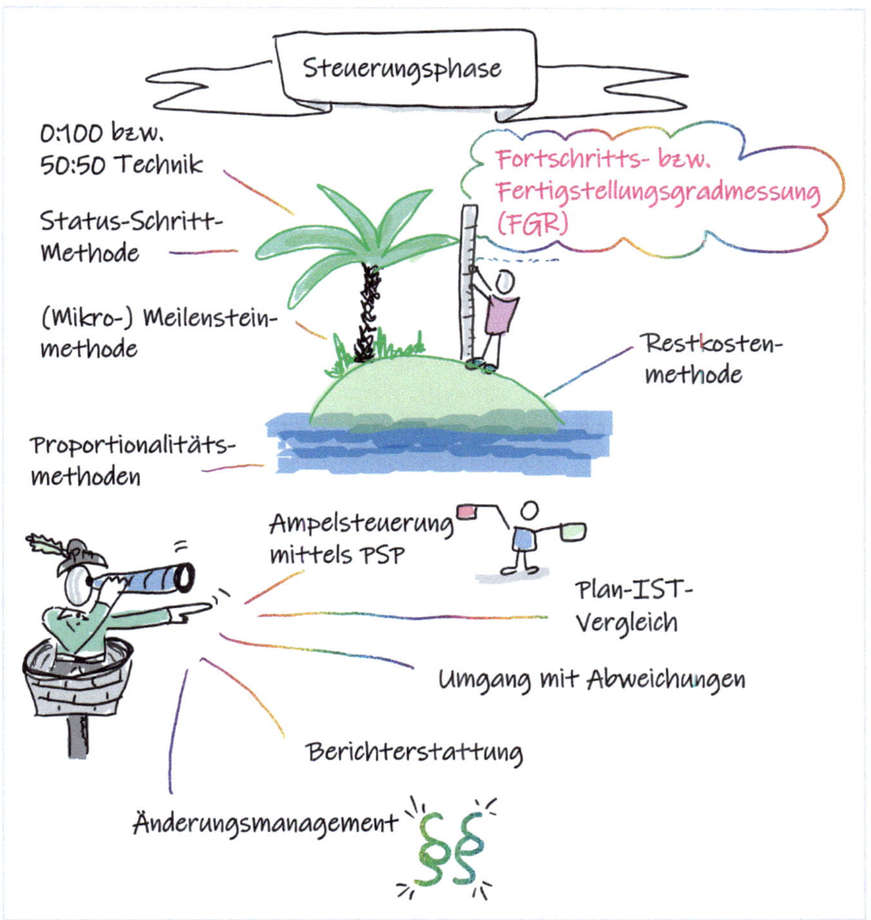

Abbildung 13: Übersichtsbild Steuerungsphase

5.1 Grundlagen

Nachdem alle relevanten Pläne in der Planungsphase erstellt wurden, muss der Projektplan – also die Gesamtheit aller Einzelpläne – vom Auftraggeber oder einer übergeordneten Stelle freigegeben werden, denn in der Realisierungs- oder Durchführungsphase fällt der Löwenanteil aller Kosten an, da in dieser Phase das Produkt bzw. der Projektgegenstand realisiert wird. Falls dem Auftraggeber bzw. der übergeordneten Stelle etwas am Projektplan nicht gefällt, muss der entsprechende Einzelplan angepasst bzw. geändert werden. Haben sich zwischenzeitlich Änderungen in den Ergebnis- oder Leistungszielen ergeben, wird der Projektstrukturplan – und mit ihm alle nachfolgenden Pläne – angepasst. Soll das Projekt früher fertig werden als bisher angenommen, müssen Korrekturen im Terminplan erfolgen. Und falls nicht genügend Einsatzmittel vorhanden sind oder das Projekt zu teuer zu werden droht, wird es notwendig, den Einsatzmittel- und Kostenplan anzupassen. Erst wenn alle Pläne so sind, wie sie der Auftraggeber erwartet, erfolgt die Freigabe für die Durchführungsphase, d. h. die Pläne werden jetzt verbindlich und bei Abweichungen muss sofort gegengesteuert werden. Deshalb wird diese Phase auch als Steuerungsphase bezeichnet.

Das Vorgehen in dieser Phase scheint, recht einfach zu sein: Man nimmt den Ist-Zustand auf und vergleicht diesen mit dem Plan-Zustand. Falls es Abweichungen gibt, sucht man nach der Ursache, um mit geeigneten Maßnahmen gegensteuern zu können und wieder zum Plan-Zustand zurückzukehren. Was in der Theorie recht einfach klingt, gestaltet sich in der Praxis jedoch ziemlich schwierig. Wie sonst lässt sich erklären, dass eine Vielzahl von Projekten das Budget überschreiten, mit Verspätung enden oder die vereinbarte Leistung in der geforderten Qualität nicht erbringen? Controlling-Instrumente und Tools gibt es schließlich wie Sand am Meer. Schon ein Netzplan reicht für eine einfache Terminüberwachung aus. Wird eine Projektplanungssoftware benutzt, liefert der Überwachungsbalkenplan viele hilfreiche Informationen, in dem sowohl Plan- als auch Ist-Zustände grafisch abgebildet werden. Und dann gibt es natürlich noch ausgefeilte Methoden wie z. B. die **Earned-Value-Analyse** zur Beurteilung des Fertigstellungswerts, die **Kosten-Trend-Analyse** zur Kostenbeurteilung und die **Meilenstein-Trend-Analyse** zur Terminüberwachung. Das Problem dabei ist, dass viele Methoden oder Tools entweder ziemlich kompliziert oder aber sehr zeitaufwendig sind, weshalb sie nicht bzw. nicht in dem Umfang eingesetzt werden, wie es dem Projekt entsprechend nötig wäre.

Hinweis: Nähere Informationen zu den oben erwähnten Methoden (EVA, KTA, MTA) finden Sie im Vertiefungswissen unter Controlling (vgl. Kap. 9.2).

5.1.1 Einfache Ampelsteuerung mittels Projektstrukturplan

Controlling kann doch so einfach sein. Man braucht dazu nahezu keine Controllingkenntnisse, sondern lediglich ein zuverlässiges Projektteam und einen Projektstrukturplan. Da im Projektstrukturplan alle im Projekt zu erledigenden Aufgaben enthalten sind, eignet er sich hervorragend zur Steuerung des Projekts. Ach ja, ein Ablagekorb für Berichte und ein paar Klebepunkte in den Farben grün, gelb und rot sind auch noch nötig. Analog zu den Farben einer Ampel repräsentieren die Klebepunkte den Status des Arbeitspaketes, wobei grün bedeutet, dass alles in Ordnung ist und planmäßig verläuft. Ein gelber Punkt besagt, dass es zwar Schwierigkeiten gibt, aber das Arbeitspaket dennoch fertiggestellt werden kann – eventuell mit Einschränkungen beim Termin, den Kosten oder der Qualität. Bei einem roten Klebepunkt sieht das ganz anders aus: Der Bearbeiter des Arbeitspaketes signalisiert damit, dass er es ohne fremde Hilfe auf keinen Fall schafft, das Arbeitspaket ordnungsgemäß zu beenden. Die Status-Farbpunkte werden dann auf die entsprechenden Stellen des Projektstrukturplans geklebt. Das ordnungsgemäße Setzen der dem Status entsprechenden Farbpunkte ist Aufgabe des jeweiligen Arbeitspaketverantwortlichen.

- Wird mit der Bearbeitung eines Arbeitspaketes begonnen, erhält das Arbeitspaket einen grünen Klebepunkt.
- Falls Schwierigkeiten auftreten, wird der grüne Klebepunkt vom Arbeitspaketverantwortlichen mit Gelb oder Rot überklebt. Dadurch entsteht automatisch die Verpflichtung, einen Problembericht zu verfassen und in den Abweichungsablagekorb zu legen. **Hinweis:** Ein Problembericht kann auch eine einfache handschriftliche Notiz sein auf der steht, um welches Arbeitspaket es sich handelt und auf dem das Problem kurz erläutert wird.
- Der Abweichungsablagekorb wird regelmäßig vom Projektleiter bearbeitet, d. h. er liest sich die Problemberichte durch und leistet Hilfestellung beim Lösen des Problems. Sobald ein Problem erfolgreich gelöst wurde, werden der rote oder gelbe Farbpunkt durch einen grünen überklebt und der Problembericht verschwindet aus dem Abweichungsablagekorb.
- Nachdem ein Arbeitspaket abgeschlossen wurde, wird es im Projektstrukturplan – mit einem fetten grünen, gelben oder roten Stift – abgehakt oder durchgestrichen.

Diese Informationen müssen konsequent gepflegt und aktualisiert werden damit das Ganze funktioniert. Das heißt, alle Beteiligten müssen die Möglichkeit haben, ehrlich den richtigen Status anzugeben, und zwar ohne Angst vor Konsequenzen. Denn Mitarbeiter, die für jeden Fehler oder jede schlechte Botschaft bestraft werden, sind bestimmt nicht motiviert, einen anderen Status als Grün zu setzen – in der (trügerischen) Hoffnung, dass ein Wunder geschieht, das Arbeitspaket doch noch korrekt abgeschlossen werden kann und man dadurch einer Bestrafung entgeht.

Durch diese einfache Ampelsteuerung erhält man – eine gute Projektkultur vorausgesetzt – ein mächtiges Steuerungsinstrument, das es allen Beteiligten ermöglicht, sich transparent über den Stand des Projekts zu informieren. Wenn alles grün ist, kann davon ausgegangen werden, dass alles nach Plan verläuft. Bei Gelb oder Rot gibt es zwar Abweichungen vom Plan, aber es gibt auch entsprechende Problemberichte, die einen richtigen Umgang mit den Abweichungen ermöglichen.

5.1.2 Steuerungsmaßnahmen

Doch was ist der richtige Umgang mit Abweichungen? Sobald eine Abweichung festgestellt wurde, muss man herausfinden, was diese Abweichung verursacht. Schließlich will man ja nicht die Symptome bekämpfen, sondern das Übel an der Wurzel packen. Hat man die Ursache gefunden, müssen geeignete Maßnahmen geplant und eingeleitet werden, wobei man an folgenden Stellschrauben drehen kann:

- Veränderung der Ressourcen
  - Mehr oder qualifizierteres Personal
  - Fremdvergaben
- Reduzierung des Aufwands
  - Durch technische Alternativen
  - Zukauf von Know-how
  - Prozessanpassung
- Erhöhung der Produktivität
  - Technologie- und/oder Methodenwechsel
  - Motivationssteigerung des Projektteams
- Veränderung der Leistung
  - Durch Variantenbildung
  - Qualitätseinschränkung
  - Reduzierung von Änderungswünschen

Zu beachten ist, dass der Auftraggeber bei Ressourcenveränderung, Aufwandsreduzierung und Produktivitätserhöhung nicht gefragt werden muss, weil sich ja nichts an den Produktspezifikationen ändert. Eine Veränderung der Leistung muss jedoch unbedingt mit dem Auftraggeber abgestimmt sein, da dieser ja nun nicht mehr genau den Projektgegenstand erhält, den er in Auftrag gegeben hat. Außerdem muss man sich der Seiteneffekte bzw. Nebenwirkungen jeder Maßnahme bewusst sein. Wenn z. B. mehr Personal eingesetzt wird, um schneller zu werden, steigen auch die Kosten.

5.1.3 Berichterstattung

Um die richtigen Entscheidungen treffen zu können, benötigen Entscheider zu bestimmten Projektzeitpunkten (Stichtage) Berichte über den Stand (Status) eines Projekts oder eines Projektteilbereichs (z. B. Teilprojekt, Teilaufgabe oder Arbeitspaket). Ein Statusbericht hat mindestens folgende Inhalte:

- Im Berichtszeitraum erbrachte Lieferungen und Leistungen (Ist-Daten)
- Fortschrittswertanalyse mit Abweichungen und Prognosen bezüglich Leistung, Termine und Kosten
- Gegebenenfalls auftretende Probleme sowie geplante bzw. eingeleitete Steuerungsmaßnahmen
- Ausblick auf anstehende Lieferungen und Leistungen im nächsten Berichtszeitraum

Um einen Projektstatusbericht verfassen und z. B. dem Geschäftsführer präsentieren zu können, benötigt der Projektleiter ebenfalls Informationen, die er von seinem Team oder den Arbeitspaketverantwortlichen in Form von Arbeitspaketfortschrittsberichten bzw. Arbeitspaketstatusberichten erhält. Durch Verdichtung und Auswertung der Informationen der einzelnen Arbeitspakete erstellt der Projektleiter den Projektstatusbericht.

5.1.4 Änderungsmanagement

Auch während der Durchführungsphase kann es notwendig werden, dass Änderungen am Produkt vorgenommen werden müssen. Änderungen werden immer durch ein Ereignis oder eine Notwendigkeit ausgelöst, z. B. eine Gesetzesänderung oder einen Kundenwunsch. Sie bewirken, dass eine bisher gültige Beschreibung des Liefergegenstandes (**Konfiguration**) im weiteren Verlauf des Projekts anders gehandhabt bzw. zusammengesetzt werden soll. Da aber bereits am Projektgegenstand gearbeitet wurde oder schon Teile davon fertiggestellt sind, muss eine Änderung genau beschrieben werden – inklusive ihrer Auswirkung auf andere Komponenten, auf Termine und die Kosten.

Ablauf des Änderungsprozesses:
Aus irgendeinem Anlass wird eine Änderung ausgelöst. Der Auslöser der Änderung sowie eine genaue Beschreibung der Änderung wird in einem Änderungsantrag festgehalten und der Änderungsstelle vorgelegt. Die Änderungsstelle prüft den Antrag. Falls er in Ordnung ist, wird er an betroffene Stellen zwecks Stellungnahme weitergegeben und schließlich einem Entscheidergremium vorgelegt. Wird der Änderungsantrag abgelehnt, wird der Antragsteller darüber unterrichtet und der abgelehnte Antrag wird archiviert. Wird der Antrag bewilligt, geht er zurück zur Änderungsstelle, die jetzt einen Änderungsauftrag schreibt und diesen an die betroffenen Stellen weitergibt. Die betroffenen Stellen führen die Änderungen durch, passen die betroffenen bzw. mitgeltenden Dokumente an und veranlassen deren Archivierung.

5.2 Praxisbeispiel

Obwohl wir bei unserem Buchprojekt zwar bekanntermaßen kein wirkliches Kostencontrolling im klassischen Sinne anwenden mussten, so gab es für uns natürlich dennoch genug Berührungspunkte mit der »Königsdisziplin Controlling«. Relevant für uns war die vermutlich simpelste Variante des Kostencontrollings – über die ***Restkosten****.*

Von Beginn des Projekts an war klar, dass sich die Kosten für etwaige Sachmittel wie Moderationskärtchen, Stifte, Papier, Fahrtkosten etc. in Grenzen halten würden. Es war uns aber dennoch wichtig, zum einen den Überblick über diese anfallenden Kosten zu behalten und zum anderen hatten Mathias und ich für uns die Vereinbarung getroffen, dass wir uns die anfallenden Kosten teilen würden (in unserer Rolle als Autorenteam und Projektverantwortliche, nicht in unserer Rolle als Ehepartner ohne Gütertrennung). Der einfachste Weg für uns war es, dass wir uns eine Handkasse zulegten, in die wir beide denselben Anteil an Geld gelegt hatten. Aus dieser Handkasse bezahlten wir dann die Sachmittel, die wir für die Arbeit in unserem Projekt benötigten. Zu regelmäßig-unregelmäßigen Zeitpunkten (meistens einmal pro Monat) gingen wir dann daran, unsere Handkasse einer Kontrolle zu unterziehen, die Belege zu prüfen und die Kosten aufzusummieren, die uns entstanden waren. Danach summierten wir auf, welche Kosten bis zum Ende des Projektes laut Plan noch anfallen würden, also die Restkosten. D. h., wir bekamen auf diese Weise einen Überblick und wussten dann immer sehr treffsicher, wo wir mit unseren Kosten de facto im Projekt standen: Waren die Restkosten höher als der verbleibende Inhalt unserer Handkasse, hieß es entweder, jeder von uns »schießt etwas Geld nach« oder aber, wir mussten uns überlegen, an welcher Stelle wir sparen konnten. Waren die Restkosten niedriger, dann waren wir sprichwörtlich im grünen Bereich und hatten unsere Kosten im Griff.

Sowohl Mathias als auch ich sind bekanntermaßen Fans von pragmatischen Ansätzen, vor allem, wenn sie beinhalten, dass sich an sich recht komplizierte Zusammenhänge einfach visualisieren und nachvollziehen lassen. Deshalb gefällt es uns sehr gut, Leistungscontrolling anhand des Projektstrukturplans zu betreiben. Wir hatten unseren PSP ja mittels farbiger Moderationskärtchen an ein Metaboard gepinnt und waren somit in der Lage, händisch per Ampelsteuerung auf Arbeitspaketebene festzuhalten, wo wir mit der Leistung unseres Projektes pro AP standen. Wir nutzten hierfür farbige Klebepunkte in den Farben Grün, Gelb und Rot, um zu visualisieren, wie der Status des jeweiligen Arbeitspaketes zum Controlling Stichtag war. Grün bedeutete in diesem Zusammenhang natürlich, dass alles in Ordnung war, während uns ein gelber Klebepunkt signalisierte, dass wir hier noch einmal genauer hinschauen mussten, eventuell etwas zu korrigieren hatten oder dass wir noch einmal an der einen oder anderen Stellschraube drehen mussten, bevor wir zufrieden sein konnten. Ein roter Klebepunkt hätte bedeutet, unser Arbeitspaket liefe aus dem Ruder, d. h. hier wäre Gefahr in Verzug zu melden. Zum Glück blieb uns erspart, uns mit sprichwörtlich auf Rot stehenden »Ampeln« zu befassen und es gab keine Situation während der Bearbeitung der einzelnen Arbeitspakete, die unseren Puls hätte in die Höhe treiben können. Gut für uns und unser Projekt! Da wir während der Arbeit an unserem Projekt aufgrund der einen oder anderen Dienstreise nicht immer gemeinsam zu Hause im Home Office waren und somit nicht beide jederzeit Zugriff auf das Metaboard mit unserem PSP hatten, erstellten wir eine Kopie des PSP mittels virtueller Klebezettel auf unserem elektronischen Whiteboard, sodass Mathias und ich auch in Dateiform mit dem PSP arbeiten konnten und mit dem elektronischen Stift die farbigen

Klebepunkte einzeichneten. Das bedeutete einen Mehraufwand für uns, da wir sowohl mit den haptischen Kärtchen des PSP auf dem Metaboard arbeiteten als auch unsere elektronische Variante kontinuierlich auf Stand zu halten hatten. Aber das war es uns Wert!

Zum Leistungscontrolling gehörte für uns selbstverständlich auch, dass wir regelmäßige Qualitätsprüfungen unseres Werkes durchführten. Während der Manuskriptphase gab es Zeitpunkte, an denen wir uns bezüglich unserer geschriebenen Texte abstimmten und uns zu Rechercheergebnissen, Ideen und Details zu den einzelnen PM-Themen austauschten (Vorgang 1.4.7). Da ich für die Erstellung vieler im Buch abzudruckenden Abbildungen und Visualisierungen zuständig war, berichtete ich Mathias regelmäßig von meinen Ideen oder legte ihm Entwurfsskizzen vor, denn vier Augen sehen bekanntlich immer mehr als zwei Augen. Während der Lektoratsphase sah unsere Qualitätsprüfung so aus, dass wir uns immer dann im heimischen Esszimmer zusammensetzten, wenn wir eine größere Textpassage bzw. ein gesamtes Kapitel ausformuliert hatten, um gemeinsam das Geschriebene auf Herz und Nieren zu prüfen. Sowohl, was den Inhalt anging, als auch, was Sprachfluss, Kollokation (also das benachbarte bzw. gemeinsame Auftreten von Wörtern) oder Semantik betraf (also die einzelnen Wortbedeutungen), damit unsere Texte am Ende auch perfekt harmonierten und sowohl inhaltlich als auch sprachlich gut zusammenpassten. Diese Qualitätsprüfungen liefen in der Regel so ab, dass jeder von uns zunächst die neuen Texte allein für sich durchlas und auf erste, mögliche Auffälligkeiten hin überprüfte. Im zweiten Schritt war es meine Aufgabe, Mathias die entsprechenden Passagen laut vorzulesen (Vorgang 1.5.2). In dem Moment, wenn ich mir bzw. anderen laut etwas vorlese, merke ich meistens sehr schnell am Sprachfluss, ob das Geschriebene passt oder nicht, ob es irgendwo noch »hakt« oder sich bislang noch unbemerkte Ungereimtheiten auftun. Und Mathias, der von mir vorgelesen bekommt und sich aufs Zuhören fokussiert, merkt ebenfalls sehr schnell, wie es um die Qualität des Werkes bestellt ist. Im weiteren Verlauf der Lektoratsphase hatte zunächst unsere Nichte und dann unsere Lektorin die verantwortungsvolle Aufgabe, unsere Texte auf Herz und Nieren zu prüfen, uns entsprechende Rückmeldungen und Manöverkritiken zu geben und den Finger in die eine oder andere »Wunde« zu legen (Vorgang 1.5.3). Unserer Nichte wurde damit die Ehre zuteil, als erste außenstehende Leserin unser Werk in Augenschein zu nehmen. Sie hatte studienbedingt bereits mit dem Thema Projektmanagement Berührung, allgemein ein sehr gutes Händchen für Sprache, Inhalt und Stimmigkeit und konnte demzufolge sehr unvoreingenommen aber kritisch an unser Manuskript herangehen.

Die Steuerung der Termine nahmen wir anhand unseres Netzplans vor. Mir als Projektleitung kam dabei die Aufgabe zu, alle Vorgänge im Netzplan abzuhaken, die bereits vollständig abgeschlossen waren. Hatten sich Dauern bzw. Termine verändert, dann strich ich die Ursprungswerte durch und schrieb die aktuellen Zahlen händisch in einer anderen Farbe direkt daneben, sodass sie mir gleich ins Auge fallen konnten. Unter Berücksichtigung sowohl der freien Puffer als auch der Gesamtpuffer stellte sich mir dar, wie wir terminlich im Projekt unterwegs waren. Da ich den Netzplan in ausgedruckter Form im DIN-A3-Format in unserem Büro an einem magnetischen Whiteboard aufgehängt hatte, konnte ich die Vorgänge im Netzplan, die sich aktuell in Arbeit befanden, ganz pragmatisch mit kleinen Motivmagneten kennzeichnen und wusste somit immer, wo wir uns gerade im Verlauf unseres Buchprojekts befanden. Ich bin ein sehr großer Fan solcher »quick and dirty« Methoden (was in etwa »kurz und schmerzlos« bedeutet), denn warum sollen wir etwas komplizierter gestalten, als es eigentlich ist? Für viele Leser mag es überraschend sein, aber auch im Controlling gibt es viele Möglichkeiten, sehr pragmatisch an das Thema heranzugehen und auf sehr einprägsame Weise Projektsteuerung zu betreiben.

5.3 Quintessenz

Projektcontrolling hilft dabei, Projekte zum Erfolg zu führen, denn es überwacht die Abläufe und greift bei Abweichungen steuernd ein. Dabei ist es nicht ganz so wichtig, welche Methoden man dafür einsetzt, sondern dass es überhaupt gemacht wird, und zwar zu regelmäßigen, gleichmäßig über den Projektverlauf verteilten Stichtagen. Controlling muss dafür einfach sein und ohne viel Aufwand betrieben werden können. Denn was nützt die raffinierteste Methode, wenn sie niemand einsetzt, weil sie viel zu aufwendig ist oder keiner sie richtig versteht. Deshalb muss für jedes Projekt schon in der Definitionsphase festgelegt werden, wie viel Controlling überhaupt benötigt wird, wie und zu welchen Projektzeitpunkten gesteuert werden soll, wer dazu in der Lage ist und auch noch die nötige Zeit hat, um das zu tun. Außerdem ist es wichtig, festzulegen, wann welche Projektinformationen fließen müssen und wie das Projektberichtswesen aussehen soll. Um richtig entscheiden zu können, müssen Projektinformationen schnell verfügbar sein – wenn Sie relevante Informationen erst Wochen später erhalten, können Sie auch erst Wochen später die richtigen Steuerungsmaßnahmen auswählen – und dann ist es vielleicht schon zu spät. Stellen Sie sich vor, Sie wollen in einer fremden Stadt zu einem bestimmten Platz fahren und Ihr Navigationssystem würde Ihnen immer erst, wenn Sie bereits an einer Straße vorbeigefahren sind, sagen, dass Sie da hätten abfahren müssen. Würde Ihnen das etwas bringen?

In der Praxis gehen viele Projekte nicht deshalb schief, weil das Projektcontrolling zu falschen Maßnahmen geführt hat, sondern weil man wichtige Informationen viel zu spät erhalten hat oder das Projekt nicht – oder nicht in regelmäßigen Abständen –

»controlled« wurde. Wenn erst kurz vor dem Projektende, oder wenn das Projekt schon vor dem Abgrund steht, mit Controlling begonnen wird, braucht man sich nicht zu wundern, wenn es keine Möglichkeit mehr gibt, das Projekt korrekt abzuschließen. Wenn man jedoch schon sehr früh mit dem Controlling beginnt und bei den ersten kleinen Abweichungen steuernd eingreift – und natürlich auch kurz danach die Wirksamkeit der eingesetzten Maßnahmen überprüft – hat man gute Chancen, das Projekt über die ganze Projektdauer auf Kurs zu halten und so zum Erfolg zu führen.

5.4 Tools und Tipps

Ein wichtiger Tipp für die Steuerungsphase ist gleichermaßen simpel wie mächtig: Reden Sie keines Ihrer Projekte klein! Vermeiden Sie typische Fallen, wie schnelles Bearbeiten von Themen »zwischen Tür und Angel« oder etwas sehr grobschlächtig und »husch-fusch« anzugehen. Auch (und gerade!) kleine Projekte gehören von allen Projektbeteiligten ernst genommen. Jedes Projekt ist wichtig und die ernsthafte Auseinandersetzung mit allen Bereichen des Projekts ist von großer Bedeutung – unabhängig davon, wie lange das Projekt dauert. Wir sollten uns immer bewusst machen, dass das Projekt für unseren Kunden und Auftraggeber wichtig ist und es eine Frage des Respekts ist, ebenfalls diese Einstellung zum Projekt zu leben.

Ganz wichtig sind auch folgende vier Regeln:

1. Der wichtigste Tipp für ein erfolgreiches Controlling ist, es einfach zu tun.
2. Der zweitwichtigste Tipp ist, dafür zu sorgen, dass man zeitnah alle relevanten Projektinformationen erhält.
3. Controlling sollte möglichst wenig Aufwand erfordern.
4. Zurück zu Tipp 1 …

Impulsfragen für die Steuerungsphase

- Welche Regelmeetings und Kommunikationsinstrumente benötigen wir für die Teams und Gremien?
- Wie ermitteln wir den jeweiligen Ist-Zustand für Termine, Kosten, Leistung und Qualität?
- Wie steuern wir die Einhaltung unserer Ziele?
- Wie gehen wir mit Änderungen um bzw. wie handhaben wir unser Änderungsmanagement?
- Wie wirken sich etwaige Abweichungen bezüglich Termine, Kosten, Leistung und Qualität auf die Projektfertigstellung aus?
- Welche Informationen müssen wir wann an wen kommunizieren bzw. dokumentieren?

5.5 Interviews mit Projektmanagern

Carsten Mende

MF: Wie gelingt Ihnen die »Königsdisziplin Controlling«?

CM: Meine Projekte drehen sich auch um die Einführung neuer Software, um neue Prozesse. Natürlich messe ich hier auch viel, leite daraus etwas ab. Aber die wesentliche Stellschraube in Organisationsprojekten sind individuelle Verhaltensänderungen. Man spricht gern von der »grünen Wiese«, wenn etwas Neues eingeführt werden soll. Aber der Begriff verharmlost, dass Veränderungen immer bedeuten, dass da schon etwas ist, was wir umbauen oder abreißen, um Platz zu schaffen für etwas Neues. Was das fürs Controlling bedeutet? Mit dem Messen von Zahlen, Daten, Fakten gewinnt man keine Herzen. Und als Projektleiter sollten Sie aber genau das: andere Menschen für das Projekt gewinnen, damit sie die mit dem Projekt einhergehenden Veränderungen umsetzen. So wichtig viele Veränderungen im Rahmen von Projekten sind ... so muss man sich die Radikalität der Maßnahme für denjenigen vor Augen führen, der zur Veränderung etwas aufgeben muss. Lernen Sie, beide Rollen perfekt zu beherrschen: Kennzahlen definieren und verfolgen, die Ihnen helfen, mit dem Projekt auf Kurs zu bleiben. Und lernen Sie, die Perspektive aller Beteiligter zu verstehen und deren Bedürfnisse ernst zu nehmen.

Peter B. Taylor

MF: Wie beugen Sie Zeitdruck und Hektik zum Ende der Steuerungsphase vor? (Work-Life-Balance aller Projektbeteiligter? Oder eher Work-Life-Blending? Haben Sie Tipps?)

PBT: In meinem Buch »The Lazy Project Manager« (Projektmanagement für Faulenzer) spreche ich mich dafür aus, smarter zu arbeiten anstelle von härter zu arbeiten. Ich nenne das »produktives Faulenzen«.

Ich bin der Überzeugung, dass smarte Faulenzer anderen gegenüber im Vorteil sind und damit sehr dafür geeignet, Führungsrollen in Unternehmen und Organisationen zu übernehmen. In dem Buch geht es darum, diese ganzen Fähigkeiten in die Arbeit in Projekten zu übertragen.

Gerade zum Ende eines Projektes hin gibt es noch einmal richtig viel zu tun und Grundlage für den Erfolg ist, ein Hochleistungsteam aufzubauen, das als Team unschlagbar ist, gut und vertrauensvoll zusammenarbeitet und bei dem jeder dem anderen hilft, weil man gemeinsam einfach mehr schafft (gemäß der TEAM-Formel – together everyone achieves more – gemeinsam erreicht jeder mehr). Und genau dieses enge Teamwork sorgt dafür, dass es auch unter Druck funktioniert oder Probleme gut meistert.

Astrid Beger

MF: *Stichwort: Konfliktmanagement. Wie gehen Sie mit Konflikten um, die während der Projektdurchführung entstehen?*

AB: Wichtige Frage, »offen« ist die allgemeingültige Antwort. Offen, manchmal mit Theater. Es ist mir wichtig, Helden zu vermeiden. Was ich damit meine: Ein Projekterfolg ist der Erfolg des ganzen Teams. Nur einen Helden mit dem Erfolg zu schmücken ist Unsinn, wird noch viel zu oft gemacht, leider. Besonders bei Organisationsprojekten ist mir wichtig, regelmäßig zu betonen: Jede große Veränderung ist das Ergebnis einer sozialen Bewegung. Selten das eines einzelnen Menschen. Heldenfrei vorgehen zu wollen erlaubt, sich der Sache zu widmen und Stresskurven abzumildern. Konflikte entstehen oft, wenn das Projektteam seinen eigenen Handlungsrahmen schon über Gebühr ausgenutzt hat. Dann statte ich Konflikte gern mit einer Requisite aus. Die Requisite versachlicht, aber es ist nicht einfach, sich für eine passende Requisite zu entscheiden.
In einer existenzbedrohlichen Projektkrise habe ich eine bildhafte Requisite erstellt. Ich habe statt Krisenbericht einfach eine A4-Seite mit einem Wachsmalstift komplett rot angemalt. Mit diesem Papier ging ich zum Marketing-Chef und bat: Mal mir einen blauen Fisch auf das Blatt. Vor dem Lenkungsausschuss ging ich mit dem Papier zu einer Führungskraft, die ein Meinungsführer war. Still legte ich das Blatt auf den Tisch, und sagte nach einer Weile »*This is a small fish in a big sea*«. Der Meinungsführer überlegte, fragte dann, warum die See rot sei. Ich zuckte die Achseln und gab mir Mühe die Stille auszuhalten. Er sagte: Es ist nicht gut, wenn das Wasser rot ist, um welches Thema geht es? Ich stimmte zu und nannte das Risiko. Es hat geklappt. Wir im Team bekamen plötzlich eine Verschiebung des Lenkungsausschusses, und dann trudelte »von oben« eine Lösung rein.

MF: *Wie gelingt Ihnen die »Königsdisziplin Controlling«?*

AB: Ich bin Generalist, führe gern, und kann große Dinge. Ich kann mit Unsicherheit umgehen. Was ich nicht kann, ist das detaillierte Controlling für die internen Projektbelange und das projektexterne Reporting perfekt zu machen. Das bedeutet: Die Königsdisziplin gelingt mir nur im Team. Meine Führung geht nach dem vertrauensbasierten »Prima Inter Pares«-Prinzip (d. h. »Erste/r unter Gleichen«). Das Controlling muss im gesamten Team Akzeptanz finden und von einer oder zwei Personen über die gesamte Strecke im Blick behalten werden. Vier-Augen-Prinzip finde ich unerlässlich, am Ende bin ich doch nur ein Hamburger Kaufmann. Wenn ich das Projekt leite, brauche ich mindestens ein weiteres Augenpaar, das den Überblick behält. Controlling gelingt nur gemeinsam. Daily hack: Die Dreipunktmessung und das Fishbone-Diagramm nutze ich gern und oft. Team hack: Mit dem Team arbeite ich nach dem **Riemann-Thomann-Modell** (Distanz, Nähe, Dauer, Wechsel), um Rollen und das Projektcontrolling gut zu verankern.

Felix Mühlschlegel

MF: Wie beugen Sie Zeitdruck und Hektik zum Ende der Steuerungsphase vor? (Work-Life-Balance aller Projektbeteiligter? Oder eher Work-Life-Blending? Haben Sie Tipps?)

FM: Es ist eine Mischung aus *das Richtige tun* und das auch nach außen so zu zeigen, aber wenn es um Verkaufszahlen und zu erreichende Ziele geht, dann bleibt das ganz schnell außen vor. Was ich damit sagen will, ist, dass wir flexible Arbeitszeiten bekommen und es uns sogar nahegelegt wird, dass wir an heißen Freitagnachmittagen im Sommer nicht zur Arbeit kommen sollen ... aber wir sind nach wie vor bis Oberkante Unterlippe mit Arbeit durchgetaktet. Es gibt immer wieder längere Einstellungsstopphasen, und wir schaffen es fast nie, dass wir einen nahtlosen Übergang haben, wenn ein Mitarbeiter geht und bis der neue Mitarbeiter kommt und diese konstante Überlastung der Teams lässt aus den ganzen Lippenbekenntnissen eine Farce werden.

Sebastian Wächter

MF: Veränderungsmanagement hat immer etwas mit Widerstand zu tun und sorgt oftmals für Konflikte während der Projektdurchführung. Wie gehen Sie damit um?

SW: Zunächst einmal müssen wir herausfinden, was der wahre Grund für den Widerstand ist. Ist er fachlich bedingt? Oder geht es um Emotionen? Herrscht vielleicht eine große Unsicherheit? Menschen haben fünf emotionale Grundbedürfnisse. Wenn mindestens eines davon unbefriedigt ist, erzeugt das automatisch Widerstand. Jetzt kommt es darauf an, richtig damit umzugehen und den Widerstand ernst zu nehmen. Einzelgespräche sind hier immens hilfreich, denn oftmals geht es auch um Angst vor Gesichtsverlust oder um sehr persönliche Themen. Wir müssen herausfinden, was der Einzelne braucht. Am besten aber nicht erst Konfliktmanagement betreiben, wenn das Kind schon sprichwörtlich in den Brunnen gefallen ist, sondern schon im Vorfeld zu einem Change Projekt einen Profi an Bord holen. Denn wenn der Berater erst dann geholt wird, wenn der Widerstand schon da ist und die Konflikte offen ausgetragen werden, dann ist es zu spät. Je früher wir anfangen, Konfliktpotenzial auszuloten und mögliche Gründe für Widerstände herauszufinden, desto besser werden wir den Change umsetzen können und desto größer wird die Akzeptanz der gesamten Mannschaft sein. Mir ist in meinen Beratungsprojekten immer extrem wichtig, gleich von Anfang an in den Prozess involviert zu sein. Dann habe ich die Chance, für die richtigen Kommunikationskanäle zu sorgen und kann dabei unterstützen, dass die emotionalen Grundbedürfnisse thematisiert werden.

Michael Künnell

MF: Wie beugen Sie Zeitdruck und Hektik zum Ende der Steuerungsphase vor? (Work-Life-Balance aller Projektbeteiligter? Oder eher Work-Life-Blending? Haben Sie Tipps?)

MK: Damit das mit der Work-Life-Balance klappt, muss es eine proaktive, vorausschauende Steuerung geben. Der Projektleiter ist hier der Steuermann. Er ist sprichwörtlich für die Schiffsführung und die Navigation zuständig.

MF: Wie gelingt Ihnen die »Königsdisziplin Controlling«?

MK: Durch einen unabhängigen Projektcontroller, der dann selbst den Projektleiter an der einen oder anderen Stelle herausfordert. Ein Controller muss zwei Dinge beherrschen, sonst verliert er – zum einen die Leute mitnehmen auf seine Reise. Und zum anderen braucht er ein Mindestverständnis vom Geschäft, denn als Controller jongliere ich nicht nur mit Daten, Zahlen, Fakten, sondern ich brauche ein Gespür fürs Business und für die Story hinter den Zahlen. Zahlen sind nur ein System, auf das wir uns weltweit geeinigt haben, um Storys darzustellen. Hinter jeder Zahl steckt ein Produkt, ein Kunde – eine Story. Ich muss als Controller die Menschen mitnehmen in diese Story. Die Zielsetzung muss klar sein – und begründet und verstanden werden. Das ist einerseits eine Frage der Empathie und andererseits geht es darum, Menschen dazu zu bewegen, Verhaltensänderungen zu erwirken. Ich muss mich in meinen Themen auskennen und die Menschen an die Hand nehmen können, damit wir Schritt für Schritt dahin kommen, wo wir hinmüssen.

Daniel Laufs

MF: Stichwort: Konfliktmanagement. Wie gehen Sie mit Konflikten um, die während der Projektdurchführung entstehen?

DL: Wir müssen bei CAPTN ja auch immer nach außen vertreten, dass wir ein Innovations- und Ökosystem sind. Wir haben Kollaborationen mit Industrie, Wirtschaft und der Gesellschaft – da hilft es schon, dass von vornherein alle zumeist eine positive Grundeinstellung und ein Wir-Gefühl haben. Aber wir suchen auch ganz gezielt die Diskussion mit allen Beteiligten, gerade auch mit den Bürgern. Und da gibt es schon das eine oder andere Konfliktpotenzial. Was aber auch gut und gesund ist! Unterschiedliche Kreativ-Techniken helfen hier – wenn die Leute vieles selbst gestalten und mitmachen können. Das begeistert und hilft, die Konflikte niedrig zu halten. Es gibt aber natürlich mitunter auch etwas größere Konflikte, wenn z. B. ein Foto zu früh veröffentlicht wurde o. Ä. Da muss dann das Steuerungsgremium in Aktion treten und sich einklinken. Gerade bei flachen Hierarchien gibt es häufiger mal Konflikte, weil die Leute denken, flache Hierarchie bedeutet, sie können komplett alles frei entscheiden und machen, was sie wollen, ohne sich vorher mit jemandem abzustimmen. So funktioniert das natürlich nicht. Da muss es dann die entsprechenden Gespräche geben und manchmal auch Schadensbegrenzung erfolgen. Aber im Grunde haben wir es bei CAPTN sehr gut – unsere Themen finden alle sehr spannend und inspirierend, von daher haben wir nicht allzu viele Konflikte. Bislang …

Thor Möller

MF: Wie gelingt Ihnen die »Königsdisziplin Controlling«?

TM: Ich liebe die *Earned Value Analyse* in Kombination mit der 50:50-Technik bei der Fortschrittsgradermittlung. Die EVA wird leider bei uns in Europa gar nicht so oft genutzt, dabei bildet sie doch auf wunderbare Weise alle Parameter unseres magischen Dreiecks ab. Wichtig ist, nicht nur eine Earned Value Analyse zu machen, sondern auch eine Earned Value Prognose. Den Fortschrittsgrad messe ich immer mit der 50:50-Technik, dann errechne ich den Fertigstellungswert und bin wieder bei der EVA. Funktioniert gut, wenn ich mehr als 5 oder 6 Aufgaben in Bearbeitung habe. Das lässt sich dann auch sehr gut visualisieren. In Deutschland nutzen wir häufig die Kosten-Trend-Analyse, aber die Formeln für so eine KTA sind meiner Meinung nach leider nicht wirklich pragmatisch oder praxisgerecht… Gutes Controlling schaut in die Zukunft und steuert sie! Ja, der Blick in die Vergangenheit ist wichtig, aber der Fokus muss sein, nach VORNE zu schauen. Deshalb ist auch das magische Dreieck von zentraler Bedeutung im Controlling – d. h., wie viel Geld habe ich noch in meinem Projekt? Wie viel Zeit habe ich noch? Ergänzend bin ich auch ein großer Fan von Kanban-Boards, wenn man denn auch wirklich ihr Potenzial nutzt. Ein Kanban-Board ist mehr als nur die berühmten drei Spalten to do/in progress/done, sondern Kanban richtig anwenden und ein richtiges, passendes Board erstellen hilft uns dabei, wirklich einen guten Überblick über das gesamte Projekt zu bekommen. Um die Königsdisziplin Controlling also wirklich zu meistern, müssen wir die Quintessenz aus vielen Methoden nutzen, dann klappt es.

Tobias Rohrbach

MF: Wie gelingt Ihnen die »Königsdisziplin Controlling«?

TR: Genauso, wie ich auch ein Unternehmenscontrolling aufbaue – ganz einfach und sauber. Excel ist hierbei hilfreich und cool. Ich muss alles sauber durchstrukturieren. Dabei sind mir drei Punkte sehr wichtig: 1.) Planung 2.) Ist-Zahlen (monatlich!) und 3.) Forecast (also viel detaillierter als die Planung). Ich brauche zudem immer Zugriff auf ALLE Zahlen. Alles muss konkret sein und verbindlich – mit entsprechenden Verantwortlichen, die den Hut aufhaben. Controlling ist eine pure Fleißarbeit. Ich sage immer: »Controlling und Zahlen sind die einzige Wahrheit – im Unternehmen genauso wie in den Projekten.« Wenn hier keine Transparenz ist, kann ich nichts steuern.

René Windus

MF: *Wie beugen Sie Zeitdruck und Hektik zum Ende der Steuerungsphase vor?*

RW: Zeitdruck und Hektik kurz vor dem Go-Live im Projekt kann schon mal passieren. Je besser ich aber im Vorfeld plane, desto weniger Überraschungen erlebe ich. Viel Chaos lässt sich minimieren, wenn wir im Vorfeld das Go-Live gründlich planen und uns darauf einstellen. Wenn dann doch mal was kommt – da müssen wir dann als Projektteam durch. Als Projektleiter hilft mir hier viel Empathie und ein gutes Verhältnis zum Team. Wenn Chaos die Ausnahme ist, dann ist es okay. Das kommt vor – und da müssen dann alle durch. Es darf aber nicht die Regel sein. Der Projektleiter muss aber natürlich auch vorangehen und dabei sein. Und motivieren – also mal eine Pizza bestellen oder den nächsten Burgerladen leerkaufen, wenn es eine lange Nacht wird. Motivation gelingt aber nur, wenn Zeitdruck und Hektik begrenzt sind ... Es muss alles sauber gestartet werden – und das geht nur mit einer sauberen Auftragsklärung. Und wir müssen häufig alles hinterfragen, viel kommunizieren und uns kontinuierlich austauschen.

Stefanie Gries

MF: *Wie gelingt Ihnen die »Königsdisziplin Controlling«?*

SG: Die Formel lautet wohl »Jira + Excel + Vertrauen«. Wir haben Vertrauensarbeitszeit und so halte ich es auch in den Projekten, wenn zum Beispiel Zeiten gebucht werden. Dass die Zeiten dann bei den richtigen Themen landen, da unterstützen mich die Doku und die Tools.

Olaf Piper

MF: *Wie beugen Sie Zeitdruck und Hektik zum Ende der Steuerungsphase vor? (Work-Life-Balance aller Projektbeteiligter? Oder eher Work-Life-Blending? Haben Sie Tipps?)*

OP: Ich bin mir nicht sicher, ob dieser Druck zum Ende nicht sogar positiv zu sehen ist. Wenn man immer in voller Entspannung unterwegs ist, verliert man ggf. den Fokus und vielleicht auch das Commitment. Meine Erfahrung ist, dass ein gewisser Druck auch den Fokus auf das nahende Ziel erhöht. Die Kunst liegt sicherlich darin, den Druck nicht so hoch werden zu lassen, dass er in Resignation mündet. Ich denke, ein Weg aus diesem Problem ist ein Teamansatz. Im Team lässt sich vieles besser handhaben, aushalten und durchstehen. Außerdem kann man sich gegenseitig helfen. Persönlich bin ich ein Fan von Work-Life-Blending, denn es gibt mir beispielsweise die Freiheit, eine Phase der Überlastung oder mangelnder Produktivität zu unterbrechen und in einem Moment besserer Entspannung (bei mir ist das oft abends) nochmals einen Lösungsversuch zu starten.

6 Abschlussphase

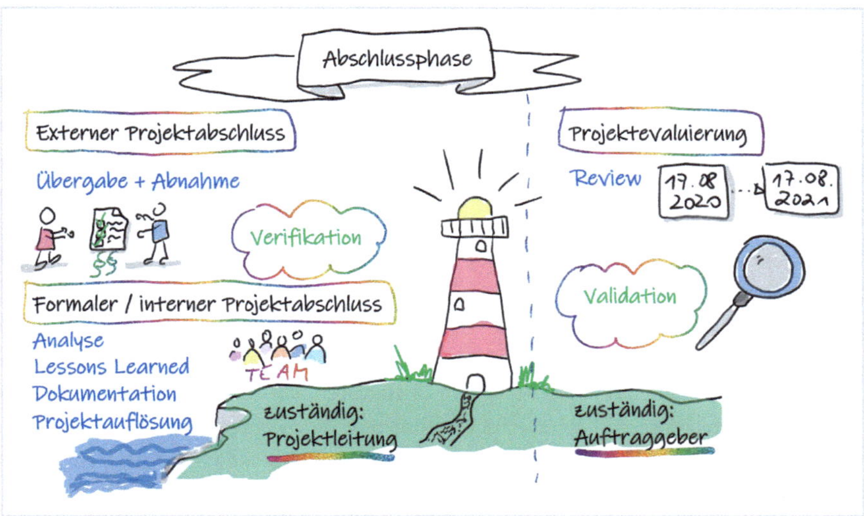

Abbildung 14: Übersichtsbild Abschlussphase

6.1 Grundlagen

Jede Projektreise hat zum Ziel, nach Möglichkeit mit dem Projektsegelboot irgendwann in den sicheren Hafen einzulaufen und nach erfolgreicher Fahrt über zum Teil stürmische Meere wieder sprichwörtlich festen Boden unter den Füßen zu haben und von Bord gehen zu dürfen. Die **Abschlussphase** eines Projekts ist noch einmal eine sehr anspruchsvolle und spannende Phase, da wir es hier zum einen mit unterschiedlichen Formen der Projektabnahme zu tun haben, bei denen wir uns u. a. mit einer Vielfalt von rechtlichen Rahmenbedingungen und **Rechtsfolgen** auseinanderzusetzen haben und es zum anderen auch auf zwischenmenschlicher Ebene in der Adjourning-Phase nach Tuckman mit der einen oder anderen Hürde zu tun bekommen. Der Projektabschluss stellt die letzte Phase im Projektmanagement dar und kommt in Gestalt von drei unterschiedliche Arten von Projektabschlüssen daher, die allesamt wichtig sind und entsprechend Beachtung finden.

Hinweis: Erklärung Teamphasen nach Tuckman und einiges mehr finden sich im Kapitel Softskills im Projektmanagement (vgl. Kap. 8.1.5).

6.1.1 Externer Projektabschluss

Der erste, wichtige Projektabschluss ist der **externe Projektabschluss**, bei dem der Projektgegenstand dem Auftraggeber übergeben wird (d. h. alle **Lieferobjekte**) und von ihm auf Herz und Nieren geprüft werden muss, um (hoffentlich) eine Projektabnahme zu erwirken. Bei der Projektübergabe treffen sich Vertreter des Auftraggebers und Vertreter des Auftragnehmers zur Durchführung einer Abnahmeprüfung. Die Parteien überprüfen hierbei zum einen, was bei der Projektbeauftragung vertraglich vereinbart wurde und zum anderen wird eine Überprüfung der Ergebnisse aller vereinbarten Ziele (also Termin-, Kosten-, Leistungsziele und Qualität) anhand von definierten **Abnahmekriterien** durchgeführt. Es stellt sich die Frage nach der **Verifikation** bzw. dem Abwicklungserfolg, d. h. danach, ob das Projekt bzw. Produkt richtig gemacht wurde, ob alle Spezifikationen ordnungsgemäß berücksichtigt werden konnten und die Abnahmekriterien gemäß Vorgaben erfüllt wurden. Auftraggebervertreter und Auftragnehmervertreter überprüfen anhand von Checklisten, vordefinierten Testmethoden oder Prüfprotokollen, wie es um die Qualität des Projektgegenstandes bestellt ist, und protokollieren den Abnahmeprüfvorgang. Die erfolgreiche Abnahme wird datiert und mit den Unterschriften der Verantwortlichen rechtskräftig bestätigt.

Die Projektabnahme bewirkt unterschiedliche Rechtsfolgen:

1. **Gefahrenübergang** zurück an den Auftraggeber
2. **Eigentumsübertragung** (auch Übereignung genannt) an den Auftraggeber
3. Beginn der **Gewährleistung** (nach sechs Monaten: **Beweislastumkehr**)
4. Verpflichtung zur Zahlung seitens des Auftraggebers

Sofern im Projektvertrag **Konventionalstrafen** vereinbart wurden bei Nichterfüllung z. B. von Terminzielen, so können etwaige bei der Projektübergabe festgestellte Terminverzögerungen finanzielle Folgen haben und den Auftragnehmer zur Zahlung der vertraglich vereinbarten Geldbeträge verpflichten.

6.1.2 Interner Projektabschluss

Als zweiter wichtiger Projektabschluss gilt der **interne (geordnete bzw. formale) Projektabschluss.** Nachdem der Projektgegenstand bzw. unser Produkt vom Auftraggeber erfolgreich abgenommen wurde, geht es nun darum, das Projekt vollständig und strukturiert abzuschließen. Zunächst einmal setzt sich das Projektteam zu einer **Projektabschlussanalyse** zusammen und lässt den gesamten Projektverlauf mit allen Höhen und Tiefen noch einmal Revue passieren. Es geht um die **Erfahrungssicherung**, die **Lessons Learned**, und das Projektteam stellt sich die Frage, was lief im Projekt gut und warum bzw. was lief eben nicht gut – und warum nicht? Es ist an dieser Stelle sinnvoll, möglichst viel aus dem soeben abgeschlossenen Projekt für zukünftige Projekte zu lernen und z. B. wichtige Erkenntnisse in eine Wissensdatenbank zu übertragen, um sie auch anderen Personen in der Organisation oder im Unternehmen zugänglich zu machen. Eventuell wurden für das aktuelle Projekt neue Formatvorlagen kreiert oder pragmatische Checklisten erstellt, die nachfolgenden Projekten ebenfalls gute Dienste leisten könnten. Möglicherweise sind im Verlauf der Projektarbeit Ideen entwickelt worden, welche Methoden zukünftig ausprobiert werden sollten oder die Sammlung an firmeninternen Tricks und Kniffen wurde um innovative Ideen erweitert.

Der interne Projektabschluss beinhaltet in einigen Fällen auch Nachkalkulationen oder Wirtschaftlichkeitsberechnungen, Abweichungsanalysen oder die Schaffung neuer KPI (*Key Performance Indicators*; betriebliche Kennzahlen). Möglicherweise beinhaltet diese zweite Projektabschlussart auch eine Kundenbefragung oder eine offizielle, schriftlich festgehaltene Feedbackrunde der wichtigen Stakeholder.

Es ist sinnvoll und wichtig, für jedes Projekt eine offizielle Abschlussdokumentation zu erstellen, um den Projektverlauf zu sichern. Dazu gehört zum einen der Abschlussbericht und möglicherweise eine Abschlusspräsentation der Projektergebnisse. Im Team werden die restlichen Aufgaben verteilt, es wird dafür Sorge getragen, dass das Projekthandbuch vollständig ist, alle Unterlagen in der Projektakte ordnungsgemäß archiviert werden und sich ggf. um Dinge gekümmert wird, wie das Aufräumen der Projekträume, das Auffüllen aller Materialien für nachfolgende Projektteams (die z. B. Design Thinking oder andere Kreativitätstechniken während ihrer Projektarbeit anwenden und hierfür eine Vielzahl an Materialien und Sachmitteln benötigen). Im Nachgang zur Abschlussdokumentation werden dann noch die Projektkostenstelle und offene Buchungskonten bzw. Kostenträger offiziell geschlossen, sodass keine weiteren Buchungen in Zusammenhang mit dem Projekt erfolgen können. Nun werden auch die anfallenden Restaufgaben verteilt. In einer Abschlusssitzung werden die Projektleitung und das Projektteam formell entlastet und dies nachfolgend auch dokumentiert, d. h. die entlasteten Personen haben ab diesem Zeitpunkt offiziell nichts mehr mit dem Projekt zu tun und den Kopf frei für Neues.

Auf zwischenmenschlicher Ebene ist der interne Projektabschluss eine mitunter noch einmal recht turbulente Zeit, denn zum einen sind möglicherweise bereits nicht mehr alle Projektteammitglieder an Bord, sondern wurden bereits in neue Projekte abgezogen. Zum anderen fühlt es sich je nach Dauer des Projektes eventuell ein wenig seltsam an und die Tatsache, dass eine gemeinsame Reise nun zu Ende geht, ist mit Emotionen unterschiedlichster Art verbunden. Umso wichtiger ist es, dass der interne Projektabschluss nicht nur aus formaljuristischer Sicht sauber erfolgt und durchgezogen wird, sondern es ist auch wichtig, entsprechende Abschlussrituale zu pflegen wie z. B. den Projekterfolg zu feiern und bewusst noch einmal Zeit mit dem Team zu verbringen.

Für die ersten beiden Projektabschlussarten ist die Projektleitung verantwortlich.

6.1.3 Projektreview

Es gibt noch einen dritten Projektabschluss, der Projektreview bzw. die Projektevaluierung. Dieser findet zeitversetzt statt, nachdem z. B. ein paar Monate oder auch ein Jahr ins Land gegangen sind. Der Teilnehmerkreis des Projektreviews ist allerdings ein anderer, als bei den beiden ersten Projektabschlüssen, denn die Projektevaluierung wird vom Auftraggeber durchgeführt, um zu sehen, ob das Projekt auch wirklich geeignet war und ihm den erwarteten Nutzen gebracht hat. Gibt es ein Steuerungsgremium wie z. B. ein **PMO (Projektmanagement Office)**, setzt sich dieses mit dem einen oder anderen Thema bezüglich des Projektnutzens auseinander. Die generelle Fragestellung beim Projektreview ist die Frage nach dem Anwendungserfolg, der **Validierung**. Sehr häufig geht es bei diesem dritten Projektabschluss um strategische Fragestellungen, deren Beantwortung Aufschluss darüber geben soll, ob es auch zukünftig weitere Projekte in diese Richtung geben sollte oder ob in puncto Projektportfolio möglicherweise an der einen oder anderen Stellschraube gedreht werden könnte.

Beim Anwendungserfolg im Rahmen des Projektreviews geht es darum, den nachweisbaren Nutzen auf den Prüfstand zu stellen, zu thematisieren, wie es mit dem gedeckten Bedarf aussieht, ob wir eine nachhaltige Nutzerzufriedenheit erwirken konnten und wie ganz allgemein Aufwand und Nutzen zueinander in Relation stehen. Oder einfach ausgedrückt: »Haben wir das richtige Produkt bzw. Projekt gemacht?«

6.2 Praxisbeispiel

An dieser Stelle im Praxisbeispiel antizipieren wir die nachfolgenden Schritte und Handlungen, da ab hier alles erst noch stattfinden wird und in der Zukunft spielt. Um aber dennoch praxisnah zu bleiben und Ihnen als Leser konkrete, nachvollziehbare Beispiele an die Hand zu geben, ist es uns wichtig, das begonnene Praxisbeispiel bis zum Schluss durchzuspielen.

Unser Buchprojekt findet den ***externen Projektabschluss*** *darin, dass uns zum einen unsere Produktmanagerin die finalen Versionen von »Projektmanagement verstehen. Praxisnahe Tipps für die Arbeit in Projekten« als E-Book in Deutsch und Englisch per E-Mail zur Verfügung stellen wird und zum anderen, dass wir die gedruckten Bücher in Händen halten.*

Zur Auslieferung unseres Buches vereinbaren wir einen Termin mit der Spedition und klären die Modalitäten der Anlieferung. Wenn alles nach Plan läuft – und davon ist selbstverständlich auszugehen! – blicken Mathias und ich wenige Tage vor dem offiziellen Publikationsdatum voller Stolz auf mehrere Paletten unseres wunderbaren Erstlingswerkes.

Aus formaljuristischer Sicht gibt es hierbei zwar kein offizielles Abnahmeprotokoll im eigentlichen Sinne, aber natürlich gilt es, den entsprechenden Lieferschein zu prüfen und zu unterschreiben, nachdem wir uns davon überzeugen können, dass alle Angaben stimmen.

Unser ***interner (formaler) Projektabschluss*** *besteht darin, dass wir uns im heimischen Esszimmer bei mehreren Cappuccinos (die »Italienerin in mir« möchte hier natürlich gerne Cappuccini schreiben!) in Ruhe und Ausführlichkeit darüber austauschen, wie unser Projekt gelaufen ist, was wir beide als Learnings aus der Arbeit, ein Buch zu schreiben, für uns mitnehmen würden – beruflich, wie privat – und unseren Erfolg als frischgebackene PM-Buchautoren zu feiern und stolz auf unser Werk zu sein. Natürlich werden wir uns auch mit unserem Produktmanagementteam treffen, um auf die gemeinsame Arbeit anzustoßen, unseren Erfolg zu würdigen, alles noch einmal Revue passieren zu lassen und zu feiern.*

Als Projektleiterin führe ich über den gesamten Projektverlauf hinweg ein schwarzes DIN A5 Notizbuch (mein liebevoll und mit Augenzwinkern genanntes »Buch der Bücher«), in das ich mir fortwährend Gedanken zum Buch, zu den einzelnen Projektphasen, zu konkreten Erfahrungen etc. mache, und welches mir für die Erstellung der Abschlussdokumentation wunderbare Dienste leistet.

Da wir kein wirkliches Projektteam haben, um das es sich nach Beendigung unseres Buchprojekts zu kümmern gilt, werden wir in puncto ***Projektauflösung*** *bzw. Teamentlastung wenig zu tun haben und bald wird bei uns Autoren das jeweilige Hauptgeschäft wieder im Schwerpunktfokus stehen. Unser Produktmanagementteam wird bereits kurz vor dem Launch des Buches (Vorgang 1.6.6) damit beginnen, gezielte Werbeaktionen in die Wege zu leiten, Anzeigen für unser PM-Buch in namhaften Fachzeitschriften zu schalten und online wie offline kräftig die Werbetrommel für unser Werk rühren. Es liegt auf der Hand, dass die Vorgänge »Werbung« (1.6.2) und »Ankündigungen auf Social Media« (1.6.5) im Nachgang noch die eine oder andere Aktivität von unserer Seite aus erfordern werden.*

Lassen Sie uns in unserer Rolle als Auftraggeber über den Projektnutzen reden – also den Grund, warum wir quasi keine Kosten und Mühen gescheut haben bzw. scheuen werden, um dieses Buch zu publizieren!

Wir definieren für uns als Erfolg, durch unser Buch bekannter zu werden, unsere Sichtbarkeit zu erhöhen, als Trainer, Projektbegleiter und Coaches bekannter zu werden und weitere Anerkennung als Experten auf dem Gebiet Projektmanagement zu finden. Viele Leser sollen unser Buch kaufen, mehr über PM wissen wollen und Kontakt zu uns aufnehmen, um uns für Trainings, Workshops und Coachings zu buchen.

Nun können wir nach Beendigung eines Projektes zunächst einmal lediglich überprüfen, wie es um den Abwicklungserfolg bestellt ist. Doch natürlich geht es auch darum, zu einem Zeitpunkt weit nach Beendigung des Projektes in einem Projektreview bzw. einer Projektanalyse den Anwendungserfolg zu überprüfen. Wie könnte es also weitergehen, nachdem unser Buch erfolgreich publiziert wurde? Natürlich haben wir als Autorenteam in unserer Funktion als Auftraggeber weder eine Glaskugel noch können wir treffsichere Aussagen über die Zukunft machen. Deshalb an dieser Stelle ein paar hypothetische Gedanken zu einem »was bisher geschah«:

- *Auf mindestens einem zukünftigen PM-Forum der GPM (Deutsche Gesellschaft für Projektmanagement e. V.) treten wir als Autorenteam mit einem projektmanagementrelevanten Vortrag oder Workshopthema in Erscheinung und werden als Referenten gebucht.*
- *Wir werden zu mehreren interessanten Podcasts eingeladen und geben einem interessierten Publikum spannende Einblicke in die Arbeit von Projektschaffenden.*
- *Wir schreiben mehrere Fachartikel, die in renommierten Fachzeitschriften und PM-Foren veröffentlicht werden.*
- *Unser Buch wird bei den ATP der GPM (den autorisierten Trainingspartnern) nicht nur bekannt, sondern auch beliebt und deshalb in die Liste der offiziellen Unterrichtsmaterialien aufgenommen.*
- *Unser Werk dient der Lutz und Grub AG als ergänzendes Unterrichtsmaterial zum Thema Projektmanagement im LMS-System (einer Online-Plattform zur Durchführung von Schulungen nach* ***Adaptive Growing***® *Methoden).*

Mathias und ich sind als Autoren davon überzeugt, dass wir in ein bis zwei Jahren folgendes Fazit für uns treffen werden: Ja, es war absolut richtig

a) *ein Buch zu schreiben,*
b) *es vom Haufe Verlag publizieren zu lassen, und*
c) *als Autoren weiter am Ball zu bleiben und in unseren Herzensthemen weitere Fachartikel und Bücher zu veröffentlichen.*

6.3 Quintessenz

Es gehört zu gutem und vor allem professionellem Projektmanagement dazu, der Abschlussphase sowohl inhaltlich als auch emotional auf zwischenmenschlicher Ebene Tribut zu zollen und sich mit allen drei Projektabschlussarten zu befassen. In dieser Phase schließt sich der Kreis der bekannten Projektmanagementweisheit: »Sage mir, wie dein Projekt beginnt und ich sage dir, wie es endet!«, denn leben wir in unseren Projekten echtes und wahrhaftiges Projektmanagement, so werden wir sie erfolgreich ins Ziel führen. Dabei ist ein guter und valider Projektabschluss längst nicht nur die Vervollständigung der für viele Projektbeteiligte leider immer noch als lästig angesehenen Dokumentation. Es geht um wesentlich mehr als um einen nur widerwillig verfassten Abschlussbericht oder um aufoktroyierte Retrospektiven.

Bei einem guten Projektabschluss geht es vielmehr darum, sein Projektteam und sich selbst kontinuierlich weiterzuentwickeln, gemeinsam zu wachsen und aus jedem Projekt sein ganz persönliches Fazit zu ziehen. Als Bruce Wayne Tuckman in den 60er bzw. 70er Jahren die Erkenntnisse zu seiner bekannten Teamuhr gewann, legte er in einem ersten Anlauf keinen besonderen Wert auf den Projektabschluss, sodass sich der US-amerikanische Psychologe und Wissenschaftler zunächst lediglich mit vier Teamphasen auseinandersetzte. Doch je mehr ihm bewusst wurde, dass ein Team gerade zum Ende eines Projektes hin sowohl emotional als auch operativ an unterschiedlichen Fronten kämpft, desto wichtiger war es Tuckman, seiner Teamuhr eine fünfte Phase hinzuzufügen – in Gestalt der Adjourning- bzw. Auflösungsphase.

Ein Projekt ist per se zeitlich begrenzt, der definierte Anfang sowie das definierte Ende ist damit gesetzt. Und erst, wenn ein Projekt vollständig abgeschlossen ist, sind wir Projektschaffenden in der Lage, dieses Projekt zu bewerten und eine Aussage darüber zu treffen, inwieweit das Projekt erfolgreich war, sowohl, was den Abwicklungserfolg als auch zeitverzögert den Anwendungserfolg betrifft. Ein professioneller Projektabschluss ist wichtig, damit am Ende nicht einfach »alle sang- und klanglos auseinanderlaufen« oder aber das Projekt gar nicht erst ein ordentliches Ende für sich verzeichnen kann. Eine solide, professionell choreografierte Projektabschlussphase kann für die Gewinnung von Nachfolgeprojekten entscheidend sein. Das Reflektieren über das Projekt als solches, über die eigene Teamrolle, über sowohl positive als auch negative Erfahrungen während der Projektarbeit spielen eine wichtige Rolle für den Umgang mit zukünftigen Projekten.

6.4 Tools und Tipps

Um einen guten, aussagekräftigen Projektabschlussbericht zu verfassen, können wir uns an folgenden Inhalten orientieren:

- Informationen über die vorgegebenen Projektziele und vertraglich formulierten Projektinhalte
- Informationen über Aufwände und Kosten im Projekt
- Ein aussagekräftiger Soll/Ist-Vergleich bezüglich eingesetzter Ressourcen, der Leistung bzw. Qualität und der benötigten Zeit- bzw. Terminschiene
- Lessons Learned für zukünftige Projekte inklusive Vorschlägen für Formularvorlagen, Einträgen in die Wissensdatenbank der Organisation bzw. des Unternehmens oder vorbereiteter, praxisnaher Checklisten, mit der sich zukünftige Projektteams leichter tun werden
- Eine Gesamtbeurteilung des Projekts mit allen Projektergebnissen

- Sachlich-konstruktive (aber ehrliche!) Auseinandersetzung mit sowohl internen als auch externen Störfaktoren inklusive eines **Feedbacks**, wie es um die Zusammenarbeit innerhalb des Projektkernteams sowie des erweiterten Projektteams bestellt war
- Wünschenswert ist eine aussagekräftige Rückmeldung seitens des Auftraggebers, wie er mit der Arbeit im Projekt und mit dem Projektverlauf insgesamt zufrieden ist.
- Unter Umständen ist es sinnvoll, das Projekt mittels einer **SWOT-Analyse** gegenüber seiner Mitbewerber zu positionieren und einzuordnen.

Es ist zudem empfehlenswert, eine offizielle Projektabschlusspräsentation vor ausgewählten Stakeholdern vorzuführen, vorausgesetzt, es handelt sich hierbei nicht etwa um betreutes Lesen und dem stupiden Durchklicken durch Hunderte von Präsentationsfolien. Aber eine durchdachte, pfiffige Abschlusspräsentation kann ein nicht zu unterschätzendes Marketinginstrument sein, das Wege für neue Projekte ebnet.

Wichtig ist, ein Projekt auch auf sozialer Ebene wertschätzend und bewusst zu beenden. Von daher lohnt sich die Investition in ein Abschlussevent für das gesamte Projektteam und relevante Stakeholder. In der Praxis hat sich bewährt, hier auch mal andere und kreative Wege zu gehen, damit das Projekt positiv im Gedächtnis bleibt. »Kleine Geschenke erhalten die Freundschaft«, sagt bereits der Volksmund – und in dieser Weisheit steckt mehr als nur ein Körnchen Wahrheit. Manche Projektteams kreieren für die gesamte Mannschaft am Ende eines erfolgreich gestemmten Projektes coole T-Shirts, lassen sich kleine Projektpokale erstellen oder finden für sich ein ganz eigenes, kleines Symbol, das jedes Teammitglied während des Abschlussevents von der Projektleitung feierlich verliehen bekommt – um nur einige Ideen zu nennen. Solche vermeintlichen Kleinigkeiten steigern die Motivation aller Beteiligten und machen Lust auf nachfolgende, neue Projekte.

Nutzen Sie den Aufbau von Wissensdatenbanken in Ihrer Organisation bzw. Ihrem Unternehmen und gestalten Sie diese so, dass Ihre Mitarbeiter gerne darauf zugreifen. Eine solide Wissensdatenbank ist Gold wert und leistet für laufende und nachfolgende Projekte wertvolle Dienste. Leider werden solche wunderbaren Tools in der Praxis oft stiefkindlich behandelt und nicht annähernd so oft benutzt, wie es womöglich dem Projekterfolg zuträglich wäre. Das liegt häufig daran, dass sich im Vorfeld nicht genau und gut genug Gedanken darüber gemacht wird, welche Informationen, Dokumente, Vorlagen, Best-Practice-Tipps etc. die Mitarbeiter in welcher Form benötigen. Es hilft durchaus, mit Bildern, Beispielen und Visualisierungen zu arbeiten, um den Mitarbeitern die Arbeit mit der Wissensdatenbank zu erleichtern. Legen Sie unterschiedliche virtuelle Räume an zu unterschiedlichen Themen. Nutzen Sie Möglichkeiten, die Wissensdatenbank spielerisch in den Arbeitsalltag einzubinden, indem Sie eine virtuelle Landkarte erschaffen bzw. eine virtuelle Stadt mit z. B. einer Bibliothek, einer Videothek, einem Museum oder Technologiezentrum. Schaffen Sie zudem eine Art Marktplatz, der mit Chatfunktionen o.Ä. den direkten, unkomplizierten Austausch der Mitarbeiter zu bestimmten Themen ermöglicht und alle motiviert, ihr Wissen zu vertiefen und auszutauschen, zu lernen und sich weiterzuentwickeln. Ganz wichtig ist es bei der Arbeit mit Wissensdatenbanken, dass in regelmäßigen Zeitabständen auch mal »aufgeräumt« wird, damit keine »alten Zöpfe« erhalten bleiben, sondern die Daten immer auf Stand sind. Auch das erleichtert den Umgang mit der Datenbank und sorgt dafür, dass sie eine größere Akzeptanz bei den Mitarbeitern findet.

Impulsfragen für die Abschlussphase

- Wie führen wir unser Projekt erfolgreich zum Abschluss?
- Wie sieht es konkret mit der Projektabnahme und Freigaben aus?
- Wie stelle ich den Regelbetrieb sicher?
- Wie organisiere ich die Nachprojektphase mit Evaluierungen, ggf. Schulungsbedarf im Nachgang etc.?
- Welche Cross-Selling-Möglichkeiten bieten sich für unser Projekt an?
- Kann ich unseren Auftraggeber für nachfolgende Projekte gewinnen?
- Wie lässt sich unser Projekt wirtschaftlich bewerten?
- Wie machen wir unsere Lessons Learned und Erfahrungssicherung für unser Projekt?
- Was passiert mit den Mitarbeitern nach unserem Projekt?

6.5 Interviews mit Projektmanagern

Ben Ziskoven

MF: Welche »Projekt Fuck-ups« hatten Sie? Was lief dabei so richtig schief? Wie ging es danach weiter?

BZ: Ich war immer in sehr interessanten Projekten, die auch sehr wichtig waren für den laufenden Betrieb. Oft im Bereich Mobilfunk – mit großem technischen Nutzen. Aber die größten Schwierigkeiten hatten weniger mit dem Projekt an sich zu tun, sondern mit den gesetzlichen Rahmenbedingungen in Holland. Dass teilweise das Copyright nicht richtig geregelt war und es Riesenprobleme mit dem Thema Intellectual Property gab, also dem Urheberrecht. Sehr häufig kamen dann von außen negative Einflüsse und Probleme, die dann auch das Projekt extrem gefährdet haben. Bei einem Projekt hat dann am Ende der Lieferant den Betrieb gekauft – und alles hat sich geändert. Es lag also gar nicht daran, dass wir kein gutes PM gemacht haben, sondern das ganze Drumherum brachte alles in Schieflage. Und dann war klar, dass es firmenseitig komplett neu angegangen werden musste, um das IP-Problem zu lösen … also eine große Ebene höher. Wir haben es am Ende geschafft – aber eben ganz anders, als anfänglich gedacht.

Carsten Mende

MF: Wie wird sich PM in Zukunft voraussichtlich verändern? Auf was sollten wir Projektschaffenden uns vorbereiten?

CM: Ich denke, Projekte werden uns in einer zunehmend komplexeren Welt abverlangen, dass wir sehr viel stärker als bislang verstehen, Menschen zu führen, Erwartungen zu managen und Veränderungen zu begleiten. Das wird vor dem Hintergrund einer schlechteren Plan- und Vorhersehbarkeit schwieriger, setzt anderes Risikomanagement voraus und kürzere Zyklen, in denen wir nachjustieren müssen. Also, kurz gesagt: Projektmanagement wird noch spannender. Gerade auch, weil hier der Faktor Mensch einen immensen Einfluss hat. Das erschwert die Planung und Umsetzung zwar – aber genau das macht den Reiz aus!

Peter B. Taylor

MF: Wie stellen Sie sicher, dass die im Projekt gemachten Erfahrungen für zukünftige Projekte genutzt werden können?

PBT: Die Frage, die sich viele Projektschaffende immer wieder mal stellen ist »warum haben wir nichts aus unseren Erfahrungen gelernt?«
Albert Einstein sagte einmal »Die Definition von Wahnsinn ist, immer wieder das Gleiche zu tun und andere Ergebnisse zu erwarten.«
Also warum akzeptieren wir »Wahnsinn« als gangbaren Weg im Projektmanagement?
Wenn Sie das nächste Mal in einem Meeting sind, probieren Sie mal das Folgende aus. Ob Sie selbst der Präsentator sind oder jemand anderes spielt dabei keine Rolle, aber was passiert so oft, wenn Sie etwas auf ein Flipchart oder Whiteboard schreiben wollen? Sie erwischen einen ausgetrockneten Stift, der nicht mehr schreibt. Wie vielen von Ihnen (und ich muss zugeben, ich fühle mich hier genauso angesprochen) legen den Stift wieder auf die Ablage zurück, nehmen sich einen neuen Stift und führen Ihren Vortrag fort. Während der ausgetrocknete Stift darauf wartet, von der nächsten Person aufgenommen zu werden im weiteren Verlauf des Meetings.
Denken Sie, der Stift wird sich wie von Zauberhand alleine auffüllen? Natürlich nicht, wäre ja auch Wahnsinn!
Haben Sie den Stift entsorgt und dafür gesorgt, dass ein neuer Stift stattdessen auf die Ablage gelegt wird, oder haben Sie zumindest jemandem Bescheid gesagt, der sich darum kümmern soll? Natürlich nicht – Stichwort: Wahnsinn! Eine kleine Lektion in puncto Lessons Learned, oder eben – nichts gelernt, um genau zu sein.
Also sind wir vielleicht so programmiert, nichts aus unseren Fehlern zu lernen? Eindeutig nein, denn wäre das der Fall, hätte sich unsere Rasse schon vor langer Zeit selbst ausgelöscht.

Also warum lernen wir nichts aus unseren Erfahrungen, wenn es um die Arbeit in Projekten geht?
Die Herausforderung liegt darin, unser Wissen und unsere Lernerfahrungen mit anderen zu teilen und im Gegenzug von deren Erfahrungen zu lernen. Es geht um Skalierbarkeit und Leistungsfähigkeit gepaart mit Zeit- und Prioritätenmanagement.
Es geht nicht darum, dass wir den leeren Stift in den Mülleimer werfen und den Stift gegen einen funktionierenden Stift austauschen; es geht darum, dass wir den anderen vermitteln, um was es geht, und warum wir bestimmte Dinge tun und wie wir davon in der Zukunft profitieren können, warum es wichtig ist, dieses spezifische Wissen zu teilen.
Wenn Sie also das nächste Mal etwas auf ein Flipchart oder Whiteboard schreiben und erwischen einen ausgetrockneten Stift – dann drehen Sie sich mit dem Gesicht zu Ihrer Zuhörerschaft und erzählen ihnen »So. Dieser Stift fliegt jetzt in den Mülleimer. Und ich sage Ihnen auch genau, warum ich das mache ...«

Felix Mühlschlegel

MF: Wie läuft es bei Ihnen mit »Lessons Learned«? Was hat sich hier in Ihrem Unternehmen oder in Ihren Teams bewährt und – gab es schon einmal ein echtes »Projekt Fuck-up«?

FM: Hier ist meine Antwort zweigeteilt. Zunächst einmal geht es um die Zielerreichung und den Analyseteil. Nach einer Saison bzw. einem Projekt müssen wir uns Ziele für die nächste Saison stecken und dabei wird natürlich analysiert, wie die Dinge bisher gelaufen sind. Wie viel haben wir verkauft, was ist die Gewinnmarge, in welchen Regionen haben wir verkauft ... Das ist dann mitunter ein kleiner Wermutstropfen für den gesamten Entstehungsprozess, je nach dem, was hier für Themen hochkochen, aber bei adidas findet dieser Prozess immer so oder in ähnlicher Form statt, deshalb übernimmt das dann jeweils ein anderes Entwicklungsteam.
Darüber hinaus gibt es aber in den anderen Geschäftszweigen nicht wirklich einen Lessons-Learned-Prozess, sondern darum muss sich dann jeder Bereich selbst kümmern. Ich mache mit meinem Team immer nach jeder Saison ein was bisher geschah bzw. eine Postmortem-Analyse. Kurz nach der Projektübergabe bzw. am Ende einer Saison setzen wir uns zusammen und schauen zurück auf die hinter uns liegenden vier Monate. Ich mache dann immer eine kurze und knackige »Keep; Start; Stop«-Runde. Dieser intensive Teamprozess bringt dann die großen Ideen zum Vorschein, an denen wirklich etwas dran ist, und die Ideen, die sich nicht umsetzen lassen, werden aussortiert. Am Ende bleiben uns dann so um die fünf tolle Ideen, für die wir dann individuelle, bereichsübergreifende Arbeitsgruppen aufsetzen, eine Zeitschiene festlegen und in die Planung gehen, bevor die neue Saison losgeht.

Ein paar Teilprojekte laufen dabei richtig gut und bringen tolle Ergebnisse und bei anderen endet es dann eher in der Sackgasse und sie führen zu Fuckups.
Dieses Jahr hatten wir ein von adidas gesponsortes Team, das völlig überraschend das NCAA Basketball-Turnier *[nationale Hochschulmeisterschaft im College Basketball in den USA]* gewonnen hat. Das hatten wir so nicht kommen sehen und hatten deshalb auch keine Produkte fertig geschweige denn eine Kommunikationsstrategie. Tja – typischer Fall von dumm gelaufen, was dazu führte, dass es keine Verkaufszahlen gab und wir ein Geschäft verloren hatten.

Tobias Rohrbach

MF: Wie wird sich PM in Zukunft voraussichtlich verändern? Auf was sollten wir Projektschaffenden uns vorbereiten?

TR: Projektmanagement wird überall einen noch höheren Stellenwert bekommen, weil sich die Welt immer schneller dreht und sie sich immer stärker verändert. Es gibt eine kontinuierliche Weiterentwicklung bzw. das muss es geben, damit es funktioniert. Deshalb hat auch die PM-Methodik eine so hohe Relevanz, weil Projekte sich ja genau damit befassen: mit Einmaligem, Einzigartigem. Voller Komplexität. Voller Veränderung und Neuland. Deshalb braucht es viel mehr Wissen im PM und viel mehr Projektschaffende da draußen!

René Windus

MF: Wie findet bei Ihnen der »typische (interne) Projektabschluss« statt?

RW: Ich bin persönlich kein großer Fan von Projektabschlussberichten ... Oft wird hier nur Menge produziert und keiner liest es ... Mir ist aber wichtig, dass wir aus unseren Projekten etwas lernen können und dass Informationen weitergegeben werden an andere aus dem Unternehmen, für neue Projekte. Deshalb finde ich z. B. gut, wenn Unternehmen Intranetseiten aufsetzen und dort fundierte Informationen über die Projekte zum Nachlesen einstellen. Dann kann Kontakt zu den entsprechenden Personen aufgenommen werden, die in den Projekten waren und ein Austausch findet statt. Persönliche Gespräche und Lessons-Learned-Workshops mit dem ganzen Team halte ich für wichtig. Aber nicht nur zum Projektende, sondern immer mal wieder – ähnlich wie bei Scrum die Retrospektive nach jedem Sprint. Das hat sich bewährt! Cool ist auch, während des Projekts bereits eine interne Projektcommunity ins Leben zu rufen. Gerne auch als WhatsApp-Gruppe oder als geschlossene Gruppe auf LinkedIn etc. Da kann dann jedes Projektmitglied Tipps einstellen und berichten, was gerade so läuft.

Wichtig ist am Ende des Projekts ein kleines Abschlussfest mit dem Team! Das ist wertschätzend und muss einfach sein. Das ist auch überhaupt keine Frage des Budgets – wir hatten schon einmal ein kleines Abschlussfest mit zwei Bierkästen und etwas zu Knabbern auf Parkbänken auf der grünen Wiese. Es geht hier um das Zwischenmenschliche und darum, danke zu sagen. Menschen in Projekten wollen sinnstiftend arbeiten und nicht einfach nur irgendwelche Aufgaben aufgedrückt bekommen. Deshalb sind Wertschätzung und Anerkennung der individuellen Leistungen auch so wichtig. Übrigens natürlich nicht erst zum Projektende …

Olaf Piper

MF: *Wie stellen Sie sicher, dass die im Projekt gemachten Erfahrungen für zukünftige Projekte genutzt werden können?*

OP: Zunächst einmal bin ich ein großer Fan von Debriefings. Schauen, wie es lief und nochmals drüber sprechen. Was war gut, was könnte man besser machen. Um das dauerhaft in der Organisation zu platzieren, benötigt es Strukturen, die über das Projektmanagement hinausgehen. Aktuell starten wir unter meiner Leitung gerade eine Initiative bei Festo, die sich die bessere Koordination der Kommunikation der IT zum Ziel gesetzt hat. Hier soll mithilfe eines Netzwerks aus Kollegen u. a. erreicht werden, dass sowohl positive wie auch negative Erlebnisse (z. B. Produkt-Rollouts, Projekte) angesprochen und diskutiert werden. Alleine das darüber Sprechen wird dazu führen, dass die Themen präsenter in den Köpfen der Leute sind, die selbst Projektleiter, Projektmitarbeiter oder Stakeholder bei künftigen Projekten sind. Das ist aber ein längerer Change Prozess.

MF: *Wie wird sich PM in Zukunft voraussichtlich verändern? Auf was sollten wir Projektschaffenden uns vorbereiten?*

OP: Der Trend zu immer schneller immer mehr läuft dem Grundgedanken von seriösem Projektmanagement oft entgegen. Ich persönlich bin ein Freund von Qualität und Nachhaltigkeit. Auch ich muss lernen, dass dies nicht immer gefragt und vielleicht auch nicht immer sinnvoll ist. Im Zuge der aktuellen Krisen (Klima, Ukraine-Krieg, Corona, Supply-Chain) lernen wir aber gerade, dass Nachhaltigkeit im Sinne von »nicht nur bis zu nächsten Ecke schauen« und von »nicht immer den bequemsten Weg zu gehen« häufig langfristig erfolgreicher zu sein verspricht. Ich wünsche mir, dass sich dieses Gedankengut häufiger in Unternehmen durchsetzt. Weg von der Gewinnmaximierung oder maximalen Kostenoptimierung hin zu Prozessen und Projekten, die keine Wette auf die Zukunft sind, sondern mit einer gewissen Zuverlässigkeit in der Zukunft auch noch (zumindest für eine Weile) Bestand haben.

Petra Berleb

MF: *Welche »Projekt Fuck-ups« hatten Sie? Was lief dabei so richtig schief? Wie ging es danach weiter?*

PB: Ich hatte das *projektmagazin* damals im Jahr 2000 im Homeoffice gegründet. Ganz rudimentär in Personalunion. Ohne zu wissen, ob die Zielgruppe ein reines Online-Magazin akzeptieren würde. Für 2009 startete dann das Projekt zum Re-Launch der Website, mit einem Content Management System. Ein fürchterliches Projekt, bei dem wirklich vieles schief gelaufen ist. Die Agentur aus München schätzte die Komplexität unserer Website falsch ein und machte uns ein extrem günstiges Angebot. Wir wunderten uns zwar, hakten auch nach, gaben uns dann aber mit den Erklärungen zufrieden. Vielleicht muss man bei einem Open-Source-System, bei dem ja viele Module bereits vorhanden waren, nicht so viel anpassen und deshalb ist der Preis so günstig und die Entwicklungsdauer so kurz. Wir hatten ja auch bis dato keine Erfahrung mit einem Open Source CMS. Obwohl es anders mit uns besprochen war, lagerte die Agentur leider die komplette Entwicklung nach Russland aus, um Kosten zu sparen – an einen einzigen Softwareentwickler. Deshalb ging nichts voran. Unser Ansprechpartner der Agentur verheimlichte uns dies jedoch und vertröstete uns dauernd bei unseren Nachfragen nach dem Projektstand. Uns fehlte auch damals die technische Kompetenz, um das alles richtig einschätzen zu können. Zusätzlich mussten wir auch intern unseren Projektleiter auswechseln und ich übernahm die Projektleitung. Das kurz darauf von uns einberufene Krisengespräch, bei dem wir Fakten einforderten, zwang unseren Ansprechpartner dazu, endlich Farbe zu bekennen. Wir drohten mit dem sofortigen Projektstopp. Wir beauftragten eine zweite IT-Agentur, die ein Audit von der bis dahin erfolgten Programmierung vornehmen sollte, und mit anwaltlicher Unterstützung wurde das Projekt mit deutlich höherem Ressourceneinsatz endlich fertiggestellt. Alle fieberten dem lang ersehnten Go-Live-Termin entgegen, der groß bei unserer Zielgruppe angekündigt wurde. Lange Phasen des unermüdlichen Testens lagen hinter uns, das letzte Gespräch mit Abhaken wichtiger Punkte, wie z. B. Lasttests der Website, erfolgte zu unserer Zufriedenheit. Der groß angekündigte Go-Live ging dann gründlich schief. Die Website hielt dem Ansturm der neugierigen Leser nicht stand und wir mussten sie wieder offline nehmen. Statt des schicken neuen Layouts war nun wieder die alte Version online. Was für ein peinliches Desaster für ein Projektmanagementportal. Wir waren dann im Nachgang noch über ein Jahr lang statt mit der Entwicklung weiterer Kundenangebote mit der Behebung der Bugs beschäftigt. Aber – ich habe extrem viel aus diesem Fuck-up gelernt für den Re-Launch acht Jahre später! Ich war Product Owner, wir waren nah dran, waren in ständigem Austausch mit dem Entwicklerteam. Klar gab es trotzdem Stress und es war auch nicht perfekt, denn leider musste die IT-Agentur während des Projekts Insolvenz anmelden.

Wir hatten glücklicherweise schnell einen guten Ersatz gefunden und die neue Agentur konnte das Projekt übernehmen. Der Re-Launch 2019 lief professionell und entspannt über die Bühne. Genauso, wie es sein sollte. Wir arbeiten immer noch mit der Agentur zusammen. Sie sitzt in der Ukraine und trotz widriger Umstände funktioniert die Entwicklung, unter den gegebenen Umständen, zuverlässig und professionell. Es herrscht ein großer Zusammenhalt in der Ukraine. Wir sind inzwischen stärker zusammengewachsen, genießen eine offene und vertrauensvolle Zusammenarbeit. So konnten wir z. B. unsere Projektleiterin aus Charkiw bei ihrer Flucht mit ihrer Familie nach Deutschland unterstützen. Aus diesen beiden Projekten habe ich gelernt, wie wichtig eine offene und vertrauensvolle Zusammenarbeit und Kommunikation ist. Das zieht sich bei uns durch die ganze Firma. Wir pflegen mit unserer Community, Leser:innen, Kund:innen oder Seminar-/Event-Teilnehmer:innen, Referent:innen und Autor:innen eine partnerschaftliche und vertrauensvolle Zusammenarbeit. Das ist mir sehr wichtig und darauf bin ich stolz.

Chris Schiebel

MF: *In welchen Projekten möchten Sie in Zukunft arbeiten – wenn Sie frei wählen könnten?*

CS: Erstens – in einem Projekt im Computer Gaming und Promotion Bereich! Ich bin selbst ein leidenschaftlicher Gamer und habe einen IT-Hintergrund, der zwar nicht ausreicht, um selbst zu programmieren … Aber in einem solchen Projekt mitzuwirken, das würde mich extrem reizen!

Zweitens – in einem großen Filmproduktionsprojekt à la Herr-der-Ringe-Trilogie. Im Abspann die ganze Liste der Stakeholder zu betrachten und dort dann selbst mit dabei zu sein, das hat sicherlich was. Wie wird so ein enormes Projekt gemanagt? Wird dort überhaupt nach PM-Methoden vorgegangen und wenn ja, nach welchen?

Drittens – in Projekten, die mit Green Technology zu tun haben und sich für den Klimaschutz einsetzen. Mich reizt hierbei die Fragestellung danach, wie Technologien so skaliert werden können, dass wir damit den Planeten und unsere Gesellschaft retten.

Viertens – bei der NASA mal Mäuschen zu spielen und eine Weltraummission projekttechnisch zu begleiten, das wäre ein weiterer Traum von mir als erklärter Botschafter für Projektmanagement!

7 Agile Methoden und hybride Vorgehensmodelle

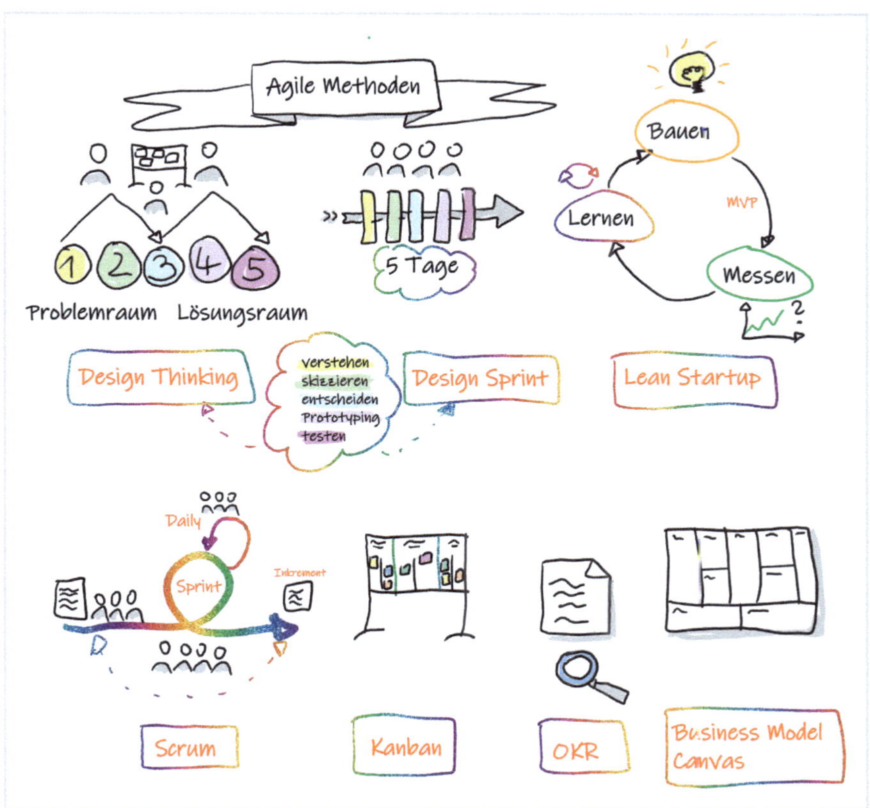

Abbildung 15: Übersichtsbild agile Methoden

7.1 Grundlagen

Begriffe wie Agilität, agiles Mindset, agile Transformation, agiles Arbeiten, agiles Projektmanagement oder agile Methoden sind in aller Munde. Viele Organisationen möchten auf den Zug aufspringen und von jetzt auf gleich agil werden, ganz im Sinne des **New Work** (Sammelbegriff für zukunftsweisende und sinnstiftende Arbeit) agieren und beim Hype um selbstorganisiertes Arbeiten mitmachen. Sehr häufig wird Agilität dabei vor allem oder sogar ausschließlich mit Methoden wie Scrum – einem Vorgehensmodell, das auf der Erkenntnis beruht, dass es wesentlich einfacher ist, einen kleinen Bissen zu verdauen als einen großen – oder Kanban (das ursprünglich von Toyota zur Optimierung des Materialflusses entwickelt wurde) gleichgesetzt und es vermischen sich in den Köpfen der Menschen sehr viele Schlagwörter, sodass am Ende große Verwirrung darüber herrscht, was denn jetzt agiles Arbeiten bzw. Agilität im Projektmanagement eigentlich ist. Grund genug, bei dem einen oder anderen Thema rund um Agilität einmal hinter die Kulissen zu schauen.

Der Begriff agil kommt vom lateinischen Wort Agilis und bedeutet zunächst einmal in etwa so etwas wie flexibel, beweglich oder wendig. In der Welt des IT-Projektmanagements konzentriert sich dieser Begriff auf Tools und Methoden, die verwendet werden, um Software zu entwickeln. In diesem Zusammenhang bedeutet agil, dass flexibel, initiativ und proaktiv gehandelt wird, um sich auf ständig veränderte, neue Marktanforderungen einzustellen oder sich kontinuierlich an veränderte Rahmenbedingungen anzupassen. Demzufolge ist Agilität unsere Fähigkeit, auf neue Situationen zu reagieren und uns dabei auf den Menschen und weniger auf Methoden zu fokussieren. Agilität ist eine unternehmerische Kompetenz, die weit mehr ist als ein Schlagwort oder eine Modeerscheinung. Unternehmen und Organisationen können nur dann wirklich agil sein und Agilität leben, wenn sie dauerhaft eine Kultur leben (und vorleben!), die eine permanente Weiterentwicklung fördert, in der viel fundiertes Wissen über Agilität vorhanden ist und in der es um weit mehr geht als um Selbstorganisation und New Work. Agiles Arbeiten hingegen hilft Organisationen, ihre Agilität zu verbessern, damit sie zügig auf Veränderungen reagieren können und ein agiles Mindset (Denkweise, Einstellung, Sichtweise) fokussiert auf Kundenzentrierung bzw. Menschenzentrierung, auf Leistungsorientierung und Anpassungsfähigkeit, um eine Offenheit gegenüber stetigen Veränderungen zu erlangen. In der agilen Transformation lernen Mitarbeitende agile Methoden kennen und anwenden, verstehen sie und setzen sie zielgerichtet bewusst ein.

Agilität ist dabei weder ein neuer Begriff, noch ist sie eine moderne Neuerfindung unserer Zeit, denn bereits in den 1950er bzw. 1960er Jahren gab es das **AGIL-Schema**, in dem der amerikanische Soziologe Talcott Parsons systemtheoretische Grundlagen formulierte. Oder nehmen wir das Prinzip LEAN Management, das in den 1980er Jahren von japanischen Autobauern als Ansatz einer schlanken Produktion entwickelt wurde und die Automobilwelt mit einer neuen Kundenzentrierung und der Vermeidung jeglicher Verschwendung revolutionierte. In den 1990er Jahren kamen dann die ersten agilen Methoden in der Softwareentwicklung auf, denn gerade der IT-Markt sieht sich wohl am stärksten sich ständig verändernden Anforderungen gegenüber. 2001 wurde das agile Manifest von einer Gruppe renommierter Softwareentwickler formuliert, zu denen z. B. Arie van Bennekum oder Ken Beck gehörten sowie die beiden Begründer des Scrum Frameworks, Ken Schwaber und Jeff Sutherland. Das agile Manifest umfasst vier Kernaussagen (Werte), die sich wie folgt interpretieren lassen:

- Menschen und ihre Kommunikation bzw. ihr Handeln haben Vorrang vor Prozessen und Werkzeugen.
- Funktionierende Software hat Priorität gegenüber umfassender Dokumentation.

- Die enge Zusammenarbeit mit dem Kunden ist wichtiger als andauernde Vertragsverhandlungen.
- Eine schnelle Reaktion ist bei notwendigen Änderungen besser als striktes Festhalten an einem Plan.

Diese Kernaussagen werden in zwölf Prinzipien genauer erläutert, zum Beispiel, dass ein Gespräch von Angesicht zu Angesicht die beste Methode ist, um Informationen zu übermitteln, oder dass die besten Ergebnisse durch selbstorganisierte Teams entstehen – um nur zwei zu nennen. Da es leider außer dem agilen Manifest keine allgemein anerkannte Referenz für die Definition von Agilität im Projektmanagement gibt, sind in der Literatur und im allgemeinen Sprachgebrauch viele unterschiedliche Interpretationen zu finden.

Mit der Entwicklung von Lean Start-up (Methode zur Entwicklung von Unternehmen und Produkten, die darauf abzielt, Produktentwicklungszyklen zu verkürzen) oder **OKR** (Objectives and Key Results) ist Agilität seit ca. 2008 endgültig in der Organisationsentwicklung angekommen und hat ihren Weg in die breite Öffentlichkeit gefunden – durchaus nicht immer mit positiven Ergebnissen, denn gut gemeint ist bekanntlich noch lange nicht gut gemacht.

Der Clou agiler Methoden wie

- Design Thinking
  Kreativitätstechnik zur Entwicklung neuer Ideen
- Design Sprint
  fünftägiger Prozess, um komplexe Herausforderungen zu lösen
- Extreme Programming (XP)
  Programmiermethode, die das Lösen der Programmieraufgabe über ein formalisiertes Vorgehen stellt
- DevOps
  Modell, das die Zusammenarbeit zwischen Entwicklung (Development) und IT-Betrieb (Operations) verbessert, um schnell zu entwickeln und möglichst zeitnah in den Regelbetrieb übergehen zu können
- Prince2Agile
  Erweiterung von PRINCE2 (*Projects IN Controlled Environments*/Projekte in kontrollierten Umgebungen) für den agilen Bereich
- Business Model Canvas
  Plakat zur Definition und Dokumentation eines Geschäftsmodells, das aus neun Bereichen (Elementen) besteht

oder eben auch Scrum, Kanban oder Lean Start-up – um nur einige zu nennen – liegt in ihrer Einfachheit. Unter Anwendung von **GMV**, dem gesunden Menschenverstand, können wir effizient arbeiten, unnötige Ressourcenverschwendungen vermeiden und uns gut auf sich verändernde Bedingungen einstellen. Gerade in der IT-Branche ist es extrem – das, was gerade noch bahnbrechend neu war, ist in der (gefühlt) nächsten Sekunde schon wieder veraltet. Dazu kommen dann noch ständig neue Gesetze zum Thema Datenschutz und Datensicherheit, die DSGVO... Es geht bei Agilität darum, eine Akzeptanz für diese ganzen Veränderungen zu schaffen, die wir sowieso nicht vermeiden können und die auf jeden Fall immer kommen werden. Wichtig hierbei ist es, dass der Mensch und seine Bedürfnisse dabei nicht auf der Strecke bleiben, dass kein ungerechtfertigter Druck auf Mitarbeitende ausgeübt wird, sondern dass sie im Gegenteil mehr Freiheit bekommen und weniger Kontrolle erleiden. Agile Methoden sind in diesem Zusammenhang ein Rahmenwerk für uns Projektschaffende, das eine angemessene Kommunikation zwischen Kunden bzw. Auftraggebern und den Entwicklern bzw. Ausführenden gewährleistet und für den sprichwörtlich guten Draht zwischen den Stakeholdern sorgt. Dieses Rahmenwerk steht für eine kontinuierliche Entwicklung auslieferfähiger (Teil-)Ergebnisse, die im Rahmen definierter Zeitlimits (Timeboxes) generiert werden und wir damit besser prognostizierbare Risiken haben.

Wichtig ist, dass wir uns eines klar machen – agil ist nicht für jeden Kontext geeignet und auch die vielgepriesene agile Transformation birgt einige Tücken. Denn bevor mit der agilen Transformation in einem Unternehmen oder einer Organisation begonnen wird, muss eine gründliche Analyse der vorherrschenden Kultur durchgeführt werden. »Ab morgen sind wir dann mal agil und selbstorganisiert« – das funktioniert in den wenigsten Fällen, denn Agilität wurde von selbstorganisierten Menschen für selbstmotivierte Entwickler konzipiert. Das heißt, um selbstorganisiert zu arbeiten, muss ein Mensch a) das Zeug dazu haben und b) es auch überhaupt erst einmal wollen. Mit der Selbstorganisation geht Verantwortung für das eigene Tun einher – und da trennt sich in der Praxis oftmals schon die Spreu vom Weizen. Nicht für jeden Menschen ist es das Nonplusultra, seine Zeit vollständig selbst zu managen, sich selbst Aufgaben zu ziehen, die es zu erledigen gilt (Pull-Prinzip) und am Ende dann auch noch für die Ergebnisse dieser Arbeit verantwortlich zu sein. Haben wir Menschen in unseren Teams, für die Selbstorganisation demotivierend ist, dann arbeiten diese Menschen nachweislich weniger produktiv und werden es auch nicht schaffen, sich selbst zu managen. Das **Pull-Prinzip** (als praktischer Grundstein agiler Methoden) funktioniert nur dann, wenn Mitarbeitende hoch motiviert an die Arbeit gehen und sich nicht nur methodisch selbst organisieren und managen können, sondern dies auch wollen. Dabei ist es völlig in Ordnung, kein Fan von Selbstorganisation und freien Entscheidungen zu sein! Es ist völlig in Ordnung, wenn Menschen es bevorzugen, dass ihnen Aufgaben explizit zugewiesen werden, dass sie Betreuung bekommen und Leitplanken haben, an denen sie sich orientieren können.

Eigenmotivation ist die Grundlage für Vertrauen. Bevor mit einer agilen Transformation überhaupt erst einmal begonnen werden kann, muss das Augenmerk des Unternehmens bzw. der Organisation auf das Thema Vertrauen gerichtet werden. Was sind die Faktoren, die sich auf das Vertrauen zwischen Mitarbeitenden und Führungskräften auswirken können? Wie steht es um die wahrgenommene Gerechtigkeit oder die Zufriedenheit der Mitarbeitenden? Und zwar aus der Sicht der Mitarbeitenden, nicht etwa aus der Sicht der Führungskräfte! Es kommt sehr stark auf die kulturellen Voraussetzungen an, die ein Unternehmen oder eine Organisation zu bieten hat. Ohne eine Bereitschaft aller Beteiligter für eine agile Transformation wird es nicht funktionieren. Und ohne ein adäquates Kulturmanagement ebenso wenig! Wenn wir jedoch im Unternehmen bzw. in der Organisation richtig und professionell mit dem Thema Agilität umgehen, mit Sinn und Verstand und gut vorbereitet sprichwörtlich in die agile See stechen, dann könnte die agile Transformation gelingen. Wir müssen verstehen, dass es keine agilen Teams gibt, sondern dass Teams bestenfalls agile Methoden nutzen. Und es gibt keine agilen Entwickler, sondern bestenfalls Entwickler, die mit Agilität entwickeln. Aber das heißt noch lange nicht, dass diese Teams dann auch schon ein Agilität-Mindset innehaben geschweige denn Agilität im Projektmanagement leben können. Denn obwohl agile Methoden bei der Umsetzung der Werte und Prinzipien des agilen Manifests helfen sollen, führt die alleinige Anwendung agiler Vorgehensmodelle oder Methoden nicht automatisch zu Agilität. Tatsächlich können klassische Projekte, deren Projektleiter die Werte des agilen Manifests befolgen, viel agiler sein, als Projekte, die z. B. nach Scrum arbeiten, deren Mitarbeiter aber in traditionelle Führungsstrukturen eingebunden sind.

7.1.1 Scrum

Bei der Entwicklung des leichtgewichtigen Rahmenwerks Scrum von Ken Schwaber und Jeff Sutherland wurde auf eine einfache Erlernbarkeit mit möglichst wenig Regeln geachtet. Es beruht auf den drei Säulen Transparenz, Überprüfung und Anpassung. Transparenz ermöglicht Überprüfung und Überprüfung ermöglicht Anpassung. Wenn festgestellt wird, dass die Vorgehensweise oder die produzierten Ergebnisse von akzeptablen Grenzen abweichen, müssen so schnell wie möglich Anpassungen erfolgen, um weitere Abweichungen zu minimieren. Scrum kann nur funktionieren, wenn die beteiligten Personen in der Lage sind, die fünf Werte Selbstverpflichtung, Fokus, Offenheit, Respekt und Mut zu leben. Sofern das nicht gegeben ist, hat man kein Scrum, sondern es führt zu Murcs (Scrum rückwärts gelesen)!

Im Gegensatz zum klassischen Projektmanagement gibt es bei Scrum keinen Projektmanager. Er wird ersetzt durch den Product Owner, also den Produkteigentümer, der die Kundeninteressen vertritt und den Scrum Master, einen Scrum-Experten, der dafür sorgt, dass die Scrum-Regeln eingehalten werden und der das Team – bezüglich Aufgaben – nach außen abschirmt. Ein klassischer Projektmanager kann also entweder die Rolle des Product Owners oder des Scrum Masters annehmen – aber nicht beide. Ein Scrum-Team besteht aus maximal zehn Personen (inklusive Product Owner und Scrum Master). Das Team aus interdisziplinär zusammengestellten Experten, die das Produkt entwickeln, besteht also aus maximal acht Entwicklern. Ein zentrales Ele-

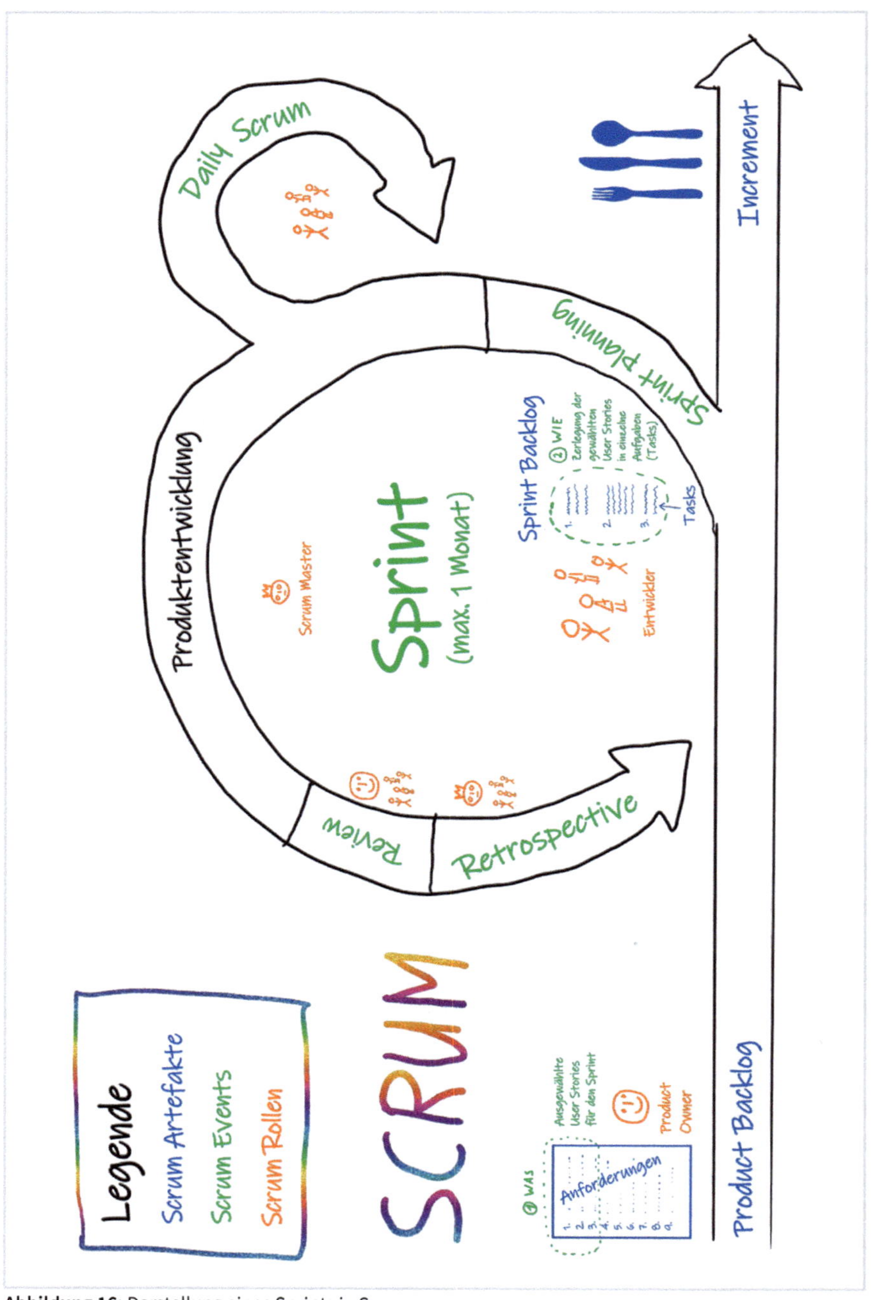

Abbildung 16: Darstellung eines Sprints in Scrum

ment von Scrum ist die Arbeit in festgelegten Zeitfenstern. Ein Zeitfenster bzw. eine Timebox hat eine feste Dauer. Werden die für eine Timebox geplanten Inhalte nicht in der vorgesehenen Zeit erledigt, werden sie gestrichen oder verschoben. Die Zeitfenster werden im Voraus festgelegt und bleiben in jedem Zyklus, d. h. in jeder Wiederholschleife (Iteration) gleich. Ein einzelner Scrum-Zyklus hat eine Dauer von maximal einem Monat und wird als Sprint bezeichnet. Bei den nachfolgend angegebenen Timeboxen wird von einem einmonatigen Sprint ausgegangen – bei kürzeren Sprint-Dauern sind die Zeiten entsprechend anzupassen.

Bei Scrum befinden sich alle Anforderungen des Kunden im sogenannten Product Backlog, das man auch als »Auftragsbestand« bezeichnen könnte. Das Product Backlog in Scrum ist vergleichbar mit dem Lastenheft im klassischen Projektmanagement. Alle Anforderungen werden in Form von sogenannten User Stories beschrieben. Eine User Story ist eine in Alltagssprache formulierte Anforderung, die bewusst kurzgehalten ist und in der Regel nicht mehr als zwei Sätze umfasst. Sie sollte unabhängig, verhandelbar, nützlich, schätzbar und testbar sein. Das Product Backlog wird vom Product Owner verwaltet. Nur er darf User Stories hinzufügen, wegnehmen und priorisieren. Das Product Backlog ist immer nach Prioritäten sortiert.

Ein Sprint beginnt immer mit dem Sprint Planning (Timebox: 8 Std.), das in folgenden zwei Schritten durchgeführt wird:

1. WAS wird in diesem Sprint alles gemacht?
   Im Gespräch mit dem Product Owner wählen die Entwickler gemeinsam mit dem Product Owner die User Stories aus dem Product Backlog aus, die in den aktuellen Sprint aufgenommen werden sollen.
   Hinweis: Eine User Story ist vergleichbar mit einem Arbeitspaket im klassischen Projektmanagement.
2. WIE wird die ausgewählte Arbeit erledigt?
   Die ausgewählten User Stories werden in einzelne Aufgaben (Tasks) zerlegt. Ein Task entspricht dabei einer Arbeitseinheit von einem Tag oder weniger. Die in Tasks zerlegten – für diesen Sprint ausgewählten – User Stories bilden dabei das Sprint Backlog.
   Hinweis: Einen Task in Scrum kann man mit einem Vorgang im klassischen Projektmanagement vergleichen, denn bei der Ablaufplanung werden auch dort Arbeitspakete bei einer 1:n Beziehung in Vorgänge zerlegt.

Sobald das Sprint Planning abgeschlossen ist, beginnt die Produktentwicklung. Dabei treffen sich die Entwickler täglich zur gleichen Zeit und am gleichen Ort. Dieses sogenannte Daily Scrum (Timebox: 15 Min.) dient dazu, die bevorstehende geplante Arbeit zu justieren, indem jeder Entwickler Folgendes schildert:

- Was habe ich gestern erreicht?
- Was werde ich heute erledigen?
- Sehe ich irgendwelche Hindernisse?

Im Sprint Review (Timebox: 4 Std.) stellen die Entwickler die Ergebnisse ihrer Arbeit vor und übergeben das Inkrement (fertiggestelltes Einzelteil) dem Product Owner, der es überprüft und das Product Backlog bei Bedarf anpasst. Am Sprint Review – das dem Überprüfen der Produktqualität dient – können auch andere, wichtige Stakeholder teilnehmen.

In der Sprint Retrospective (Timebox: 3 Std.) werden die teaminterne Zusammenarbeit und die Schnittstellen zu anderen Unternehmensbereichen analysiert, um Verbesserungsmaßnahmen abzuleiten und deren Umsetzung zu planen. Die Retrospective schließt den Sprint mit folgenden Ergebnissen ab:

- Aspekte, die beibehalten werden sollen
- Dinge, die man nicht mehr machen will, weil sie nicht funktioniert haben oder schlecht waren
- Ideen, die das Team einmal ausprobieren will

Sobald ein Sprint beendet ist, folgt nahtlos der nächste Sprint – beginnend mit dem Sprint Planning – und zwar so lange, bis das Product Backlog vollständig abgearbeitet wurde.

Hinweis: Der Product Owner kann jederzeit, also auch während eines laufenden Sprints, das Product Backlog bearbeiten, und z. B. neue User Stories hinzufügen. Er hat aber keinen Zugriff mehr auf das Sprint Backlog, also die ausgewählten User Stories, die im aktuellen Sprint gerade umgesetzt werden.

7.1.2 Critical-Chain-Projektmanagement

Dem Critical-Chain-Projektmanagement liegt die Theory of Constraints des israelischen Physikers Dr. Eliyahu Moshe Goldratt zugrunde. Dabei wird Projektmanagement aus Sicht des gesamten Unternehmens betrachtet, d. h. in einer Multiprojektumgebung, in der mehrere Projekte parallel laufen. In der Praxis folgt Projektmanagement oft dem Paradigma der lokalen Optimierung, das davon ausgeht, dass die Optimierung von Teilen (eines Systems) automatisch zur Optimierung des Ganzen (Systems) führt. In der Betriebswirtschaftslehre weiß man schon lange, dass diese Aussage falsch ist, was in der nachfolgenden Tabelle anhand von drei Beispielen erläutert wird:

Annahme	Daraus resultierende negative Folge
Das Projektportfolio ist dann besonders erfolgreich, wenn jedes einzelne Projekt besonders erfolgreich ist.	Projekte kämpfen um Ressourcen, statt sich gegenseitig (im Sinne des Gesamtsystems) zu unterstützen.

Annahme	Daraus resultierende negative Folge
Wenn jeder einzelne Termin eingehalten wird, wird auch das Projekt als Ganzes rechtzeitig fertig.	In die einzelnen Arbeitspakete werden Sicherheiten eingeplant, die aber gleich wieder verbraucht werden.
Wenn jeder einzelne Lieferant seine Arbeit optimal macht, wird auch das Projekt als Ganzes optimale Ergebnisse erzielen.	Lieferanten geben sich bei Schwierigkeiten gegenseitig die Schuld, statt gemeinsam mit dem Auftraggeber an der Lösung der Probleme zu arbeiten.

Durch Anwendung der Ansätze der Theory of Constraints, die im Wesentlichen auf den nachfolgenden drei Ansätzen beruht, soll eine Erhöhung der Zuverlässigkeit von Projekten auf nahezu 100 %, eine Verkürzung der Projektlaufzeiten um mind. 25 % und eine Freisetzung von erheblichen Kapazitäten, die für zusätzliche Projekte genutzt werden können, erzielt werden.

Ansatz 1: Projekte staffeln – anhand der Engpassressource

In vielen Multiprojektorganisationen arbeiten viele Ressourcen für verschiedene Projekte, um einen möglichst hohen Auslastungsgrad der einzelnen Ressourcen zu erzielen, damit z. B. einzelne Mitarbeiter nicht mangels Arbeit untätig sein müssen. Sobald in vereinzelten Projekten Schwierigkeiten auftreten, bedeutet das, dass eine einzelne Ressource nicht mehr in Ruhe eine Aufgabe nach der anderen abarbeiten kann, sondern gezwungen ist, zwischen den verschiedenen Aufgaben zu wechseln. Das Problem dabei ist, dass sich Personalressourcen beim Wechseln der Aufgabe immer wieder neu einarbeiten müssen bzw. bei Sachmitteln wie z. B. Maschinen eine Set-up-Zeit anfällt, die dazu benötigt wird, die Maschine neu einzurichten. Dieser zusätzliche Zeitaufwand potenziert sich mit der Häufigkeit der Aufgabenwechsel, was als »schädliches Multitasking« bezeichnet wird. Die Folge: Projekte werden teurer als geplant und Termine werden nicht eingehalten.

Dazu ein Beispiel: Angenommen, in einem IT-Unternehmen würden immer Projekte nach einem ähnlichen Schema bearbeitet werden – wie z. B. Bestandsaufnahme beim Kunden/Ist-Analyse/Konzepterstellung/Programmierung/Test/Implementierung beim Kunden – und für jede dieser Aufgaben wäre eine bestimmte Ressource bzw. Ressourcengruppe zuständig, dann würden, falls alle Projekte gleichzeitig beginnen, immer einige Ressourcen (durch den Parallelbetrieb) überlastet sein, während andere Ressourcen noch gar nicht benötigt würden. Diese überlasteten Ressourcen müssten also zwischen den Projekten hin und her wechseln, und genau dies bringt besagtes schädliche Multitasking mit sich. Würde man die Projekte staffeln, also so nacheinander beginnen lassen, sodass keine Überlastungen auftreten, wäre das Problem gelöst.

Um also schädliches Multitasking – und damit Ressourcenverschwendung – zu vermeiden, müssen die meisten Ressourcen eines Unternehmens immer mal wieder stillstehen. Eine Ausnahme dabei bildet die sogenannte Engpassressource, bei der eine Verringerung des Durchsatzes auch automatisch eine Verringerung des Durchsatzes des Gesamtsystems nach sich ziehen würde (vergleichbar mit einer Wasserleitung, die aus lauter Rohren mit 42 mm Durchmesser besteht, bei der aber an einer Stelle ein Eckstück mit 13 mm Durchmesser eingesetzt wurde – die Durchflussmenge des Gesamtsystems ist also begrenzt auf die Wassermenge, die durch das 13 mm dicke Eckstück passt). Eine solche Engpassressource (bzw. DRUM-Ressource, wie sie im Critical-Chain-Projektmanagement üblicherweise bezeichnet wird) darf also nicht stillstehen, das Unternehmen sollte versuchen, sie zu 100 % auszulasten. Dies kann durch die folgenden fünf Schritte gewährleistet werden:

- Schritt 1: Identifiziere den Engpass
- Schritt 2: Entscheide, wie der Engpass bestmöglich ausgenutzt werden soll (z. B. Projekte staffeln)
- Schritt 3: Ordne alles der Entscheidung unter, den Engpass bestmöglich auszunutzen
- Schritt 4: Wenn nötig und sinnvoll, erweitere den Engpass
- Schritt 5: Wenn der Engpass sich verschoben hat, beginne wieder bei eins

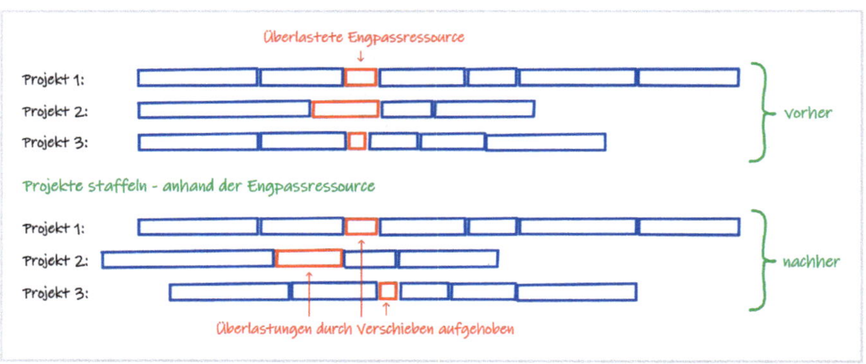

Abbildung 17: Handhabung von Engpassressourcen

Es geht also im ersten Schritt darum, die parallele Belastung der Mitarbeiter zu reduzieren und Projekte anhand von kritischen Ressourcen, sogenannte DRUM-Ressourcen, so zu takten, dass durch die Ressource immer nur ein Arbeitspaket oder Projekt (dieses dann aber so schnell wie möglich) durchgeschleust wird und die Engpassressource – mit Ausnahme von geplanten Reserven – nie Leerlauf hat.

Ansatz 2: Sicherheiten bündeln – am Ende des Projekts

Ein Problem beim traditionellen Projektmanagement ist, dass beim zeitlichen Budgetieren von Arbeitspaketen oder Vorgängen im Rahmen eines Projekts stets Zeitreserven berücksichtigt sind. Dieses Zeitbudget, das die Terminplanung bestimmt, wird erfahrungsgemäß jedoch immer voll ausgenutzt. Im Klartext bedeutet das, dass Vorgänge nie vor ihrem Zeittermin fertig werden. Gründe dafür sind, dass Mitarbeiter dann als zuverlässig gelten, wenn sie gemachte Zusagen auch einhalten, also werden von vornherein zeitliche Puffer in Schätzungen eingebaut. Was passiert aber, wenn ein Mitarbeiter immer wieder Termine, die aufgrund seiner eigenen Zeitschätzungen errechnet wurden, unterschreitet? Er wird nicht mehr ernst genommen und man würde ihm immer gleich einen Teil der geschätzten Zeit abziehen, also seine Zeitschätzung verkürzen. Dadurch geht ihm Sicherheit verloren und reduziert seine Chance, den vereinbarten Termin einzuhalten. Die einzige Chance für ihn, genau dies zu verhindern, besteht darin, nie oder nur selten vor einem vereinbarten Termin fertig zu werden. Außerdem: Warum soll ein Mitarbeiter ein Arbeitspaket früher als geplant abliefern, wenn dies sowieso keinen positiven Einfluss auf den weiteren Projektverlauf haben wird, da der für das nächste Arbeitspaket verantwortliche Mitarbeiter damit nicht früher beginnen kann, weil er erstens vermutlich noch mit einer anderen Aufgabe beschäftigt ist und zweitens weiß, dass er selbst genug Zeit eingeplant hat, um sein Arbeitspaket pünktlich abzuschließen?

Critical-Chain-PM versucht also, die in einzelne Arbeitspakete oder Vorgänge eingebauten Puffer zu eliminieren und dafür eine ausgewiesene Zeitreserve an kritischen Stellen bzw. am Ende des Projekts zu verwenden. Einzelne Pufferzeiten werden also aufsummiert und an kritische Stellen im Projekt verlagert. Gleichzeitig wird eine Überschreitung der Zieltermine der Einzelaktivitäten explizit gestattet. Die Realisierung erfolgt dabei in folgenden Schritten:

- Schritt 1: Die geschätzten Durchführungsdauern der einzelnen Arbeitspakete werden pauschal auf 50 % reduziert
- Schritt 2: Die so eingesparten Dauern werden zu einer Gesamtsumme addiert
- Schritt 3: Die Hälfte dieser Gesamtsumme wird als globaler Zeitpuffer an das Ende des Projektplans gestellt

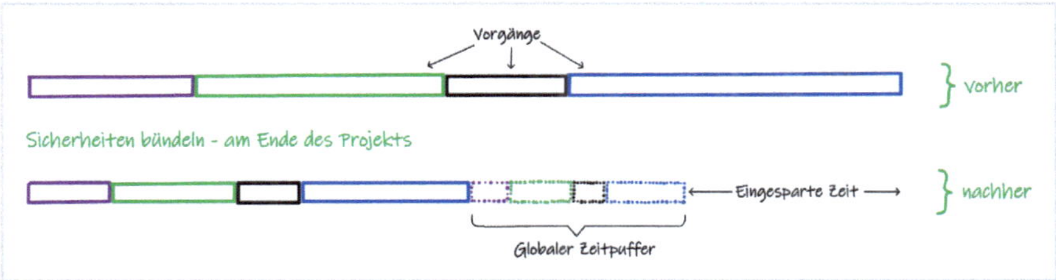

Abbildung 18: Handhabung von Puffern

Es geht also im zweiten Schritt darum, Sicherheiten (Puffer) am Ende des Projekts zu bündeln, was durch Halbierung der einzelnen Arbeitspaketdauern und das Anhängen der halben gesparten Zeit als gemeinsamen Puffer am Projektende geschieht.

Ansatz 3: Aufgaben werden streng nach Priorität an die Ressourcen vergeben

Trotz guter Planung erfordern manche Aufgaben einen höheren Arbeitseinsatz oder dauern länger als geplant. Deshalb muss entschieden werden, welche der anstehenden Aufgaben (aus verschiedenen Projekten) als Erstes bearbeitet werden sollen und welche noch warten müssen. Um die Aufgaben projektübergreifend managen zu können, müssen Prioritäten nach einem eindeutigen, objektiven Verfahren gesetzt werden. Dazu gibt es folgende Regeln:

- Eine bereits begonnene Aufgabe wird nicht unterbrochen (schädliches Multitasking verhindern).
- Wenn eine Aufgabe abgeschlossen ist, wird als Nächstes die Aufgabe begonnen, die die höchste Priorität hat.
- Die Priorität einer Aufgabe ist umso höher, je mehr Puffer sie am Projektende, im Verhältnis zum Fortschritt des Projekts, verbraucht (Pufferindex).

Aus den beiden Werten »Projektfortschritt« und »Pufferverbrauch« kann nun die Relation »Projektstatus« ermittelt werden: Je weniger Puffer im Verhältnis zum Projektfortschritt verbraucht ist, umso besser der Status des Projektes, also umso größer die Wahrscheinlichkeit, dass das Projekt den versprochenen Liefertermin einhalten kann.

Es geht also im dritten Schritt darum, Aufgaben streng nach Prioritäten an Ressourcen – die gerade eine andere Aufgabe beendet haben – zu vergeben. Dabei richtet sich die Priorität ausschließlich nach dem Pufferindex, d. h. dem Verhältnis des Projektfortschritts zum Pufferverbrauch. Das bedeutet, dass nicht der Projektleiter, der »am lautesten schreit« die Ressource bekommt, sondern das Projekt, das sie objektiv am meisten benötigt.

Resümee

Das Critical-Chain-Projektmanagement ist eine Projektmanagementmethode, bei der immer klar sein muss, welches Arbeitspaket innerhalb verschiedener Projekte eines Unternehmens Vorrang hat. Das heißt aber auch, dass so genanntes schädliches Multitasking vermieden werden muss. Gefragt ist auch ein gutes Puffermanagement. Hier geht es um den Umgang mit Schätzungen, was die Dauer bis zur Beendigung einzelner Arbeitspakete oder ganzer Projekte angeht. Die Erfahrung im traditionellen Projektmanagement zeigt, dass Zeitpuffer immer komplett ausgenutzt werden, d. h. entweder werden Arbeitspakete, die zu früh fertig werden, nicht früher als geplant abgeliefert oder, statt die Puffer zu nutzen, um echte Probleme abzufangen, wird so spät wie möglich mit der Bearbeitung von Arbeitspaketen begonnen. Eventuell auftretende Probleme führen damit direkt zu Verzögerungen. Beim Critical-Chain-Projektmanagement werden diese Einzelpuffer bzw. Zeitreserven aus den Vorgängen herausgelöst, summiert und als »Gemeinschaftspuffer« an das Projektende gestellt. Ein Vorteil ist, dass früher fertiggestellte und abgelieferte Arbeitspakete den Gemeinschaftspuffer erhöhen, also für alle Projektbeteiligten mehr Sicherheit schaffen. Ein weiterer Vorteil ist, dass Arbeitspaketverantwortliche versuchen, ihre Arbeitspakete rechtzeitig fertigzustellen, um keinen Gemeinschaftspuffer verbrauchen zu müssen, denn damit würde man dem Projekt ja Sicherheitsreserven entziehen.

7.1.3 Kanban

Kanban ist eine Methode, mit der ein Team seine Aufgaben in Projekten so steuern kann, dass ein gleichmäßiger Arbeitsfluss entsteht – bei einer möglichst geringen Durchlaufzeit eines jeden Arbeitspakets. Das Kanban-System basiert dabei auf dem Pull-Prinzip, d.h. erledigte Arbeiten werden nicht zum nächsten Mitarbeiter weitergereicht (das wäre das Push-Prinzip), sondern jeder Bearbeiter holt sich selbstständig die nächste noch freie Aufgabe vom Kanban-Board, sobald er seine bisherige Aufgabe beendet hat. Voraussetzung zum Einsatz von Kanban ist, dass sich Arbeitspakete in aufeinanderfolgende, aber ansonsten unabhängige Arbeitsschritte gliedern lassen. Kanban beruht auf den Prinzipien Visualisierung, Begrenzung und kontinuierliche Verbesserung, die im nachfolgenden Beispiel verdeutlicht werden.

Angenommen, wir wollen eine Software entwickeln und jedes freigegebene Arbeitspaket soll nacheinander die Stationen Design, Entwicklung und Test durchlaufen, bevor es endgültig beendet ist. Außerdem wollen wir dafür sorgen, dass die Arbeiten gleichmäßig auf die verschiedenen Arbeitsstationen verteilt werden und dass jeder Mitarbeiter maximal an zwei Aufgaben gleichzeitig arbeiten darf. Und natürlich sollen die Arbeitsabläufe ständig optimiert werden.

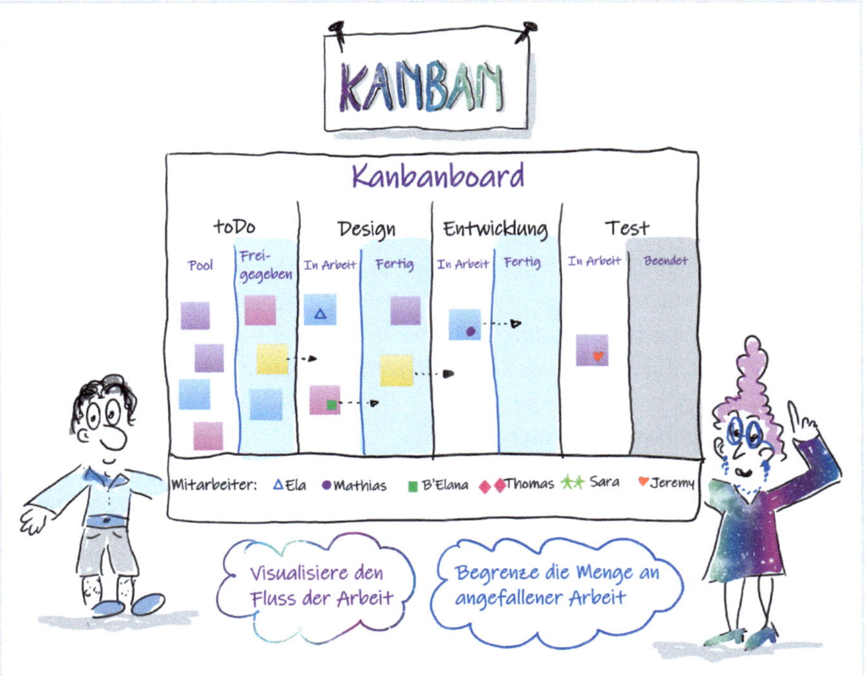

Abbildung 19: Beispiel eines Kanban-Boards

Die Vorgehensweise erfolgt dabei in folgenden drei Schritten:

1. **Visualisierung**
   Wir erstellen ein Kanban-Board mit den Bereichen »To-Do/Design/Entwicklung/Test« auf einer Metaplan-Tafel oder einem Whiteboard. Jeder Bereich wird in zwei Spalten unterteilt, z. B. bietet sich bei To-Do eine Aufteilung in »Pool« (hier kommen alle Aufgaben hinein, die insgesamt zu bearbeiten sind) und »Freigegeben« an, wobei das Team gemeinschaftlich entscheidet, welche Arbeitspakete von Pool in die Freigegeben-Spalte wandert. Nur freigegebene Arbeitspakete dürfen bearbeitet werden. Die Bereiche Design und Entwicklung werden jeweils in die zwei Spalten »In Arbeit« und »Fertig« aufgeteilt. Der Bereich Test wird in die Spalten »In Arbeit« und »Beendet« unterteilt, da eine Aufgabe dann als endgültig abgeschlossen gilt, sobald der Test erfolgreich beendet wurde. Die Freigegeben-Spalte und die beiden Fertig-Spalten werden mit hellblau und die Beendet-Spalte wird hellgrau unterlegt.
2. **Begrenzung**
   a) Damit sich keiner der Mitarbeiter die »Rosinen unter den Aufgaben« herauspickt, und um schädliches Multitasking durch häufige Rüstzeiten zu vermeiden, darf jeder Mitarbeiter nur maximal zwei Aufgaben gleichzeitig bearbeiten oder für sich reservieren. Dadurch wird sichergestellt, dass kein Teammitglied – aufgrund nicht rechtzeitig fertiggestellter Vorgängerarbeiten – ohne Arbeit ist. Zudem wird ein fokussiertes, wertschöpfendes Arbeiten aller Mitarbeiter ermöglicht. Die Begrenzung kann man dadurch erreichen, dass jeder Benutzer zwei Marker (hier: geometrische, farbige Symbole) zur Verfügung hat, die er an die Aufgabenkarte der Aufgabe pinnt, die er gerade in Arbeit hat. Hat er keine Marker mehr, kann er erst wieder eine neue Aufgabe annehmen, wenn er eine andere Aufgabe abgeschlossen hat und somit einer seiner zwei Marker wieder frei ist.
   b) Um einen optimalen Fluss zu erzielen und eine möglichst geringe Durchlaufzeit der Arbeitspakete zu erreichen, müssen die Aufgaben gleichmäßig auf die verschiedenen Bearbeitungsstationen verteilt werden. Das könnte man realisieren, indem man die maximale Anzahl an Aufgaben in den »in Arbeit«-Spalten auf maximal drei begrenzt.
3. **Kontinuierliche Verbesserung**
   Für eine ständige Verbesserung kann ein tägliches kurzes Treffen vor dem Kanban-Board sorgen, bei dem man über den Bearbeitungsstand der Arbeitspakete und deren Durchlaufzeiten spricht, sowie Ideen zur Optimierung der eigenen Abläufe einbringt.

Zu Beginn befinden sich alle zu erledigenden Arbeitspakete im Pool im To-do-Bereich. Die Arbeiten, die als Nächstes zu bearbeiten sind, werden in die Freigegeben-Spalte gezogen. Ein Bearbeiter kann sich jetzt eines der freigegebenen Arbeitspakete nehmen, in die In-Arbeit-Spalte des Bereichs Design ziehen und mit seinem Marker kennzeichnen. Sobald er seine Arbeit beendet hat, zieht er es auf die Fertig-Spalte des Bereichs Design und entfernt seinen Marker. Jetzt kann er entweder das gerade bearbeitete Arbeitspaket in die In-Arbeit-Spalte des Bereichs Entwicklung ziehen oder ein anderes Arbeitspaket aus der Freigegeben-Spalte nehmen, in die In-Arbeit-Spalte des Bereichs Design ziehen und mit seinem Marker markieren. So kann sich jeder Bearbeiter ein Arbeitspaket von einem der hellblau unterlegten Felder nehmen und auf das In-Arbeit-Feld des nächsten Bereichs ziehen usw. – sofern sich auf dieser In-Arbeit-Spalte nicht schon drei Arbeitspakete befinden. Auf diese Weise wandern alle Arbeitspakete kontinuierlich von links nach rechts. Sobald sich alle Arbeitspakete auf der Beendet-Spalte des Bereichs Test befinden, ist die Bearbeitung abgeschlossen.

7.1.4 Hybride Vorgehensmodelle

Werden innerhalb eines Projekts unterschiedliche Vorgehensmodelle genutzt, spricht man von hybriden Vorgehensmodellen. Damit ist meist eine Kombination aus planbasierten und agilen Vorgehensmodellen gemeint. Aber auch rein planbasierte oder rein agile Vorgehensmodelle können zu hybriden Vorgehensmodellen kombiniert werden.

Zum Beispiel könnte man das klassische Wasserfallmodell mit dem agilen Vorgehensmodell Scrum kombinieren. Dabei könnte man in der Projektstartphase ganz klassisch alle Anforderungen aufnehmen und alle Rahmenbedingungen definieren. In der Planungsphase wird aus allen bisher vorliegenden Anforderungen ermittelt, wie viele Sprints – entsprechend der in der Startphase definierten Sprint-Dauer und Teamgröße – das Projekt ungefähr benötigt. Da alle Sprints gleich lang sind und immer das gleiche Team die Sprints bearbeitet, lassen sich auch die Projektkosten und die Projektdauer berechnen. Diese Berechnung ist nur gültig, wenn sich an den bisher festgelegten Anforderungen nichts ändert. Das heißt, der Auftraggeber weiß, mit welchen Kosten er ungefähr zu rechnen hat und wie lange es ungefähr dauert, bis er sein endgültiges Produkt hat. Natürlich muss klargestellt werden, dass der Kunde jederzeit Änderungen am Produkt vornehmen kann und soll – allerdings mit der Konsequenz, dass sich damit die Projektgesamtdauer und die Projektgesamtkosten ändern. In der Realisierungsphase wird nach Scrum-Regeln gearbeitet, d. h. die Aufgaben werden iterativ und inkrementell bearbeitet. Das Produkt wird also in einzelnen Zyklen (Sprints) und in Einzelteilen erzeugt, d. h. der Auftraggeber bekommt am Ende jedes Zyklus ein vollfunktionsfähiges Einzelteil übergeben, mit dem er auch schon arbeiten kann. Während der gesamten Realisierungsphase hat der Auftraggeber die Möglichkeit, neue Anforderungen hinzuzufügen und die Anforderungen zu priorisieren, d. h., er bekommt immer als Nächstes das Inkrement (Einzelteil), das er gerade am meisten benötigt. Ein aufwendiges Änderungsmanagement, wie das bei einem rein klassischen Vorgehensmodell nötig wäre, entfällt. Sobald der Auftraggeber alles hat, was er braucht, ist die Realisierungsphase beendet. Jetzt folgt die Übergabe/Abschlussphase, in der die Kundendokumentation (Handbuch, Installationsanweisungen, technische Dokumentation) vervollständigt und dem Auftraggeber übergeben wird. Dann wird noch ein interner Projektabschluss mit Erfahrungssicherung (Lessons Learned) und Projektauflösung durchgeführt.

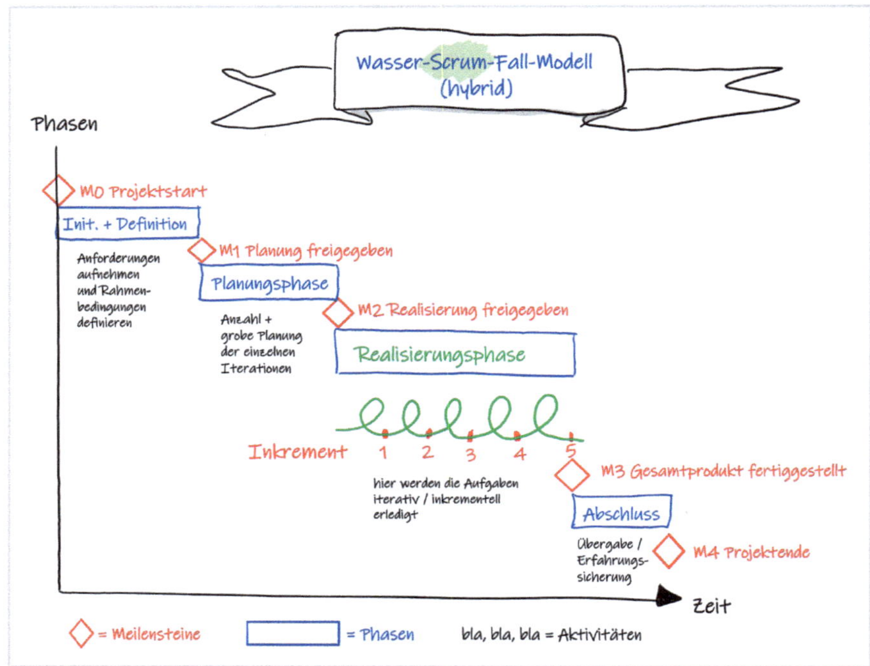

Abbildung 20: Wasser-Scrum-Fall-Modell

Beim Wasser-Scrum-Fall-Modell handelt es sich um eine sequenzielle Anwendung von Vorgehensmodellen, da in sich abgeschlossene Projektphasen mit unterschiedlichen Vorgehensmodellen bearbeitet werden. Ein weiteres sequenziell aufgebautes hybrides Modell wäre beispielsweise die agile Auftragsklärung in der ersten Projektphase mit anschließender Stabilisierung der Anforderungen und Umsetzung in einem klassischen Wasserfallmodell.

Von einer integrierten Anwendung von Vorgehensmodellen spricht man, wenn unterschiedliche Vorgehensmodelle innerhalb einer Phase oder des Projekts miteinander verschmolzen werden, wie das zum Beispiel bei ScrumBan der Fall ist. Dabei wird das agile Vorgehensmodell Scrum genutzt, um das Produkt zu erzeugen, aber die Aufgabenverteilung erfolgt flussorientiert nach dem agilen Vorgehensmodell Kanban.

Das Problem bei hybriden Methoden ist, dass man bei einer Kombination verschiedener Vorgehensmodelle nicht nur die Vorteile der einzelnen Modelle nutzen kann, sondern sich gleichzeitig auch die Nachteile einfängt. Bei meiner Tätigkeit als Projektberater in verschiedenen Unternehmen bekomme ich manchmal mit, dass die Firma jetzt auf »Hybrides Projektmanagement« umsteigen will. Da werde ich immer hellhörig und vereinbare einen Termin mit den Verantwortlichen, um die Gründe dafür zu erfahren. Meistens bekomme ich Antworten in der Form »Wir haben früher klassisches Projektmanagement gemacht – das hat nicht funktioniert! Dann haben wir es mit agil versucht, das hat auch nicht funktioniert! Deshalb wollen wir es jetzt hybrid versuchen!«. Meine Antwort darauf lautet dann in etwa so: »Sie glauben also, wenn Sie zwei schlechte Dinge miteinander kombinieren, kommt etwas Gutes dabei heraus? Das ist ja in etwa so, als wenn Sie eine Mahlzeit zubereiten wollen, aber nur schlechte Zutaten zur Verfügung haben und selbst absolut nicht kochen können. Denken Sie, da wird etwas Leckeres dabei herauskommen?«. In der Regel folgt dann ein Gespräch, in dessen Verlauf ich klar mache, dass wir erst einmal die Gründe für das Scheitern der Projekte suchen und dann Maßnahmen zur Verbesserung einführen sollten. Das Einführen von hybriden Methoden wird dann meistens auf später verschoben oder ist gar nicht mehr gewünscht.

In vielen Projekten ist ein klassischer Ansatz sinnvoll und die planungsgetriebene Vorgehensweise bringt Vorteile mit sich. Und trotzdem ist es mitunter hilfreich, an der einen oder anderen Stelle agil vorzugehen, um eine stärkere Kundenzentrierung zu erwirken und dem Team zu ermöglichen, sich selbst zu organisieren und Verantwortung zu übernehmen. Dadurch kann flexibler auf veränderte Rahmenbedingungen reagiert werden. Und auch eine Kombination aus klassischen und agilen Elementen hat seine Daseinsberechtigung. Nämlich immer dann, wenn ein Projekt viele klassische aber auch viele agile Elemente benötigt. Aber das muss dann von Fall zu Fall entschieden werden.

7.2 Praxisbeispiel

Im November 2022 waren wir bereits in der heißen Phase der Manuskripterstellung, machten uns aber immer wieder in regelmäßigen Abständen unsere Gedanken, welchen Mehrwert wir »der Welt« neben unserem Buch noch geben könnten bzw. welche zusätzlichen Produkte, Konzepte, Trainings etc. wir ersinnen könnten, um mit unserem Projektmanagementwissen richtig durchzustarten. Es ging uns also um das Thema Cross-Selling, d. h. die Konzeption und den Verkauf von verwandten bzw. ergänzenden Produkten und Dienstleistungen. Gemeinsam mit einem sehr guten Freund, der sich ebenfalls sehr für PM interessiert und uns besuchte, begaben wir uns an einem Wochenende in ein wunderschönes Hotel in der Südpfalz, um dort in Ruhe und losgelöst vom Tagesgeschäft Ideen zu »spinnen« und unserer Kreativität freien Lauf zu lassen.

Ich bin ein großer Fan der agilen Design-Thinking-Methode, weil mir das Prinzip sehr zusagt, zunächst einmal im »Problemraum« zu verweilen, um sich ausgiebig mit der

Ausgangslage der Situation zu befassen, bevor in den »Lösungsraum« gewechselt wird. Unser Freund machte den Vorschlag, in Anbetracht der Kürze der Zeit vielleicht doch lieber eine Variante des »Design Sprint«-Ansatzes zu verfolgen, d. h. im Grunde ein Design-Thinking-Prozess, der auf eine wesentlich kürzere Zeit »runtergedampft« wird. Eine wunderbare Idee! Wir orientierten uns an den fünf Aktivitäten Problemanalyse, Lösungen, Entscheidung, Prototyping und Nutzertest und legten los.

Bei der Problemanalyse kristallisierte sich schnell heraus, dass das Lesen unseres Buches alleine unserer Zielgruppe nicht genügen würde, um wirklich fit zu sein im Projektmanagement. Um erfolgreich die Segel setzen zu können, bräuchte es mehr Input und zusätzliche Ideen, ein anderes Mindset und insgesamt ein massives Umdenken. Viele Lehrwerke draußen auf dem Markt sind sehr methodenlastig und beschreiben eine PM-Theorie, eine PM-Methode nach der anderen. Der Praxisbezug bleibt dabei leider häufig auf der Strecke, sodass ein Lehrwerk alleine die Leser (nachvollziehbarerweise) noch lange nicht fit macht, um erfolgreich Projekte zu stemmen. Zudem haben viele Projektschaffende ein klares Defizit, was das Thema Führung angeht, sodass es neben der Vermittlung von solidem Projektmanagement-Fachwissen eben auch notwendig wird, über wichtige Führungsqualitäten zu sprechen.

Erste Ideen wurden zu Papier gebracht – und wieder verworfen. In der Lösungsphase wurden neue Ideen in den Ring geworfen und skizziert. Wir wogen die einzelnen Ideen gegeneinander ab und trafen Entscheidungen. Als Trainerin und Projektmanagerin war ich schon immer eine begeisterte Visualisiererin. Deshalb war ich auch zu unserem kreativen Wochenende mit allerlei Hilfsmitteln aus meiner visuellen Wunderkiste am Start: einem großen DIN-A3-Block, vielen Buntstiften und Wachsmalkreiden, Glitzerstiften und Textmarkern. Ich fertigte für unsere Ideen in der Prototyping Phase kleine Sketchnotes an, gemeinsam bastelten wir kleine 3D-Modelle, um besser visualisieren zu können. Das eine oder andere wurde während eines minimalistischen Nutzertests dann auch wieder zusammengeknüllt oder einfach nur für nicht geeignet befunden. Stück für Stück und ein wenig im Turbogang arbeiteten wir uns in unserem kleinen Design-Sprint durch die fünf Bereiche und hatten am Ende unseres Südpfalz-Wochenendes einen Rohentwurf unseres möglichen Zusatzproduktes Führung im PM mit Schwerpunkt auf den Softskills bzw. »Powerskills«! Dieser Rohentwurf entsprach im Wesentlichen durchaus einem MVP – einem minimal überlebensfähigen Produkt. Zumindest in einer sehr grob angelegten Variante. Wir hielten am Ende unseres kleinen Design-Sprint-Erlebnisses die Idee und die Skizze für ein modular aufgebautes Trainings- und Coachingprogramm in den Händen, hatten uns den Kontext drum herum überlegt und erste Details schon grob durchdiskutiert. Wir beschlossen, dass wir in weiteren Sprints am Ball bleiben wollten, um nach und nach alles feiner auszuarbeiten. Und das taten wir auch im Verlauf unseres Buchprojekts. In regelmäßigen Abständen telefonierten wir mit unserem Freund oder trafen uns zu dritt in Videokonferenzen in MS Teams, um weiter an unseren Cross-Selling Ideen zu spinnen. Und mit jeder Schleife im kreativen Prozess wurden unsere Ideen konkreter und ausgefeilter.

Am Ende hatten wir ein praktikables Konzept für modular aufgebaute Trainings und Coachings, sowohl mit fundiertem Zusatzwissen im Bereich Führung im PM als auch, was die einzelnen Powerskills Führung / Ethik / Kultur, Werte und Diversität / Agiles Mindset / Teamarbeit / Kommunikation / Konflikte und Krisen / Mut und Motivation / Kreativität und Problemlösung und last, but not least Verhandlungsführung angeht individuell ausgearbeitet. Wir ließen uns von den unterschiedlichen Kompetenzelementen der ICB 4.0 (IPMA) inspirieren und finden diese Powerskills so wertvoll und wichtig, dass wir beschlossen, ihnen ein eigenes Kapitel in unserem PM-Buch zu widmen.

7.3 Quintessenz

Es mag leicht der Eindruck entstehen, in der Welt von uns Projektschaffenden geht es um den Konkurrenzkampf agil versus klassisch, bzw. agil versus nicht-agil. Und manche Themen rund um Agilität mutieren zu Modeerscheinungen, werden regelrecht zum Hype und sind oftmals die Initialzündung für einen Streit unter (vermeintlichen) Experten oder sorgen zumindest für die eine oder andere heftige Diskussion. Dabei geht es bei der Frage nach agil oder klassisch sachlich betrachtet nur um die Frage nach unterschiedlichen Methoden und welche für das jeweilige Projekt am besten geeignet ist. Unter dem Strich betrachtet handelt es sich bei den diversen Vorgehensmodellen lediglich um Werkzeuge in der Werkzeugkiste von uns Projektmenschen. Mit diesen Werkzeugen sind wir imstande, Probleme zu lösen und unter Benutzung des passenden Werkzeugs unser Projekt zum Erfolg zu führen. Nur mit dem Unterschied, dass wir vermutlich nie auf die Idee kämen, über die Vorzüge eines spezifischen Hammers solch heftige Diskussionen zu führen, wie wir sie bei der agil versus nicht-agil Thematik führen.

Es sollte für uns Projektschaffende nicht vorherrschend darum gehen, ob eine Methode im Trend liegt oder nicht. Es sollte auch nicht darum gehen, dass wir uns nur für die vermeintlich eine, wahre Methode entscheiden müssen, denn wir müssen uns vielmehr die grundlegende Frage stellen, welche Möglichkeiten wir insgesamt haben, wie die Rahmenbedingungen aussehen, wie groß der Schieberegler ist, den wir zur Verfügung haben und wir uns letzten Endes natürlich auch fragen müssen, wie flexibel wir sein wollen bzw. können oder dürfen.

Immer noch wird ein Großteil der Projekte nach klassischen Methoden durchgeführt, was zum einen daran liegt, dass der klassische Ansatz einfach am besten zum jeweiligen Projekt passt und praktikabel ist. Zum anderen liegt es daran, dass ein Wechsel zu agilen Vorgehensmodellen unternehmensseitig gar nicht unbedingt gewollt ist bzw. sich gar nicht darstellen ließe. Die Umstellung auf Agilität bzw. agile Vorgehensmodelle ist längst nicht so leicht, wie sich manche Organisation das vorstellt. Es kommt auf sehr viele Faktoren an, die entscheidend dafür sind, welches Vorgehensmodell zu einem Unternehmen bzw. einer Organisation passt. Die falsche Wahl bewirkt das Gegenteil – da passt dann nichts mehr, und im schlechtesten Fall hören die Mitarbeitenden sogar sprichwörtlich auf, mitzudenken und machen letzten Endes nur noch Dienst nach Vorschrift. Sowohl klassische als auch agile Vorgehensmodelle und Methoden haben ihren Charme und ihre Daseinsberechtigung – sofern Profis am Werk sind, die wissen, was sie tun. Der Scrum-Mitbegründer Jeff Sutherland brachte es einmal sehr treffend auf den Punkt: »*The enemy of agile is not waterfall. It's bad agile!*« (Der Feind der Agilität ist nicht der Wasserfall. Es ist schlecht umgesetzte Agilität!) – wenn agile Methoden schlecht eingeführt und implementiert werden, wenn das agile Mindset nicht vorhanden ist oder wenn Agilität von oben oktroyiert wird, ohne das entsprechende Wissen zu haben, ohne die benötigte Erfahrung mitzubringen, dann ist die Schieflage vorprogrammiert.

Viele Projekte werden auch heute schon nach hybriden Ansätzen durchgeführt. Das ist ein sehr pragmatischer und praxisnaher Vorstoß, sich für das jeweilige Projekt das Beste und Passendste aus allen Welten auszuwählen. Dort, wo ein planungsgetriebener Ansatz richtig und wichtig ist, sollte und darf geplant werden. Und dort, wo wir Projektschaffenden die Möglichkeit haben, flexibler und selbstorganisierter vorzugehen – und sofern wir genau wissen, was wir tun – dürfen wir gerne in die agile Werkzeugkiste greifen. Oder aber wir kombinieren unterschiedliche agile Vorgehensmodelle sinnvoll miteinander bzw. ergänzen klassische Vorgehen mit agilen Techniken. Wichtig ist, dass die Vorgehensweise passt – zum Projekt, aber eben auch zum Unternehmen, der Organisation und damit zu den Menschen, die nach der jeweiligen Methode arbeiten sollen.

7.4 Tools und Tipps

Ein ganz pragmatischer und zugleich wertvoller Tipp ist es, dass wir für unsere Projekte, die wir nach agilen Methoden durchführen wollen, die passende Methode wählen und nicht immer gleich automatisch an Scrum denken. Es gilt, aus den zahllosen agilen Methoden und Vorgehensmodellen diejenigen auszuwählen, von denen unser Projekt am meisten profitiert. Es kommt darauf an, die richtige Mischung zu finden – gerne auch mit klassischen Elementen kombiniert. Zudem sollten wir unser Projekt so klein wie möglich halten, um den Komplexitätsgrad ebenfalls niedrig halten zu können. Das macht unser Projekt übersichtlicher und sorgt dafür, dass der Interpretationsspielraum klein gehalten werden kann. Denn je mehr Interpretationsspielraum wir haben, desto größer ist auch die Gefahr, dass wir letzten Endes falsche Entscheidungen treffen.

Ein großer Aspekt agiler Methoden ist Selbstorganisation der Teams und eigenverantwortliches Denken und Handeln. Dazu ist es aber im Vorfeld notwendig, bei unseren

Teams auf Freiwilligkeit zu setzen, um eine Eigenverantwortung im Team überhaupt erst zu ermöglichen. Wir brauchen das klare Bewusstsein bei allen Projektbeteiligten, dass zu einer erfolgreichen Selbstorganisation eben auch gehört, Verantwortung für sein Tun zu übernehmen und sich nicht nur »die Rosinen aus dem Kuchen zu picken«. Dafür ist natürlich auch eine solide, gelebte Fehlerkultur notwendig, die den Umgang mit Fehlern toleriert und auf Sanktionen verzichtet. Agiles Arbeiten verlangt ein anderes Know-how, denn selbst die Arbeit mit Klebezetteln will gelernt sein und sollte nicht einfach so unreflektiert durchgeführt werden. Deshalb ist es nicht nur richtig, sondern auch wichtig, den Projektbeteiligten begleitende Coachings anzubieten, Schulungen in Projektmanagementmethoden zu organisieren und dafür zu sorgen, dass alle über das nötige Wissen verfügen, das sie brauchen, um das Projekt zum Erfolg zu führen.

Impulsfragen für agile Methoden

- Wozu gibt es uns?
- Was ist der Nutzen und die Wertschöpfung, die wir schaffen?
- Mit welchen Aufgaben identifizieren wir uns?
- Was ist unser Selbstverständnis?
- Was tun wir, um unseren Auftrag zu erfüllen?
- Welchen Beitrag leisten wir zum Projekt?
- Wie wenden wir die agilen Prinzipien konkret in unserem Projekt an?
- Welche Rollen und Kompetenzen brauchen wir im Team?
- Wodurch gewähren wir für alle Mitarbeiter das passende Maß an Selbstorganisation und Entscheidungskompetenz?
- Welche Kommunikationsstrukturen schaffen wir, um alle relevanten Schnittstellen im Unternehmen, unsere Kunden und Stakeholder einzubinden?
- Wie wollen wir auf unsere Kunden und unser Umfeld wirken?

7.5 Interviews mit Projektmanagern

Stephan Scharff

MF: Was hat es mit dem Buzzword »Agilität« auf sich?

SS: Businessseitig betrachtet ist es die Verheißung, dass ich meine Probleme gut lösen und auf den Markt reagieren kann, ohne komplizierte Prozesse nutzen zu müssen. Ich stelle Menschen in den Mittelpunkt, binde sie demokratisch ein und erstelle meine Produkte auf diese Weise viel dynamischer. Ich kann schneller auf Veränderungen reagieren und mich nur auf das konzentrieren, was ich wirklich machen muss. Dadurch erzeuge ich weniger Verschwendung. Agilität ist also eine attraktive Leinwand, die nichts Genaues vorgibt und mir viel Freiraum lässt. Von technischer Seite aus betrachtet bedeutet es für mich Anpassungsfähigkeit – und genau die brauche ich, wenn ich z. B. IT-Produkte entwickeln möchte.

MF: *Was sind für Sie die größten Herausforderungen bei agil bzw. hybrid?*

SS: Viele wollen »agil« ausprobieren, wissen aber nicht, für was! D. h., sie kennen die unterschiedlichen Methoden nicht wirklich und haben zu wenig Ahnung. Es gibt auch nicht DIE Agilität per se. Weil – es ist nur eine Sammlung von Werten, Prinzipien und ein paar Frameworks. Alles andere ist Interpretation. Es gibt einen riesengroßen bunten Zoo von allem möglichen »agilen Getier« und die Leinwand ist riesig, aber so wenig ist wirklich festgeschrieben. Nur – wenn ich nicht weiß, wie ich Projekte zum Erfolg führe, sondern dogmatisch an das Thema herangehe, wird es nicht klappen. Weder klassisch noch agil oder geschweige denn hybrid. Ich muss immer wissen, was ich mache – und warum ich was mache. Selbstorganisation braucht ein bestimmtes Setting, sonst geht es nicht. Aber es muss bei Agilität ja auch nicht alles immer und überall selbstorganisiert sein ... Agilität ist, was wir daraus machen! Es gibt hier sehr viele Glaubenssätze – und es geht nicht um »schwarz oder weiß« und auch nicht um »gut oder böse«.

MF: *Wie und in welchen Bereichen werden Ihrer Erfahrung nach die meisten Projekte durchgeführt? Klassisch, agil oder hybrid?*

SS: Agil natürlich! Weil – ich kann es auf alles anwenden, wenn ich es richtig und durchdacht mache! Ich muss sehen, wo ich bin, was ich brauche und in welchem Rahmen ich mich gerade bewege. In der Praxis gibt es viele Zwischenwelten und das ist auch gut so. Ich muss mir den agilen Schieberegler so stellen, dass er für mich passt. Brauche ich eine hohe Anpassungsfähigkeit in meinen IT-Produkten, dann brauche ich einen hohen Grad an Selbstorganisation. Auf manche Dinge habe ich aber keinen Daumen drauf und keine Handhabe. Da kann ich dann nicht »volle Möhre« und brauche gar nicht die volle Dynamik. Deshalb sind eben auch hybride Mischformen in der Projektpraxis vorteilhaft. Was ich aber auf jeden Fall brauche – einen erfahrenen Scrum Master, der weiß, was er tut. Und der das auch nicht erst seit gestern macht oder es in einem Zweitageskurs eben erst gelernt hat ...

MF: *Welche Tipps haben Sie für Unternehmen oder Organisationen, die »auf agil« umstellen wollen?*

SS: Start with WHY – also: Frage nach dem WARUM. Denn ohne das wird es nicht funktionieren ... Wenn das geklärt ist, dann denken wir ganz modern und fragen uns, wo wir in unserem Unternehmen stehen, was wir gerade brauchen – und das führen wir dann Schritt für Schritt ein. Langsam und durchdacht. Nicht im Schnelldurchlauf! Nicht mit Zwang und auch nicht mit blindem Aktionismus. Leider gibt es da draußen bei den vermeintlichen »agilen Profis« viele Zitronen, die sich gar nicht so leicht demaskieren lassen. Wenn ich meine Organisation auf agil umstellen möchte, dann brauche ich echte und erfahrene Profis. Denn so ein Profi bringt Realismus in alles und rückt mir als Geschäftsführer oder Entscheider auch mal den Kopf zurecht. Das brauche ich aber auch, wenn die Umstellung auf agil funktionieren soll! Bei Scrum brauche ich im Idealfall auch immer jemanden, der sich kümmert und der den Überblick hat. »Menschen über Prozesse« – d. h., ich adaptiere Scrum so, wie es für mich und mein Unternehmen passt. Und wenn das mit Sinn und Verstand gemacht wird, dann klappt auch eine Umstellung auf »agil«. Das dauert aber eine ganze Zeit, das sollten Unternehmen nicht unterschätzen …

Michael Künnell

MF: *Wie und in welchen Bereichen werden Ihrer Erfahrung nach die meisten Projekte durchgeführt? Klassisch, agil oder hybrid?*

MK: Bei uns und auch aufgrund meines Erfahrungsschatzes werden eher klassische Projekte durchgeführt. Verstärkt in den Bereichen IT, Strategie und Ergebnisverbesserung.

Daniel Laufs

MF: *Wie und in welchen Bereichen werden Ihrer Erfahrung nach die meisten Projekte durchgeführt? Klassisch, agil oder hybrid?*

DL: Die CAPTN Initiative, quasi das Dach, unter dem alle Projekte laufen, lebt Agilität. D. h., die Grundstruktur bei uns ist sehr agil. Aber viele Projekte innerhalb der Initiative sind oft auch ganz klassisch. Das gibt uns eine größere Flexibilität bei der Suche nach Partnern. Leider lässt es sich sehr gut hinter »Agilität« verstecken und es werden da oft auch Themen und Begriffe durcheinandergebracht bzw. falsch interpretiert, was schade ist. Wichtig ist: Agil bedeutet nicht ahnungslos! Im Gegenteil … Um wirklich agil zu sein und Agilität zu leben, braucht es sehr viel Fachkompetenz. Ich persönlich finde unseren missionsorientierten Ansatz cool, weil das Ziel damit ganz klar, aber der Weg dorthin frei ist. Letzten Endes ist es, glaube ich, die Mischung zwischen agil und klassisch, was am besten funktioniert.

Arie van Bennekum

MF: *Derzeit gibt es keine andere anerkannte Referenz bzw. Definition von Agilität in Bezug auf Projektmanagement (oder »agiles PM«), außer natürlich das agile Manifest. Was denken Sie – wird es genau so interpretiert und gelebt, wie Sie und die anderen Autoren es sich »damals«, 2001, gedacht hatten?*

AvB: Nein, es wird nicht wirklich so interpretiert, wie wir uns das wünschen. Als wir das Manifest damals niedergeschrieben haben, da haben wir immer gesagt: »Wenn wir diesen Raum betreten, dann lassen wir unser Ego draußen vor der Tür zurück!«. Jeder von uns Autoren war damals schon »agil« unterwegs, d. h. strukturiert zu arbeiten und den gesunden Menschenverstand anzuwenden gehörte einfach dazu. Menschen mögen keine Veränderungen … Daran wird sich nichts ändern. In unserer heutigen »agilen« Welt gibt es immer noch viel zu viele Silos, sogar, wenn wir über agile Methoden oder Werkzeuge reden. Es ist nicht damit getan, einen Zweitageskurs in Scrum zu besuchen oder irgendein Zertifikat zu erwerben und dann zu denken, alles ist »agil« ... Wenn das Mindset nicht agil ist, dann bist du nicht agil. Punkt. Und mit dem Lesen unseres Manifests alleine ist es eben auch nicht getan. Agil bedeutet nicht, ich mache, was ich will. Es bedeutet, ich mache, was das Team braucht!

MF: *Welche praktischen Tipps oder Empfehlungen haben Sie für Unternehmen und Organisationen, die sich dafür interessieren, »agil« zu werden?*

AvB: Es gibt keine Abkürzung! Das bedeutet – es gibt keinen leichten und schnellen Weg, wie ich ihnen dabei helfen kann, von A nach B zu kommen. Die Menschen mögen keine Veränderungen, Menschen teilen gemeinsame, lieb gewonnene Gewohnheiten und wollen in ihrer Komfortzone bleiben. Also müssen wir dafür sorgen, dass »agil« quasi unsere neue Komfortzone wird, das ist notwendig, damit die Zusammenarbeit klappt. Meistens werde ich vom Management oder Leadership Team damit beauftragt, »das Unternehmen agil zu machen«, aber im Grunde wollen sie es gar nicht wirklich und sperren sich dagegen ... »Nein, das können wir so nicht akzeptieren ...« oder »Nö, das wird bei uns nicht hinhauen«, höre ich dann immer. Wenn du Transformation willst, dann musst du schnell und beweglich sein. Und agil hilft uns dabei. Was ich da draußen oft sehe, ist das: ein bisschen Scrum hier, ein bisschen Lean da, was auch immer ... Wenn wir über eine Transformation hin zu »agil« reden, dann musst du erst einmal wissen, wer du bist. Und wohin du willst. Und wenn ich dir dabei helfen soll, dann muss ich wissen, wo du JETZT gerade stehst. Dann ist es notwendig, dass wir eine Transformationsroadmap entwickeln. Wenn du mir sagst: »Ich will ein Athlet werden.«, dann muss ich wissen, was für ein Athlet du sein möchtest, wie fit du momentan gerade bist, ob es irgendwelche früheren Sportverletzungen gibt ... Wenn du ein Sprinter oder Läufer sein willst, dann brauchst du ein bestimmtes Fitness Level, die richtige Ausrüstung, musst gesund sein und Kondition haben etc. Agil bedeutet, dass du in der Lage bist, dich zu bewegen, zu agieren und zu reagieren. Transformation bedeutet, ein Team bewegt sich gemeinsam nach vorne.

MF: *Was ist Ihr agiles Lieblingstool und warum?*

AvB: *A fool with a tool is still a fool ...* Agil bedeutet Transformation, und das braucht erst einmal ein entsprechendes Mindset. Erst dann ist es überhaupt erst einmal sinnvoll, über Methoden oder Werkzeuge nachzudenken ... Meine Tools sind: 1.) Kollaboration, 2.) Wähle genau das Werkzeug, das du brauchst, um dein Produkt auszuliefern, das ist das wichtigste. Es geht um auslieferfähige Produkte! Und 3.) unterschiedliche Formen von agil. Ich nutze sehr gerne Testplattformen und TDD (Test Driven Development/testgetriebene Entwicklung), weil ich viel in IT-Projekten arbeite, in denen es um Softwareentwicklung geht. Ich nutze auch JIRA – aber JIRA alleine macht dich nicht agil ... Es kommt immer auf dein

Mindset an und wie du deine Werkzeuge einsetzt. Ich erkläre das mit den Werkzeugen gerne mit meinem »agilen Regenschirm«. Für große Gruppen, die ihre Effizienz steigern wollen, nutze ich gerne LeSS (Large Scale Scrum) und SAFe (Scaled Agile Framework), genauso wie Lean oder Kanban. Wenn es um Effizienz- und Wertsteigerung von Teams geht, gibt es XP (Extreme Programming), oder Chrystal (entwickelt von Alistair Cockburn von IBM; einem agilen Rahmenwerk, das Menschen in den Fokus rückt anstelle von Prozessen) oder FDD (Feature Driven Development, einem Prozess- u. Rollenmodell, das gut mit existierenden klassischen Projektstrukturen funktioniert). Ich unterstütze die agile Transformation, indem ich den Agilen Coaches helfe – und das liebe ich! Ich mag die Herausforderung. Wenn das Mindset vom Team passt, dann ist es großartig! Und dann finden wir genau die Tools, die es braucht, um das Team nach vorne zu bringen. Es gibt keine »one size fits all«-Lösung... Alles ist agil!

René Windus

MF: Wie und in welchen Bereichen werden Ihrer Erfahrung nach die meisten Projekte durchgeführt? Klassisch, agil oder hybrid?

RW: Hoffentlich hört der »Glaubenskrieg« von wegen »alles muss planungsorientiert« und »alles muss agil sein« mal auf... In der Praxis funktionieren Projekte am besten hybrid. D. h. für mich, planungsorientiert beginnen, dann durch Kanban, Scrum oder welches agile Vorgehensmodell hier auch immer am besten funktioniert, ein wenig Flexibilität in das Projekt bringen und anpassungsfähig bleiben. Und am Ende alles wieder strukturiert einfangen. Es kommt aber auf das agile Mindset an! Wenn ich das habe, dann kann ich problemlos planungsorientiert arbeiten. Aber Menschen mit starrer Denke, die nur »klassisches« Projektmanagement kennen, die werden mit »agil« nicht klarkommen.

Stefanie Gries

MF: Wie und in welchen Bereichen werden Ihrer Erfahrung nach die meisten Projekte durchgeführt? Klassisch, agil oder hybrid?

SG: Ich denke, Projekte gibt es in allen Bereichen, Formen und Farben. Sie sind alle individuell und in der heutigen Zeit oft in gemischten Methodiken gesteuert. Reines agiles PM muss eine Organisation erst lernen, aber für die klassische Steuerung ist die Welt häufig zu schnell geworden. So wachsen eigene Methoden, was ich aber völlig ok finde.

MF: Was macht einen guten Projektleiter/Scrum Master/Product Owner aus? Was sind Ihrer Meinung nach wichtige »Führungsqualitäten«?

SG: Nicht das Thema, sondern die Menschen stehen im Mittelpunkt!

Olaf Piper

MF: Wie und in welchen Bereichen werden Ihrer Erfahrung nach die meisten Projekte durchgeführt? Klassisch, agil oder hybrid?

OP: Früheres Projektmanagement als klassisch zu bezeichnen wäre übertrieben, da den PLs meist die Qualifikation gefehlt hat. Wir waren bis vor ca. zehn Jahren sehr hemdsärmelig unterwegs. Der agile Ansatz wird bei Festo m. E. überzeichnet. Das sage ich aber aus der Position eines der Mitarbeiter, die viel Aufwand in die IPMA Level B Qualifikation gesteckt haben, also ein klassischer Projektmanager. M. E. benötigt auch der agile Ansatz die Toolbox des klassischen Projektmanagements. Neu ist, dass man nicht am einmal ausgegebenen Ziel festhält, sondern sich häufiger austauscht und auch eher bereit ist, die Ziele anzupassen. Dies gepaart mit der Arbeitsweise mit Zwischensprints macht für mich das PM heute aus. Ich versuche zumindest, so zu agieren. Insofern könnte man sagen, dass dies wohl ein hybrider Ansatz ist.

8 Softskills im Projektmanagement

Abbildung 21: Übersichtsbild Powerskills

8.1 Grundlagen

Sprechen wir über Projektmanagement, so stehen in den meisten Unternehmen die unterschiedlichen Projektmanagementmethoden im Fokus. Es geht um Tools, um das operative Projektgeschäft, um Kompetenzfelder, um Daten, Zahlen und Fakten. Was dabei leider oftmals außer Acht gelassen und unterschätzt wird, sind die sogenannten Softskills – die vermeintlich weichen Faktoren wie Kommunikation und Motivation oder Kultur und Werte. Dabei sind genau diese Fähigkeiten die Kernkompetenzen in der Arbeit mit Menschen. Es sind Powerskills, nicht einfach nur Softskills. Projekte werden von Menschen für Menschen gemacht, d. h. die zwischenmenschlichen Interaktionen, das Lesen zwischen den Zeilen und die Einbeziehung der gesamten Gefühlspalette dürfen – nein, sollen! – unbedingt in die Waagschale geworfen werden, wenn wir uns mit Projektmanagement befassen. Es geht um die unterschiedlichen Aspekte der Führung, um Teamarbeit, um agiles Mindset, um Kreativität und Problemlösung sowie darum, wie wir am besten mit den Menschen in unseren Projekten Verhandlungen führen.

In unserem Praxisbeispiel, die Entstehungsgeschichte unseres ersten gemeinsamen Buchprojekts, geht es darum, Projektmanagement zu verstehen, so praxisnah wie möglich. D. h., es ist uns als Autorenteam wichtig, unseren Lesern alle Schlüsselkompetenzen an die Hand zu geben, die sie brauchen, um erfolgreich in ihren Projekten die Segel zu setzen. Projekte erfolgreich zu machen heißt, sich der gesamten Klaviatur sozialer Kompetenzen zu bedienen, um sowohl sich selbst als auch sein Projektteam zu führen, die gesteckten Ziele zu erreichen und die Zufriedenheit aller wichtigen Stakeholder sicherzustellen. Auch hier fällt die gesamte Palette der Softskills ins Gewicht, denn Führung ohne ein Händchen für das Zwischenmenschliche ist nicht von Erfolg gekrönt. Im Projektmanagement sieht es ähnlich aus, darum lassen Sie uns nun näher betrachten, welche Powerskills hier eine wichtige Rolle spielen.

8.1.1 Führung

Egal, mit welchen Projektmanagementmethoden Sie arbeiten oder welchen Projektmanagementansatz Sie verfolgen – Führung spielt eine Rolle. Sprichwörtlich. Die Führungskraft nimmt je nach Überzeugung, Organisationsform, Ansatz oder persönlichen Vorlieben und Fähigkeiten unterschiedliche Führungsrollen ein, nutzt unterschiedliche Führungsstile oder wendet wechselnde Führungstechniken bzw. -konzepte an. So gibt es z. B. den autoritären Führungsstil, bei dem die Führungskraft die alleinige Entscheidungsgewalt hat und auch über die Köpfe der Mitarbeitenden hinweg entscheidet. (Dieser Führungsstil ist übrigens längst nicht immer so negativ, wie er auf den ersten Blick klingen mag, denn bei z. B. der Polizei, Feuerwehr, beim Militär oder bei Not-OPs im Krankenhaus ist es wichtig, dass einer das Kommando hat und Ansagen macht.) Ein weiterer Führungsstil ist Laissez-faire. Auch hier gibt es unterschiedliche Blickwinkel – zum einen ist dieser Stil im Sinne einer »ist mir doch alles egal«-Einstellung der Führungskraft zu sehen, zum anderen bedeutet Laissez-faire aber eben auch, die Führungskraft gibt den Experten im Team Raum und lässt sie arbeiten, in vollem Vertrauen darauf, dass am Ende genau das Ergebnis herauskommt, das für den Projekterfolg erforderlich ist. Beim kooperativen Führungsstil bezieht die Führungskraft die Meinungen und Erfahrungen aus dem Team mit ein und lässt sie in die Entscheidungsfindung einfließen. Als Führungskonzepte werden hingegen die unterschiedlichen »Management by« Techniken bezeichnet – also z. B. Management by Objectives (der Orientierung an vorgegebenen Zielen), Management by Exception (die Führungskraft klinkt sich nur im Ausnahmefall ein) oder Management by Delegation (d. h. die Führungskraft delegiert entsprechende Aufgaben an kompetente Mitarbeitende).

In agilen Projekten sprechen wir von der dienenden Führung, z. B. in der Rolle des Scrum Masters. Er ist im Grunde keine Projektleitung im klassischen Sinne, sondern jemand, der dafür Sorge trägt, dass das Team frei von äußeren Einflüssen arbeiten kann und ermöglicht, dass den Entwicklern der Rücken freigehalten wird und während der Sprints unbedingt nach Scrum-Regeln gearbeitet wird. In der Scrum-Rolle des Product Owners geht es darum, dass die Kundensicht berücksichtigt wird und der Kunde zufrieden ist. Die Powerskills dieser Rollen sind quasi, unter Anwendung von Agilität eine möglichst effiziente Projektarbeit zu leisten. Mit allem, was dazugehört.

Auch im klassischen Projektmanagement ist die Führungskraft in Gestalt der Projektleitung der Dreh- und Angelpunkt. Hier trennt sich die Spreu vom Weizen und es kommt sehr stark darauf an, dass mit viel Empathie und Fingerspitzengefühl nicht nur ans Projekt, sondern gerade auch an die Projektmenschen herangegangen wird. Erfolgreiches Stakeholdermanagement ist die Königsdisziplin im Projektmanagement. Bei gesunder Führung geht es zwar nicht um die Quadratur des Kreises, sondern vielmehr – mit den Worten von Dipl. Psych. Dr. Mathias Lohmer – um ein Dreieck aus Selbstmanagement, Aufgabenorientierung der Mitarbeiter und Stärkung des Teamzusammenhalts.

Je nach Projektorganisationsform hat die Führungskraft unterschiedliche Befugnisse und Verantwortlichkeiten, d. h. wir haben es in vielen Fällen mit einer echten Projektleitung zu tun, die befugt und befähigt ist, Entscheidungen zu treffen und für diese auch zur Verantwortung gezogen wird. In Stab-/Einfluss-Projektorganisationen hingegen sprechen wir vielmehr von einem Projektkoordinator, da hier weder Befugnisse noch Verantwortlichkeiten in den Ring geworfen werden, sondern von lateraler Führung die Rede ist, also eine Führung ohne direkte Weisungsbefugnis. Hierbei zeigt es sich im Projektgeschehen recht schnell, ob die Person, die eine solche Rolle bekleidet, die Softskills beherrscht, einen Draht zu allen relevanten Stakeholdern entwickeln kann und den »Geführten« auf Augenhöhe begegnet und ohne Druck aufzubauen oder zu drohen die angestrebten Lösungen sachlich-konstruktiv voranbringt.

Reden wir über Führung, so kommen wir um Begriffe wie Macht oder Interessen nicht herum. Macht kommt sowohl in formeller wie auch in informeller Gestalt daher und hat unterschiedliche Schattierungen. Wer Macht besitzt, kann die Verhaltensspielräume anderer Stakeholder beeinflussen und manipulieren – mitunter auch gegen deren Widerstand. In unseren Projekten gibt es Menschen, die verfügen über ein bestimmtes Fachwissen, sie sind Experten für ihre Themen und nutzen ihr Wissen, um komplexe Probleme zu lösen. Damit verfügen diese Personen über Macht durch Wissen. Aber auch einen Informationsvorsprung zu haben, verleiht uns in gewisser Weise Macht. »Ich weiß was, das du nicht weißt!« ist hier das Motto und basiert darauf, dass jemand Zugang zu mehr oder minder relevanten Informationen hat und die geeigneten Kommunikationskanäle zu nutzen weiß. Bei aller Liebe für das Vorhandensein von Wissen und der Nutzung angewandter Kommunikation – wir sollten uns stets bewusst machen, dass mit dieser Art von Wissen nur ein sehr schmaler Grat zu den viel zitierten Fake News besteht, weil wir längst nicht immer treffsicher etwas zum jeweiligen Wahrheitsgehalt unseres Wissens sagen können.

Unterschiedliche Menschen haben einen unterschiedlichen Bezug zum Thema Führung. Die einen wollen explizit Verantwortung übernehmen – auch für andere. Sie wollen führen und haben vielleicht sogar das Talent dazu, eine Führungskraft zu sein. Anderen hingegen ist Selbstbestimmung und Freiheit wichtig. Die eine ist auch in der Projektarbeit lieber eine Einzelkämpferin, während der andere sich gerne unterordnet und im Team funktioniert.

Die Menschen im Projektgeschehen wollen auf unterschiedliche Weise angesprochen und »gekümmert« werden. Während die einen klare, direkte Ansagen erwarten und sich sicher fühlen, wenn die Führungskraft autoritär und geradlinig operiert, hilft es bei anderen, sie möglichst frühzeitig in alle Prozesse einzubinden, ein kooperatives Miteinander zu leben und Entscheidungen nur dann zu treffen, wenn ein Konsens erreicht wurde. Doch nicht nur die individuellen Vorlieben der Stakeholder spielen eine Rolle dabei, welcher Führungsstil der vermeintlich Beste ist, sondern auch, in welcher Projektphase wir uns gerade mit unserem Projekt befinden bzw. wie die Gesamtsituation des Projekts zu bewerten ist. Je brisanter die Lage, desto weniger »Kuschelkurs« sollte gefahren werden. In Krisensituationen kommt es darauf an, dass die Führungskraft klare Vorgaben macht und souverän voranschreitet. Das funktioniert nur dann, wenn der Führungsspitze vertraut werden kann und sie als kompetent wahrgenommen wird.

Der Blick in den eigenen Spiegel ist für jede Führungskraft inspirierend und mitunter sogar erhellend. Wer bin ich und wie möchte ich wahrgenommen werden? Mit welchen Menschen habe ich es in meinem Team, in meinen Projekten zu tun und wie schaffen wir es, dass es mit dem Führen und geführt werden klappt? Hier hilft uns »Johari« weiter. Die amerikanischen Sozialpsychologen Joseph Luft und Harry Ingham entwickelten in den 1960er Jahren das bekannte Fenster, bei dem es um Selbst- bzw. Fremdeinschätzung geht und darum, wie wir Vertrauen schaffen, indem wir anderen Informationen über uns preisgeben und im Gegenzug Feedback über uns erhalten und damit die Möglichkeit bekommen, unseren »blinden Fleck« in der Wahrnehmung etwas kleiner werden zu lassen.

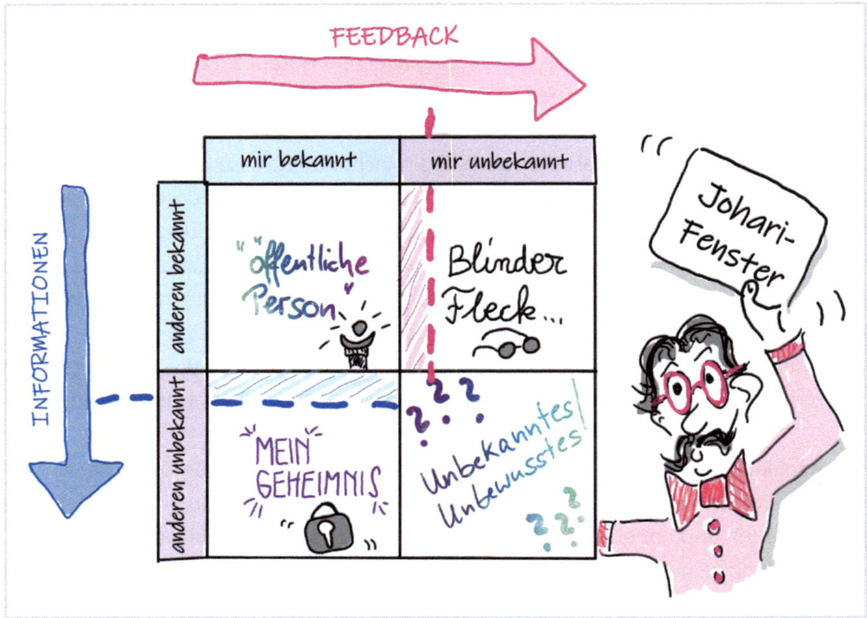

Abbildung 22: Johari-Fenster

8.1.2 Ethik

In vielen Projekten (und Unternehmen) gibt es einen Ethik Codex und Richtlinien, wie sich Projektschaffende bemühen sollen, die im Projekt gesetzten Ziele so zu erreichen, dass die fundamentalen Werte menschlicher Würde nicht torpediert werden. Ethik spielt in den unterschiedlichen Projektphasen eine wichtige Rolle und verlangt ein besonderes Fingerspitzengefühl im Umgang mit diesem brisanten Thema. Ethik ist national wie international jedoch nicht gleich Ethik, denn Ethik ist subjektiv und im Grunde eine Philosophie, die sich damit auseinandersetzt, wie der Mensch per se handelt. Und weil wir es während der Projektdurchführung mit gesellschaftlich relevanten Themen zu tun haben und unsere Projekte einen mehr oder minder starken Einfluss auf die Stakeholder haben, ist es unabdingbar, dass wir alle Aktivitäten und Handlungen im Projekt mit viel Empathie an Grundwerten ausrichten und mit Bedacht unter die Lupe nehmen. Auch das – und gerade das – hat sehr viel mit zwischenmenschlichen Aspekten zu tun, mit persönlicher Integrität und Verlässlichkeit, mit dem Aufbau von Vertrauen und einem fairen Miteinander im Projektgeschehen.

Gemeinsam mit den relevanten Stakeholdern geht es darum, zu eruieren, wie z. B. Ergebnis- und Vorgehensziele so formuliert und betrachtet werden können, dass ethische Gesichtspunkte berücksichtigt werden und dass jedes Handeln im Projekt so gewählt ist, dass es der Erhaltung des Lebens nicht schadet. Leichter gesagt als getan. Es hilft, wenn wir hierbei GMV in den Ring werfen können – unseren gesunden Menschenverstand. Für welche Projekte möchten wir arbeiten? Was ist uns wichtig aus ethischer Sicht? Respekt und Loyalität möglicherweise. Gelebte Wertschätzung und Nachhaltigkeit. Ganz pragmatisch schauen wir hier in Bereiche wie Freigiebigkeit, Reputationsgewinn oder Wahrhaftigkeit der Lieferergebnisse. Sind wir auch unseren Mitbewerbern gegenüber fair oder verkaufen wir neben unserer Seele auch gleich die Schwiegermutter, sofern wir einen guten Preis dafür bekämen? Wie halten wir es mit Kinderarbeit? Möchten wir in Projekten der Rüstungsindustrie arbeiten? Wie sieht es mit Beratungsprojekten aus, bei denen es unsere Aufgabe ist, sogenannte Poor Performers im Unternehmen zu demaskieren, also diejenigen unter den Mitarbeitenden herauspicken, die ihr Soll nicht erfüllen und deren Ergebnisse unter den geforderten Kennzahlen liegen? Aus moralischer Sicht kein Problem – denn sowohl Kinderarbeit als auch Mitarbeit in Projekten für die Rüstungsindustrie oder Beratungsprojekte, die eine Kündigung mehrerer Menschen im Unternehmen zur Folge haben sind in manchen Ländern weder illegal noch verstoßen sie notwendigerweise gegen die guten Sitten oder irgendwelche Compliance-Richtlinien. Aber Projekte sind temporäre Konstrukte und haben deshalb situativ einen sehr starken Bezug zu ethischen Aspekten. Grund genug, dass hier mit viel Empathie die Menschen in den Fokus gerückt werden, die im Projekt eine Rolle spielen, denn es geht um wesentlich mehr als nur um die Anwendung bloßer Methoden. Reflektiert zu sein und den Blick in den (eigenen) Spiegel auszuhalten – gerade, was Ethik angeht – ist ein Powerskill, auf das es im Projektgeschehen ankommt. Deshalb ist es wichtig, nicht nur ein Bewusstsein darüber zu erlangen, wie das Thema Ethik im Unternehmens- oder Organisationskontext interpretiert und gelebt wird, sondern es kommt sehr stark auch darauf an, wie unsere ganz persönliche Einstellung zu diesem Thema ist und dass wir uns intensiv mit ethischen Fragestellungen befassen, unsere eigenen Antworten hierzu finden und uns positionieren.

8.1.3 Kultur, Werte und Diversität

Wenn wir über Kultur, Werte und Diversität reden, dann wird es oftmals sehr unkonkret, schwammig und undurchsichtig, obwohl diese Schlagworte in unserer heutigen Welt fast schon regelrechte Buzzwords geworden sind, ohne die wir im Geschäftsumfeld und in den Sozialen Netzwerken nicht mehr auszukommen scheinen. Das ist in der Welt unserer Projekte nicht anders. Grund genug, uns einmal näher mit den einzelnen Bereichen zu befassen, denn auch hier bewegen wir uns sehr dicht am Menschen und damit sehr stark auf dem Softskill-Sektor.

Kultur hat etwas damit zu tun, wie wir uns mit unserer Umwelt auseinandersetzen, welche Werte wir – als Gruppe – für wichtig erachten und in welchem sozialen System wir uns bewegen und welche Entscheidungen wir im Laufe unseres Lebens treffen. Auch Unternehmen oder Projekte verfügen über eine ihnen ganz eigene Kultur. Die Gesamtheit von Wissen, Erfahrung und Tradition beeinflusst die Verhaltensweisen der Menschen in Unternehmen oder Organisationen. In Projekten spielt hierbei das Projektumfeld eine tragende Rolle, also die sachlichen und sozialen Faktoren, die auf unser Projekt einwirken und von denen wir Projektschaffende geprägt sind. Die Projektkultur zeigt sich durch die Art und Weise, wie wir miteinander im Projekt arbeiten, wie wir sowohl Team als auch Rollen auswählen und wie unser Kommunikationsverhalten ist. Aber auch die Räumlichkeiten spielen für die Projektkultur eine entscheidende Rolle und zeigen, wie viel Gestaltungsmöglichkeiten wir in unserem Tun haben. Es gibt übrigens natürlich auch eine Projektmanagementkultur – hier geht es aber eher um organisatorische und unternehmenspolitische Rahmenbedingungen bei der praktischen Durchführung von Projektmanagement und darum, dass Projektmanagement gelebt, weiterentwickelt und ständig verbessert wird. Laut des US-amerikanischen Organisationspsychologen Edgar Henry Schein unterscheiden wir drei Ebenen der Projektkultur. Sein **Kulturmodell** erklärt sich wie folgt: Es gibt eine erste, bewusste Ebene, in der sich als aktive Aspekte unsere Kommunikation und unsere Handlungen manifestieren und als passiver Aspekt die Artefakte, also Dinge wie Kleidung, Statussymbole, Projekträume oder Machtkonstellationen. In der zweiten, teilweise bewussten Ebene geht es laut Schein um Werte und Normen, während es in der dritten, unbewussten Ebene eine Rolle spielt, wie wir denken und uns verhalten, was uns prägt und einen Einfluss darauf hat, welches Menschenbild wir in uns tragen. Hier spielen die Grundannahmen eine Rolle, also die Dinge, die wir als selbstverständlich annehmen, die Art und Weise, wie wir auf unsere Umwelt reagieren. Diese Grundannahmen sind sehr stark unbewusst und sind geprägt von unserer Erziehung, durch Glaubenssätze, die wir haben und durch die Art und Weise, wie wir bzw. wo wir aufwachsen.

In Unternehmen, Organisationen und auch in Projekten wird seit einiger Zeit häufig der Begriff **Cultural Fit** in den Ring geworfen. Er hat etwas damit zu tun, dass die Menschen, die wir uns als Mitarbeitende an Bord holen, zur jeweiligen Kultur passen sollen, die in den Unternehmen, Organisationen oder eben Projekten (vermeintlich) gelebt wird. Und hier bewegen wir uns sehr stark auf der Ebene der Softskills, denn gerade, wenn es um die Einstellung von Mitarbeitenden geht, spielen eben längst nicht ausschließlich die Hard Skills in Gestalt von Zertifikaten, Qualifikationen und dem beruflichen Werdegang eine Rolle, sondern es steht zur Debatte, wie es mit den zwischenmenschlichen Fähigkeiten bestellt ist und ob die Chemie stimmt.

Ein weiterer wichtiger Kulturaspekt in Projekten ist die zunehmende Internationalität der Projektmenschen. »Andere Länder, andere Sitten, andere Kulturen« – das trifft es schon sehr gut. Wobei wir beim Thema andere Kultur und Mentalität gar nicht mal in die Ferne schweifen müssen, weil auch hierzulande mitunter kulturelle Welten zwischen den Menschen aus dem Norden, dem Osten, dem Süden oder dem Westen unserer Republik liegen, die es – ebenfalls mit viel Fingerspitzengefühl – in der Projektarbeit unter einen Hut zu bekommen gilt. Und wenn es auf nationaler Ebene schon eine Herausforderung ist, unterschiedliche Kulturen zur erfolgreichen Zusammenarbeit zu befähigen, können wir uns vorstellen, wie ungleich anspruchsvoller es ist, in Projekten mit Menschen aus den unterschiedlichsten Ländern und Kulturkreisen zu tun zu haben. Die Arbeit in internationalen Projekten ist sehr inspirierend, lehrreich, anstrengend und überaus lohnenswert. Sie bedarf eines besonderen Händchens für Menschen, für Situationen und die Liebe für interkulturelles Miteinander.

Werte, das sind tief in uns verwurzelte Überzeugungen, die die Grundlage für die Handlungen der Mitglieder einer Gemeinschaft bilden. Es geht um Ideale und Bedürfnisse, um die Unterscheidung zwischen dem Guten und dem Schlechten und der alles umfassenden Frage, was wir im Leben für uns und andere erreichen wollen und wie wir uns zu verhalten gedenken. Jeder Einzelne von uns hat seine Werte wie z. B. Fülle, Leichtigkeit, Beziehungen, Familie, Romantik, Sport, Glaube, Selbstständigkeit etc. Aber auch Unternehmen und Organisationen befassen sich mit dem Wertethema und definieren für sich neben der Vision und Mission auch ein Leitbild. Die Vision beschreibt dabei eine zukünftige Wirklichkeit und macht den Mitarbeitenden in einem Unternehmen oder einer Organisation deutlich, wohin die Reise geht und auf was es ankommt. Die Mission beschreibt im Gegenzug dazu den Weg, den das Unternehmen beschreitet, und richtet sich an die Kunden, damit diese wissen, wofür das Unternehmen steht und was es für die Kunden sein möchte. Im Leitbild vereinen sich Vision und Mission, und zu beidem kommen noch die konkreten Werte, die das Unternehmen für sich definiert. Leider ist das Leitbild oftmals allenfalls halbherzig oder mitunter sogar nur pro forma in güldenen Lettern gedruckt in schicken Foyers eingerahmt zur Schau gestellt. In Projekten wird nicht selten mit einem Wertekompass gearbeitet (oder es zumindest zum Schein propagiert). Oft wird sich in Projekten auch auf die Suche nach dem viel zitierten Purpose begeben – der Frage nach dem gesellschaftlichen Nutzen und dem »Warum wollen wir das unbedingt?«.

Reden wir über Werte, ist es notwendig, über Empathie und der darin enthaltenen Wertschätzung zu reden. Auch hierbei sind wir ganz dicht an den Softskills, denn um als Projektschaffender empathisch zu sein, bedarf es nicht nur eines entsprechenden Fingerspitzengefühls, sondern auch gelebter Wertschätzung und Fürsorge. Mitarbeiter, die wertgeschätzt werden, fühlen sich wohler, sie identifizieren sich mit dem Unternehmen und liefern nachweislich bessere Leistungen ab. Begegnen wir den Stakeholdern in unseren Projekten sprichwörtlich wertfrei und unvoreingenommen, klappt es auf zwischenmenschlicher Ebene um einiges besser, wir bleiben vorurteilsfrei und fair. Auch Achtsamkeit und Dankbarkeit leisten uns hier große Dienste und lassen uns zu wahren Superhelden werden, was die Softskills angeht.

Alle reden von Diversität – gerne auch unter Verwendung des englischen Begriffes Diversity. Hinter diesem Begriff steht die Idee von Vielfalt, von Unterschiedlichkeit, vom Zusammenspiel individueller, vielfältiger Menschen einer Gesellschaft in Bezug auf Alter, Geschlecht, Weltanschauung, sexueller Orientierung, Rasse, Religion, ethnischer Herkunft oder Behinderung. Gerade wir Projektmenschen brauchen Diversität, denn jedes Projekt ist per Definition einzigartig, komplex und neuartig. Also passt nicht automatisch jeder Mensch in jedes Projekt. Es kommt darauf an, dass die unterschiedlichen Denkweisen, Kulturen, Erfahrungen etc. sinnvoll unter einen Hut gebracht werden, dass sich die Individuen idealerweise wunderbar ergänzen und so dem Projekterfolg zuträglich sind. Je besser gerade auch die Persönlichkeit der Projektleitung zu den unterschiedlichen Persönlichkeiten der relevanten Stakeholder passt, desto besser funktioniert das Miteinander in der Projektarbeit. Je diverser und heterogener ein Projektteam aufgestellt ist, desto besser lassen sich die gesteckten Projektziele erreichen, denn Diversität bringt unterschiedliche Standpunkte, Erfahrungen und Talente mit sich, die wir allesamt nutzen können, um unser Projekt zum Erfolg zu führen. Durch die unterschiedlichen Blickwinkel entsteht eine enorme Dynamik voller Kreativität und neuer Impulse. Wenn es dem Projektteam gelingt, seine Diversität zu leben, hat Negativität keine Chance und das Miteinander gelingt besser. Natürlich setzt dies voraus, dass alle Beteiligten die zwischenmenschliche Klaviatur beherrschen, sich tolerant und offen auf die Herausforderung einlassen und ihre Powerskills anwenden. Je mehr sowohl Führungskräfte als auch Mitarbeitende Diversität als etwas Positives umarmen und willkommen heißen, desto erfolgreicher wird die Projektarbeit.

8.1.4 Agiles Mindset

Die (Projekt-)Welt dreht sich immer schneller, es verändert sich sehr vieles auf z. T. drastische Weise, und wir Projektschaffenden müssen manövrierfähig bleiben bzw. erst einmal werden. Nun gilt die Regel »keine Transformation ohne agiles Mindset« nicht nur für Menschen, die Projekte nach agilen Methoden durchführen, sondern ein agiles Mindset zu haben, zählt in der heutigen Zeit zu einem echten Powerskill. Für Projektmenschen genauso, wie für Führungskräfte und Mitarbeitende in Unternehmen und Organisationen. Es kommt auf unsere innere Haltung an, unser Selbstverständnis. Ein agiles Mindset basiert auf wichtigen Werten wie Offenheit, Wertschätzung, Flexibilität oder Vertrauen und ermöglicht es uns, ein Growth Mindset zu entwickeln, d. h. Wachstumsdenken, bei dem wir uns auf die Möglichkeiten fokussieren, die sich uns bieten, statt uns von Begrenzungen lähmen zu lassen. Ein agiles Mindset verändert unsere Haltung in puncto Erfolg und Misserfolg, und das Powerskill versetzt uns in die Lage, Klarheit in unser Tun zu bringen, unsere Absichten ganz bewusst transparent zu machen und eine gesunde Beziehung zwischen Einstellung und Erfahrung zu erwirken.

Haben wir genug Flexibilität in unseren Köpfen und fokussieren wir uns darauf, Chancen wahrzunehmen und unsere Schwarmintelligenz zu nutzen, dann schaffen wir uns Entscheidungsfreiräume, stellen den Menschen über Prozesse und machen Dinge einfach möglich. Das ist gerade in der Projektarbeit von sehr großem Vorteil! Wenn alles Neuland, komplex und interdisziplinär ist, mit Menschen zu tun hat und von uns verlangt, um die Ecke zu denken, hilft uns ein agiles Mindset enorm. Es bläst uns sprichwörtlich Wind in die Segel und ermutigt uns und unsere Mitarbeitenden, selbst nach Lösungen zu suchen, ausgetretene Pfade zu verlassen, mutig zu sein bzw. zu werden und eine eigene (Projekt-)Kultur zu entwickeln. Vision und Mission werden mit einem agilen Mindset lebendig und bleiben keine hohlen Worte mehr. Fehler werden als Lernchance betrachtet und wir erwarten nicht gleich von Anfang an Perfektion. Dieses Powerskill ermöglicht uns, den Menschen (und uns selbst) dort abzuholen, wo er steht. Mit Empathie, Weitsicht und Vertrauen – statt mit Kontrolle, Zwang oder aufgedrückter Autorität.

8.1.5 Teamarbeit

Projekte werden von Menschen und für Menschen gemacht, die Arbeit in einem Team gehört also zum Grundgedanken der Projektarbeit dazu. Ob ein Projektteam funktioniert und erfolgreich zusammenarbeiten kann, hängt von unterschiedlichen Faktoren ab, unter anderen davon, wie gut es auf der zwischenmenschlichen Ebene klappt. Und wieder sind wir bei den vermeintlich weichen Faktoren, die sich in der Praxis als anspruchsvoller erweisen, als manch ein Projektschaffender denkt, denn ein Projektteam ist interdisziplinär aufgestellt und stellt sich oftmals als mehr oder weniger wilde Mischung aus Menschen unterschiedlicher Persönlichkeiten, Nationalitäten, Qualifikationen, Erfahrungen, Befindlichkeiten etc. dar. Jedes Team durchläuft laut Erfahrungswerten von Bruce Wayne Tuckman unterschiedliche Teamphasen. Der US-amerikanische Psychologe und Wissenschaftler hat sich zwischen den 60er und 70er Jahren intensiv mit den Prozessen der Teambildung auseinandergesetzt, und seine Erkenntnisse erklären noch heute auf recht anschauliche Weise, wie es zu welchem Zeitpunkt im Projekt mit der Zusammenarbeit des Teams bestellt ist. Und auch, wenn das Modell der Teamphasen nach Tuckman durchaus seine Schwachstellen offenbart, so ist es dennoch ein aufschlussreiches Hilfsmittel, wenn wir verstehen wollen, wie Teams gemeinhin funktionieren bzw. warum es an der einen oder anderen Stelle ein wenig hakt.

In der ersten Phase, nach Tuckman, Forming – Orientierungsphase – kommt das Projektteam zusammen, lernt sich und das Projekt ein wenig kennen. Es werden erste Informationen gesammelt, ein paar Regeln zur Zusammenarbeit aufgestellt und erste Rollen bzw. Aufgaben verteilt. Wenn sich die Beteiligten zu diesem Zeitpunkt noch nicht aus vorherigen Projekten kennen, findet in der Formingphase ein erstes, verhaltenes Beschnuppern statt. Wie bei einer Party, bei der sich die Gäste nicht alle kennen, gibt es zunächst zögerliche Gespräche und Small Talk. Der Projektleiter übernimmt in der Formingphase die Rolle eines Gastgebers, der die Gäste einander vorstellt und ihnen grundlegende erste Informationen gibt – wo stehen die Getränke, wo ist das Buffet, wohin dürfen sich die Raucher verziehen und wo ist die Toilette. Jeder Gast – also in unserem Falle jedes Projektteammitglied – zeigt sich von seiner besten Seite.

In der zweiten Phase, dem Storming bzw. der Machtkampfphase, fallen die ersten Masken und der Ton im Team wird rauer. Es gibt erste Reibereien oder Konflikte, kleinere oder mittlere Rangeleien, weil nicht jedes Teammitglied mit der zugewiesenen Rolle einverstanden ist, weil zwischen manchen die Chemie nicht wirklich funktioniert und weil die Arbeit im Projekt ein wenig Druck aufbaut. Hier zeigt sich besonders deutlich, welche Projektleitung ein Händchen für die Softskills hat und in der Lage ist, als Katalysator zu wirken, Konflikte zu entschärfen und zwischenmenschliche Querelen erfolgreich aufzulösen. Mitunter gilt es in dieser Phase auch durchzugreifen, Rollen und Positionen ggf. anders zu besetzen, es werden Gespräche geführt und – wenn nötig – Tacheles geredet.

Ist die heiße Phase des Storming überstanden, kommt das Team ins Norming, der Organisationsphase. Es bilden sich Prozesse heraus, Regeln werden von allen verabschiedet, es entsteht Klarheit darüber, wer welche Aufgaben verantwortet und der Fokus geht wieder stark auf die Zielerreichung, auf die Projektarbeit als solche. Die Projektleitung fungiert in dieser Phase als Partner oder Moderator und hilft dabei, dass das Team die Struktur bekommt, die es benötigt, um erfolgreich im Projekt arbeiten zu können.

Die vierte Phase nach Tuckman ist das Performing, also die Leistungsphase. Hat es das Team bis hierher geschafft, können alle zufrieden sein, denn jetzt wird als Team gearbeitet, es werden Ergebnisse produziert und der Laden läuft. Jeder weiß, was zu tun ist, das Team ist leistungsstark und effizient. Die Projektleitung kann jetzt ein wenig durchatmen und sich anderen Aufgaben zuwenden. Dem Team steht sie als Unterstützer bei Bedarf zur Seite, kann aber darauf vertrauen, dass die Arbeit sprichwörtlich läuft, ohne dass das Team ständig beaufsichtigt werden müsste. Idealerweise ist die Leistungsphase die längste Phase im gesamten Teamprozess.

Als fünfte und letzte Phase im Teamprozess kommt das Adjourning bzw. die Auflösungsphase. Hier nähert sich das Projektgeschehen seinem Ende, die Übergabe der Projektergebnisse steht bevor und alle Zeichen stehen auf Abschluss. Es sind häufig gar nicht mehr alle Teammitglieder an Bord, der eine oder die andere wurde bereits in ein Nachfolgeprojekt abgezogen, sodass die verbleibenden Projektmenschen sich um die Erledigung der Restaufgaben kümmern müssen. In dieser Phase gibt es einiges zu tun – von der Vervollständigung der Projektdokumentation über etwaige Nachkalkulationen, dem formellen externen und dem internen Projektabschluss inklusive des Verfassens des Abschlussberichts. Idealerweise lässt das Team das Projekt an dieser Stelle auch noch einmal Revue passieren und tauscht sich darüber aus, was gut lief und was nicht so gut lief. Die Projektleitung braucht in dieser Phase erneut ein hohes Maß an Fingerspitzengefühl und Empathie, denn sie bedient die gesamte Klaviatur der Softskills, indem sie die Rolle eines Coaches übernimmt, viele Gespräche führt oder abwechselnd ein Ohr oder die starke Schulter zum Anlehnen ausleiht. Denn mit dem Ende eines Projektes steht häufig eine große Unsicherheit ins Haus, mitunter auch eine Zukunftsangst, weil sich viele Teammitglieder Gedanken darüber machen, wie es nun für sie im Unternehmen oder in der Organisation weitergeht. Die Teamleistung nimmt in dieser Phase erfahrungsgemäß stark ab. Umso wichtiger, dass die Projektleitung hier auf zwischenmenschlicher Ebene überzeugt und als Coach Gespräche führt, motiviert, auffängt.

Das Teammodell nach Tuckmann lässt sich nicht nur aufs Berufsleben, sondern auf alle Lebensbereiche übertragen. Angenommen, Sie sind auf der Suche nach einem neuen Partner, dann werden Sie sich beim ersten Date bestimmt »aufhübschen«, sich von Ihrer besten Seite zeigen und Ihre »Macken« tunlichst verbergen (Forming). Wenn Sie dann zusammengekommen sind und miteinander leben, sorgen Kleinigkeiten wie die nicht zugedrehte Zahnpastatube oder der oben gelassen Toilettendeckel für erste Konflikte (Storming). Irgendwann sagt jeder der Partner, was ihm oder ihr wichtig ist und das Paar trifft Vereinbarungen fürs gute Zusammenleben (Norming). Wenn Sie sich dann länger kennen, fangen Sie an, sich blind zu verstehen, Sie vertrauen sich und jeder kennt die Stärken und Schwächen des anderen, Sie ergänzen sich auf wunderbare Weise (Performing). Ins Adjourning kommen Sie hoffentlich nicht, aber realistisch betrachtet trifft es leider doch 38 % der Paare in Deutschland ... Aber gehen wir noch einmal zurück in die Performingphase, in der Sie glücklich miteinander leben und lieben. Wenn sich jetzt etwas an der Teamzusammensetzung ändert, weil sich z. B. Nachwuchs ankündigt (oder eines der bereits ausgezogenen Kinder jetzt doch wieder zurück ins »Hotel Mama« zieht), fallen Sie natürlich zurück in die Formingphase – und das von Tuckman beschriebene Spiel beginnt von vorne. Das ist so, weil sich das neue Teammitglied lautstark einbringt (Baby, Kleinkind) oder seine Rechte vehement einfordert (da sind wir wieder beim »Hotel Mama« – hurra).

Dieses Phänomen, dass die Karten komplett neu gemischt werden und die nächste Runde in der Teamuhr beginnt, betrifft laut Tuckman nicht nur den Privatbereich, sondern auch unsere Arbeit in Projekten. Deshalb sollten Sie mit Bedacht abwägen, zu welcher Zeit Sie im Projekt neue Teammitglieder in eine bestehende Mannschaft eingliedern ... Brennt im Projekt gerade sprichwörtlich die Hütte, dann sorgen neu hinzukommende Projektteammitglieder nicht für Verbesserung, sondern erst einmal für weitere Verzögerungen. Nicht umsonst gibt es die bekannte Redewendung: »Never change a winning team!«

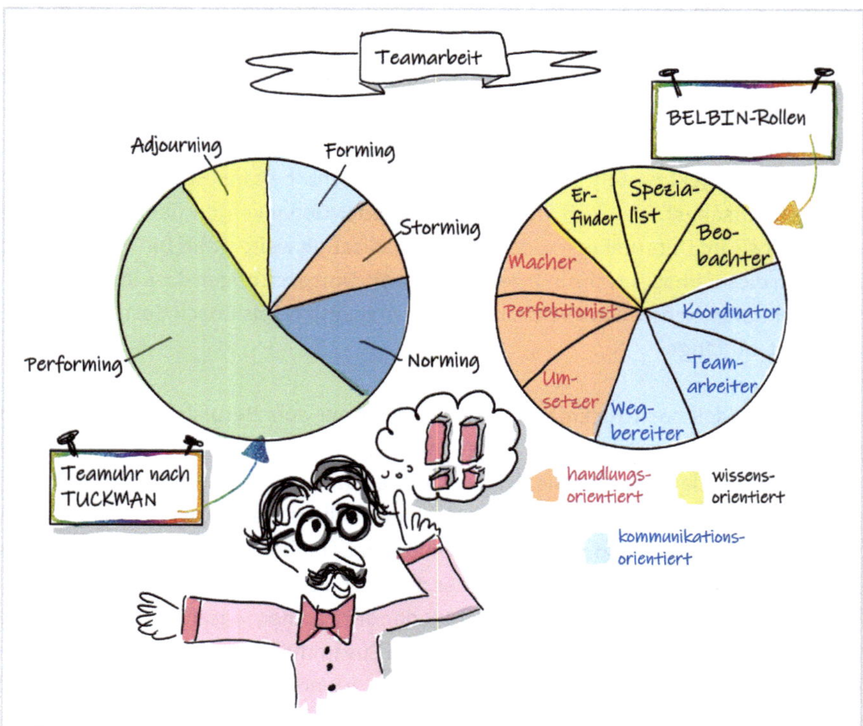

Abbildung 23: Teamarbeit

In der Teamarbeit in Projekten gibt es sowohl formelle als auch informelle Rollen. Zu den formellen Rollen gehört die ausgeschriebene Position, für die die Mitarbeitenden im Projekt an Bord geholt werden, also z. B. die Rolle des Projektleiters, der Projektcontrollerin, des Projektassistenten, des Projektingenieurs oder der Projektjuristin, um nur einige zu nennen. Bei den informellen Rollen wird es schon spannender und individueller, da sich die informellen Rollen eher an der Persönlichkeit des Teammitglieds orientieren und nicht zwangsläufig eindeutig festgelegt sind. Interessant sind hierbei die neun Teamrollen, die der britische Psychologe Professor Meredith Belbin in den 70er Jahren am Henley Management College studiert und zusammengefasst hat. Auch wenn sie natürlich nicht in Stein gemeißelt sind, geben sie dennoch auf eindrucksvolle Weise einen guten Überblick darüber, welche Team(stereo)typen in Teams zu finden sind. Laut Belbin ist für den Erfolg eines Teams eben nicht etwa der Scharfsinn oder die Intelligenz eines Einzelnen ausschlaggebend, sondern vielmehr, dass sich am Ende unterschiedliche Menschen mit unterschiedlichen Stärken und Schwächen in der Gruppe einbringen und das Team (sowie das gesamte Projekt) zum Erfolg führen.

Zur Kategorie der handlungsorientierten Teamrollen zählt Meredith Belbin den Macher, den Umsetzer und den Perfektionisten. Alle drei Rollen sind Sinnbilder für starke Persönlichkeiten, die dynamisch, sorgfältig und pragmatisch ans Werk gehen, aber eben auch mitunter als provokant, schwierig oder unflexibel wahrgenommen werden.

Laut Belbin gibt es auch drei kommunikationsorientierte Rollen, nämlich den Koordinator, den Teamarbeiter und den Wegbereiter. Jede dieser Rollen steht für enthusiastische, kooperative, meist optimistische Persönlichkeiten, die zu Netzwerken verstehen – aber die eben manchmal zu schnell das Interesse an der Sache verlieren oder sich schwer damit tun, Entscheidungen zu treffen, weil sie eher Harmonie bevorzugen.

In der dritten Kategorie geht es um wissensorientierte Rollen in Gestalt des Neuerers bzw. Erfinders, des Beobachters und des Spezialisten. Laut Belbin sorgen die Vertreter dieser Rollen für frische Ideen, gehen den Dingen auf den Grund und steuern das nötige Fachwissen bei. Jedoch werden Vertreter dieser Kategorie von den anderen Teammitgliedern oftmals als Querulanten, Miesepeter oder Fachidioten wahrgenommen.

Auch wenn natürlich in der Praxis Menschen immer eine Mischung aus unterschiedlichen Rollen und Kategorien sind und nie in eine eindeutige Rolle gezwängt werden können oder sollen – es ist erstaunlich, dass an den neun Belbin-Rollen doch etwas dran zu sein scheint. Macht man mit seinem Projektteam nämlich mal aus Spaß und mit einer gesunden Portion Augenzwinkern einen **Belbin Test**, so ist doch oftmals mehr als nur ein Fünkchen Wahrheit darin versteckt und der eine oder die andere findet sich in den

Belbin-Rollen wieder. Wichtig für die Zusammensetzung eines Teams ist es, dass zumindest ein Vertreter pro Kategorie (handlungsorientiert/kommunikationsorientiert/wissensorientiert) mit im Boot ist, um durch die unterschiedlichen Persönlichkeiten jeweils unterschiedliche Blickwinkel abzudecken. Es ist nicht notwendig, dass Vertreter aller neun Belbin-Rollen im Projektteam am Start sind, aber es wäre fatal, hätten wir es in unserem Projektteam ausschließlich mit extrem kritischen Beobachtern zu tun oder wäre jeder Projektschaffende unseres Teams ein hochfliegender Neuerer. Aber dadurch, dass jeder Mensch von Natur aus eine Tendenz zu mindestens zwei bis drei Belbin-Rollen hat, können wir davon ausgehen, dass sich in unseren Projektteams eine gesunde Mischung von Vertretern aller Rollen zusammenfindet.

Überhaupt ist es der Gruppendynamik eines Projektteams zuträglich, sich mit dem Thema Teamdiagnose zu befassen. Auch hier zeigt sich, welche Projektleitung über das nötige Wissen und Fingerspitzengefühl verfügt, um mit Empathie auf der zwischenmenschlichen Ebene zu überzeugen. Es hilft einem Team, sich mit den eigenen Stärken und Schwächen auseinanderzusetzen, Entwicklungsmöglichkeiten aufzudecken, um sich für bestimmte Prozesse und Störquellen zu sensibilisieren. Unterschiedliche Potenzialanalysemodelle zur Persönlichkeitsinventur können hier für den einen oder anderen Aha-Moment sorgen. Fakt ist, je besser sich ein Projektteam kennenlernt und einschätzen kann, desto erfolgreicher klappt es mit der Zusammenarbeit. Auch das ist gelebtes Stakeholdermanagement, bei dem es sich lohnt, sich ausgiebig mit den Powerskills auseinanderzusetzen.

Virtuelle Teams sollten sich ausgiebig mit dem Thema befassen, wie die Zusammenarbeit gerade auch online von Konstruktivität und Erfolg gekrönt werden kann. Hier kommt es darauf an, zum einen eine gesunde Mischung aus ernsthaftem Arbeiten im Projekt einerseits zu ermöglichen und andererseits den Spaßfaktor und privaten Austausch zu fördern, damit die Teammitglieder, die sich nur virtuell kennenlernen, als Team zusammenwachsen können und eine solide Beziehungsebene zueinander aufbauen, die von Vertrauen und gutem Miteinander geprägt ist. Es ist für jedes Projektteam hilfreich, wenn sich die Teammitglieder zumindest zu Beginn des Projektes einmal live und in Farbe vor Ort persönlich kennenlernen können, miteinander im selben Raum sind und sprichwörtlich dieselbe Luft atmen. Dies trägt viel zum »Teamspirit« bei und erleichtert die spätere Arbeit via Videokonferenzen im virtuellen Raum über Kontinente hinweg. Regeln Sie mit dem nötigen Fingerspitzengefühl, wie und vor allem wann Sie als Team online zusammenkommen wollen, damit niemand durch fehlende Sprachkenntnisse und unterschiedliche Zeitzonen benachteiligt wird. So könnte das Team beispielsweise entscheiden, dass eine Projektteamsitzung terminlich so variiert, dass der Sitzungsbeginn einmal für Teammitglieder der MEZ (Mitteleuropäischen Zeitzone) attraktiv ist und ein anderes Mal die Kolleginnen und Kollegen der OEZ (Osteuropäischen Zeitzone) oder der AST (Atlantische Standardzeit) zum Zug kommen.

8.1.6 Kommunikation

Ein Klassiker unter den Softkills ist es, sich mit dem Thema Kommunikation zu befassen. Und obwohl bereits der österreichische Philosoph, Psychotherapeut und Kommunikationswissenschaftler Paul Watzlawik wusste, dass wir nicht *nicht* kommunizieren können – in der Praxis ist das mit der Kommunikation gar nicht immer so leicht, denn Kommunikation ist immer das, was ankommt – unabhängig davon, ob die Intention des Senders vielleicht etwas anderes im Sinn hatte. Und das ist es dann auch schon, was es uns Projektmenschen schwer macht im zwischenmenschlichen Miteinander: Wir alle nutzen für die Kommunikation sinnbildlich gesprochen vier Münder und vier Ohren und haben es stets mit den vier Seiten einer Nachricht zu tun. Kommunikation bewegt sich immer auf der Sachebene, der Beziehungsebene, der Appellebene und der Selbstoffenbarungsebene. Bei der Sachebene geht es darum, zu eruieren, wie der Sachverhalt der Nachricht zu verstehen ist, während die Beziehungsebene offenlegt, wie Sender und Empfänger zueinander stehen. Die Appellebene klärt, was ich denken, tun oder fühlen soll, während es bei der Selbstoffenbarungsebene darum geht, wie es mir bzw. meinem Gegenüber geht. Der deutsche Kommunikationspsychologe Friedemann Schulz von Thun bringt es mit seinem legendären **Kommunikationsquadrat** auf den Punkt: Jede Nachricht hat vier Seiten, d. h. wenn ich als Mensch etwas von mir preis gebe, bin ich auf vier unterschiedliche Arten wirksam und alles, was ich kommuniziere, enthält vier Botschaften gleichzeitig.

Warum es in der Kommunikation zwischen Menschen im Allgemeinen und Projektschaffenden im Besonderen oftmals schwierig ist, lässt sich sehr gut anhand des **Eisbergmodells** erklären, das sich auf die allgemeine Theorie der Persönlichkeit von Sigmund Freud stützt, gerne in der BWL für die Verdeutlichung des **Pareto-Prinzips** herhalten darf (das besagt, dass sich rund 80 % aller Aufgaben mit ungefähr 20 % Aufwand erledigen lassen) aber tatsächlich ein sehr anschauliches Kommunikationsmodell darstellt. »Sind wir nicht alle ein bisschen Eisberg?« könnte die Eingangsfrage lauten, und die Antwort ist natürlich: ja, klar! Denn wie Eisberge im Meer, bei denen lediglich die Spitze aus dem kalten Wasser hervorragt, während der Löwenanteil des Giganten unsichtbar unter der Wasseroberfläche verbleibt, so verhält es sich auch bei uns Menschen. Wir denken irrtümlich so oft, dass es in der Kommunikation ausschließlich auf Daten, Zahlen und Fakten ankommt, dass die Sachebene, die Logik, der Kopf oder die Vernunft die übergeordnete Rolle spielt. Doch Pustekuchen! Es kommt auf die Beziehungsebene an, auf das Unbewusste, das ganze undurchsichtige Gemisch aus Gefühlen, Erfahrungen, Glaubenssätzen, Erziehung, Wünschen, Gestik, Mimik oder persönlichen Befindlichkeiten. D. h., *wie* etwas gesagt wird, ist oftmals viel entscheidender, als *was* gesagt wird. Kein Wunder krachen wir menschliche Eisberge in der Praxis so häufig unter Wasser sprichwörtlich aufeinander und es gibt Konflikte, die wir von unserer vermeintlich sicheren Entfernung oberhalb der Wasserlinie einfach nicht kommen gesehen haben. Erst, wenn der Blick auf die Beziehungsebene ge-

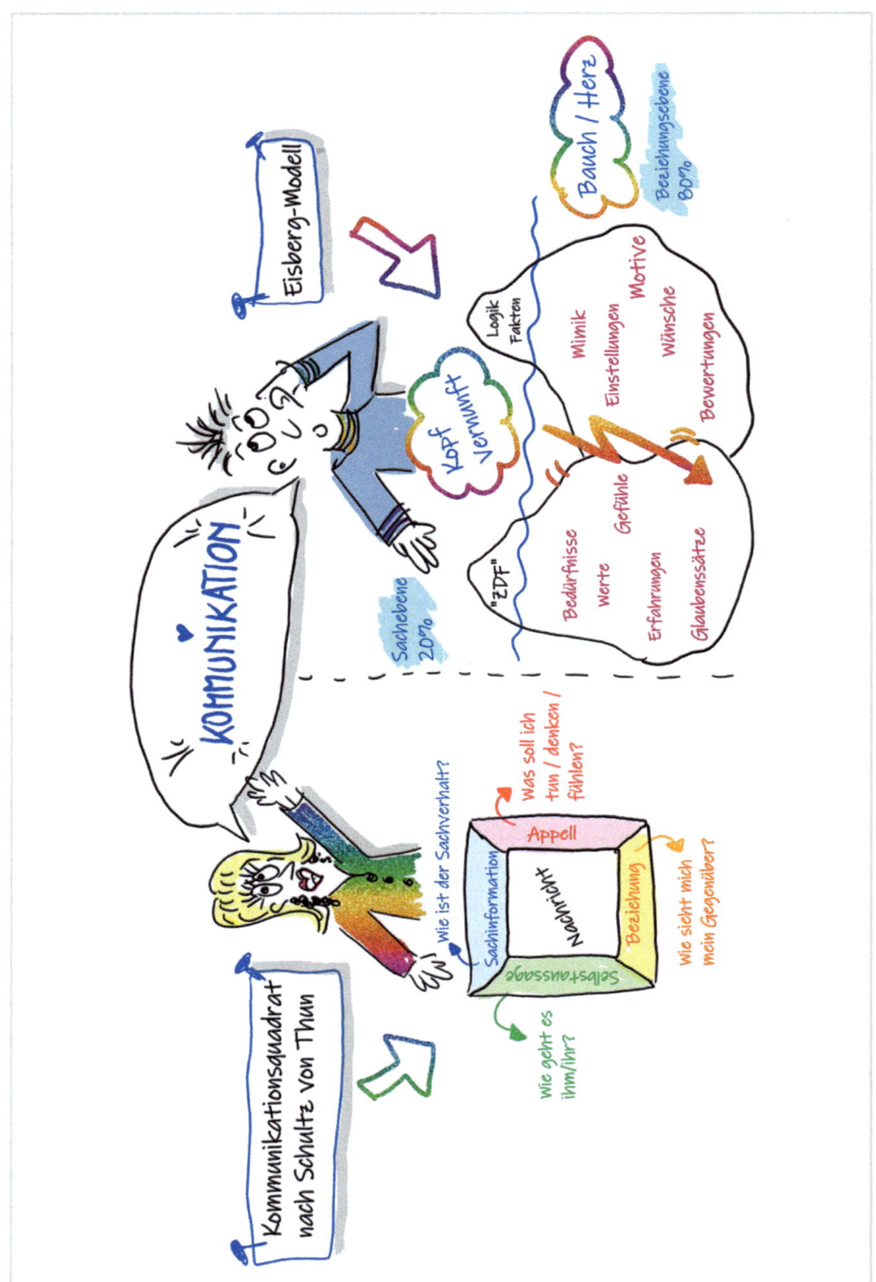

Abbildung 24: Kommunikationsmodelle

schärft wird und wir uns ins Bewusstsein rufen, wie unser Gegenüber tickt, was ihn bewegt und woher er kommt, wird es mit der Kommunikation und dem Verständnis füreinander leichter. Und damit das funktioniert, benötigen wir Projektschaffende eine prall gefüllte Werkzeugkiste an Softskills. Es ist in der Praxis sehr empfehlenswert, eine gesunde Feedback-Kultur im Projektteam zu entwickeln, damit es mit der Kommunikation funktioniert. Dazu gehört, dass das Rückmelden von Informationen durch den Empfänger an den Sender regelmäßig passiert, man sich an bestimmte Spielregeln hält und dies zur lieb gewonnenen Gewohnheit im Team wird. Gutes Feedback ist immer als Geschenk zu sehen und lebt durch Wertschätzung, Konstruktivität und Respekt. Aus Sicht des Feedbackgebers ist darauf zu achten, dass Feedback nicht etwa ungefragt gegeben wird. Wenn Feedback aber erwünscht ist, dann haben wir darauf zu achten, dass wir ausschließlich Dinge ansprechen, die der andere auch verändern kann. Die Ich-Perspektive ist hier sehr hilfreich, denn wir können ausschließlich für uns sprechen und niemals für andere. Echtes Feedback umfasst dabei aber immer auch Kritik, vorausgesetzt natürlich, sie ist konstruktiv und wertschätzend formuliert und bewegt sich auf der Sachebene. Für den Feedbacknehmer heißt es, eine Entscheidung zu treffen, ob Feedback geäußert werden darf. Aber wenn die Antwort darauf »ja« lautet, dann gilt es, einfach nur zuzuhören, was der Feedbackgeber zu sagen hat. Ohne in Rechtfertigungsreden zu verfallen oder Erklärungen abzugeben – einfach nur zuhören. Keine leichte Aufgabe! Vor allem, weil wir in Deutschland noch längst nicht überall eine gute Feedbackkultur pflegen und aus diesem Grund mitunter über zu wenig Erfahrungswerte mit dieser Kommunikationsmethode verfügen. Feedback spiegelt die subjektive Meinung eines anderen wider – ob wir das Feedback annehmen wollen oder ob wir willens sind, an uns zu arbeiten und bestimmte Dinge zu verändern, das ist und bleibt nach wie vor die Entscheidung des Feedbacknehmers.

Auch in Projekten erleben wir sowohl synchrone als auch asynchrone Kommunikation. D. h., es wird einerseits zeitgleich und in Echtzeit kommuniziert, wenn wir z. B. gemeinsam in Meetings, Videokonferenzen oder in persönlichen Gesprächen in der Kaffeeküche sind und uns (informeller) **Untergrundkommunikation** widmen. Andererseits passiert vieles in der Kommunikation eben auch zeitversetzt, wie z. B. die Beantwortung von E-Mails, das Verfassen von Projektstatusberichten oder die Vervollständigung unserer Dokumentation. Hier wählen wir den Zeitpunkt für die Kommunikation, der am besten in unseren persönlichen Zeitplan passt. Synchron bzw. asynchron zu kommunizieren bringt Vor- und Nachteile mit sich. Vorteilhaft ist bei synchroner Kommunikation in Echtzeit sicherlich die Reaktionsschnelle, die zumeist einen sprichwörtlich kurzen Dienstweg mit sich bringt und bei der keine unnützen Wartezeiten und Verzögerungen entstehen. Ein Nachteil bzw. eine latente Gefahr besteht bei synchroner Kommunikation gerade darin, oftmals unreflektiert zu reagieren und vorschnell oder von Emotionen geprägt zu handeln, obwohl es der (Konflikt-) Situation eventuell besser getan hätte, erst einmal in sich zu gehen und nachzudenken, bevor ein Standpunkt kommuniziert würde. Asynchrone Kommunikation bietet uns zwar genau das – wir lassen uns mit der Antwort auf eine E-Mail Zeit und reflektieren, bevor wir kommunizieren. Doch mitunter verpassen wir dadurch, dass wir z. B. nur zweimal pro Tag unsere E-Mails abrufen oder mit einem Telefonanruf mehrere Tage warten, wichtige Gelegenheiten, Entscheidungen schnell und auf den Punkt zu treffen. Zudem kann asynchrone Kommunikation leicht zu Missverständnissen führen, da nur der Sachinhalt übermittelt wird, die Beziehungsebene – die bekannterweise ca. 80 % der Kommunikation ausmacht – auf der Strecke bleibt oder wir zwischen den Zeilen lesen müssten, um sie zu verstehen. Und auch das birgt Gefahren in sich.

Kommunikation im virtuellen Raum in Chatrooms, in den Sozialen Medien oder bei Videokonferenzen verlangt einiges an Fingerspitzengefühl aller Beteiligter. Es geht darum, gerade auch hier gezielten Beziehungsaufbau zu betreiben, und nicht nur auf der Sachebene zu kommunizieren. Hilfreich ist es, für die Kommunikation in virtuellen Teams entsprechende Regeln aufzustellen, die den Umgang miteinander leichter machen und Missverständnisse im Vorfeld vermeiden. So kann es nützlich sein, Ziele und Inhalte für Chatrooms festzulegen, Konsens darüber zu erwirken, keine anonymen Beiträge zu verfassen oder wenn sich das gesamte Projektteam dazu verpflichtet, dass jeder in Videokonferenzen auch wirklich die Kamera einschaltet, ein Profilfoto hochlädt und sich bewusst macht, dass wir im virtuellen Miteinander aufgrund fehlender »Kommunikationspuzzleteilchen« wie Gestik oder Mimik etwas mehr auf unsere Stimme fokussieren und uns Gedanken darüber machen, wie wir welchen Sachverhalt am besten rüberbringen.

8.1.7 Konflikte und Krisen

Zu unterschiedlichen Zeitpunkten im Projektgeschehen gibt es Konflikte, die sich mitunter – und vor allem, wenn wir uns nicht um die Konflikte kümmern – zu wahren Krisen ausweiten können. Auch hier bedarf es erneut der gesamten Softskill Palette, um das Richtige zu tun und sich als wahrer Meister der Powerskills zu beweisen. Wie können Konflikte in Projekten entstehen? Nun, auf zwischenmenschlicher Ebene gibt es sicherlich eine Vielzahl von Gründen, warum es zwischen dem einen oder der anderen kracht. Angefangen vom »Nasenfaktor« oder der »Chemie« zwischen unterschiedlichen Menschen über Meinungsverschiedenheiten über Ziele und Vorgehensweisen oder unterschiedliche Erwartungshaltungen. Je nach Projektphase kommen dann noch äußere Faktoren wie enge Zeitschienen, überzogene Termine oder knappe Budgets dazu – und der Konflikt ist vorprogrammiert. Das Fatale an einem Konflikt ist, dass wir ihn oftmals nur an seinen Symptomen bzw. an seiner Wirkung erkennen. Verschlechtert sich das Arbeitsklima im Team, nehmen Krankheitstage der Mitarbeitenden zu oder lässt die Leistung nach, schließt das in der Regel darauf, dass unterschwellig Konflikte entstehen. Auch Zielbeziehungen bringen den einen oder anderen schwelenden Konflikt mit sich und sollten unbedingt thematisiert werden. Wie gehen wir nun aber mit Konflikten um? Hier haben wir unterschiedliche Möglichkeiten, die von Flucht über Anpassung, dem Finden eines Kompromisses, einem Einsatz von Macht und Vernichtung des Gegners bis hin zu Delegation an eine dritte Instanz in Gestalt eines Mediators oder sogar Schiedsgerichts reichen. Egal, für welche Variante wir uns entscheiden – wichtig ist, dass wir den Konflikt nicht ignorieren, sondern uns mit ihm ganz bewusst auseinandersetzen. Ein Konflikt ist nicht per se etwas Negatives, sondern zeigt uns in erster Linie auf, dass wir uns in einer Situation befinden, die von uns eine Handlung erfordert. In Konflikten stecken auch immer Chancen, und sofern wir als Projektteam erfolgreich einen Konflikt für uns lösen konnten, stärkt das den Teamzusammenhalt und macht uns widerstandsfähiger. Hier ist dann Kommunikationsstärke, Empathie und Einfühlungsvermögen sowie die Gabe gefragt, aktiv zuzuhören und dem anderen wertfrei und wohlwollend auf Augenhöhe zu begegnen. Natürlich ist es erstrebenswert, wenn wir Projektmenschen es schaffen, Konflikten weitestgehend vorzubeugen, indem wir Konfliktpotenzial reduzieren und sich anbahnende Konflikte rechtzeitig konstruktiv lösen und deeskalieren. Je mehr wir uns in den anderen hineinversetzen können und es schaffen, einen Perspektivenwechsel zu bewirken, desto besser können wir nachvollziehen, was unser Gegenüber bewegt, welche Bedürfnisse, Erwartungen oder Befürchtungen in den Ring geworfen werden. Wenn wir uns bewusst machen, dass es nicht die eine »richtige« Sichtweise gibt – nämlich natürlich unsere eigene! – und dass es nicht automatisch heißt, dass die Sichtweise des anderen »falsch« ist, sondern bestenfalls »anders«, dann gelingt es uns leichter, einen kooperativen Konfliktlösungsansatz zu finden.

Gerade, wenn wir in Projekten tiefgreifenden Veränderungen gegenübersehen, vielleicht sogar im Veränderungsmanagement unterwegs sind in unserer Projektarbeit, bewegen wir uns in einem sehr konfliktlastigen Kontext. Veränderungsprozesse finden gemeinhin auf drei Ebenen statt – auf der Ebene der Strategie und Inhalte, der Ebene der Prozesse und Strukturen sowie auf der Ebene des Verhaltens der beteiligten Personen und der Kultur. Und genau auf diesen Ebenen treffen manchmal regelrecht Welten aufeinander, die zu mehr oder minder starken Konflikten führen, die unbedingt bewusst und konstruktiv angegangen werden sollten. Keine Veränderungsarbeit kommt ohne Widerstand aus – das ist eine Tatsache. Aber Widerstand hat eine Botschaft – die es mit Fingerspitzengefühl, offenen Ohren und offenen Herzen zu entschlüsseln gilt. Wir Menschen kämpfen mit unterschiedlichen Konflikten, sowohl auf intrapersoneller Ebene, wo wir manchmal unser eigener, größter Feind oder zumindest Gegner sind als auch auf interpersoneller Ebene, weil wir mit dem Gegenüber vermeintlich oder ganz konkret ein Problem haben, das die Zusammenarbeit erschwert und behindert. Wenn sich die Konflikte dann sogar noch auf eine interkulturelle Ebene ausweiten, führt der Weg oftmals nicht daran vorbei, sich (externe) Hilfe zu holen. Auch die beste und empathischste Projektleitung, die die gesamte Klaviatur der Softskills beherrschen mag, muss nicht alle Konflikte im Alleingang lösen! Gerade bei Veränderungsprozessen ist es ratsam, sich einen Blick von außen zu verschaffen und sich Profis an Bord zu holen, die uns bei der Einführung und Umsetzung von Veränderungen unterstützen. Es kommt darauf an, die passenden Kommunikationskanäle zu finden, alle am Veränderungsprozess beteiligten Stakeholder zu motivieren und ein gemeinsames Verständnis zu entwickeln, wo es Konfliktpotenzial gibt und wie wir damit sinnvollerweise umgehen sollten. Es geht darum, gemeinsam im Projektteam ein entsprechendes Mindset zu entwickeln, sich den Konflikten und dem Wandel zu stellen und damit die Segel zu setzen für notwendige Veränderungsprozesse. Kurt Lewin formuliert mit seinem Drei-Phasen-Modell soziale Veränderungen von Organisationen und Gesellschaften. In der ersten Phase (»unfreezing«, d.h. Lockern bzw. Auftauen) werden bestehende Prozesse und Herangehensweisen infrage gestellt. Der Status quo wird dabei bewusst aus dem Gleichgewicht gebracht und alle Beteiligten werden auf den anstehenden Veränderungsprozess vorbereitet, um eine Bereitschaft für Neues zu erzeugen. In der zweiten Phase (»changing«, d.h. Umlernen bzw. Bewegung) erproben wir neue Prozesse und neue Vorgehensweisen. Es werden neue Lösungen und Verhaltensweisen geschaffen und alles in Bewegung gesetzt, damit ein neuer Zustand erfolgen kann. In der dritten Phase (»refreezing«, d.h. Stabilisierung bzw. Einfrieren) werden die neuen Verfahrensweisen implementiert und etabliert. Das neu geschaffene Gleichgewicht bedarf neuer Verhaltensweisen, die in die Problemlösungsstrategie der Organisation und Gesellschaft fest verankert werden. Was wir dafür brauchen? Viel Mut, Vertrauen und ein wenig Pippi-Langstrumpf-Mentalität: »Habe ich noch nie gemacht. Wird auf jeden Fall gut werden!«

8.1.8 Mut und Motivation

Wir erobern in unseren Projekten ein um das andere Mal Neuland, sind Pioniere auf weiter Front und finden uns nicht selten als Projektschaffende in einem Spannungsfeld aus Aufregung, Drama, vielen Fragezeichen, neuen Themenbereichen und unglaublich vielschichtigen Situationen, die wir in dieser Art bisher noch nicht kannten. In der viel zitierten **VUCA-Welt** – ein Akronym für die englischen Begriffe Unbeständigkeit, Unsicherheit, Komplexität und Mehrdeutigkeit – sehen wir uns **Disruption** gegenüber (also alte Dinge »einzustampfen«, um Raum für Neues zu schaffen), springen als (Projekt-) Ritter in die strahlende Rüstung und reiten sprichwörtlich für Auftraggeber und Stakeholder in die Schlacht. Projektmanagement ist nichts für schwache Nerven und es braucht mehr als nur ein Quäntchen Mut, um das PM-Boot auch bei Sturm über die Weltmeere in den sicheren Hafen zu navigieren. Mut ist demzufolge ein wichtiges Powerskill, über das in Fachkreisen leider viel zu wenig gesprochen wird. Dabei braucht es viel Mut und breite Schultern, um für hinreichend Transparenz in Projekten zu sorgen und die Dinge, auf die es ankommt, offen und konsequent anzusprechen. Der australische Projektmanagement-Experte Rob Thomsett prägte den im englischsprachigen Raum mittlerweile häufig verwendeten und sehr einprägsamen Begriff eines sogenannten »Watermelon Projects«. Die Analogie zur Wassermelone, die außen grün ist, aber im Inneren tiefrot (oder je nach Wassermelonenart zumindest gelb) besagt, dass Projektverantwortliche nur ungern offen darlegen, dass in ihrem Projekt nicht alles nach Plan läuft, es Schwierigkeiten gibt und mit Konflikten zu kämpfen ist. Es klingt ja auch viel positiver, wenn der Statusbericht auf Grün steht, und es fehlt vielen an Mut, den Status Rot offen anzusprechen und sich Hilfe zu holen. Dabei ist es für Projekte so wichtig, einen gesunden Realismus zu pflegen und wichtige Themen so lange anzusprechen, bis sie ernsthaft angegangen werden. Transparenz im Hinblick auf Konfliktsituationen zu schaffen, es zu thematisieren, wenn ein (vor allem: das eigene!) Projekt gar in Schieflage geraten ist – da wird es vielen Projektverantwortlichen flau im Magen. Dabei sind wir Projektmenschen doch im Grunde per se eierlegende Wollmilchsäue, die kein Problem damit haben dürften, die Dinge mutig beim Namen zu nennen. Wir sollten mutig sein, um für unsere Projekte und vor allem, um für die Menschen in unseren Projekten einzustehen, Ressourcen einzufordern, klare Entscheidungen zu erwirken und Wind in die Segel unserer zahlreichen Projektschiffe zu blasen.

Während Mut und Innovationskraft bei jungen Projektmanagerinnen und -managern gerade in der Anfangszeit ihrer Karriere noch wie selbstverständlich dazugehören und sie voller Idealismus beherzt an die Projekte herangehen, an die sich bislang niemand traute, so sinkt die Bereitschaft, mutig zu sein, offensichtlich mit den Jahren ihrer Tätigkeit im aktiven Projektgeschehen. Es ist schwer, unangenehme Punkte in der Projektarbeit offen anzusprechen und den Finger eben auch mal in die Wunde zu legen, beharrlich am Ball zu bleiben und wichtige Entscheider so lange auf mögliche Missstände anzusprechen, bis reagiert wird und das Problem vom Tisch ist. Es bedarf zudem mutiger Projektmenschen, um genau die Projekte voranzutreiben, auf die es in der heutigen Zeit so dringend ankommt, z. B. Projekte im Bereich erneuerbarer Energien, Projekte im Bereich Wasser oder Projekte, die sich mit KI – Künstlicher Intelligenz – befassen, um nur einige zu nennen.

Mut – nicht umsonst einer der fünf Scrum-Werte – steht dafür, Verantwortung zu übernehmen und die richtigen Dinge zu tun, um an den Herausforderungen und Problemen im Projekt zu arbeiten. Es bedeutet aber auch, mutig zu sein und zuzugeben, wenn wir etwas nicht wissen, wenn wir Hilfe benötigen oder mit einer Entscheidung oder Aktion nicht einverstanden sind. Wer Innovationen vorantreiben will, muss sich mit dem Powerskill Mut auseinandersetzen und Altbewährtes hinter sich lassen.

In diesem Zusammenhang ist der Brückenschlag zu einem weiteren wichtigen Softskill nicht weit: der Motivation. Die Arbeit in Projekten verlangt, dass sich alle Projektbeteiligten auf ein- und dasselbe Ziel hinbewegen, um das Projekt zum Erfolg zu führen. Eine solchermaßen zielgerichtete Beeinflussung läuft über Motivation. Der Begriff kommt aus dem Lateinischen und bedeutet sinngemäß, etwas in Bewegung zu setzen. Viel wurde über dieses Thema schon geschrieben, gesprochen und nachgedacht – und kein anderes Thema ist so stark in aller Munde wie in Zeiten von Pandemie, Homeoffice oder **New Work**. Unserem Tun sollte eine Sinnhaftigkeit innewohnen und unsere Arbeit in Projekten sollte geprägt sein von echter Wertschätzung, von einer gesunden Ethik und Verbindlichkeit. Das sorgt bei uns selbst und unserem Team für nachhaltige Motivation und schafft Erfolgserlebnisse.

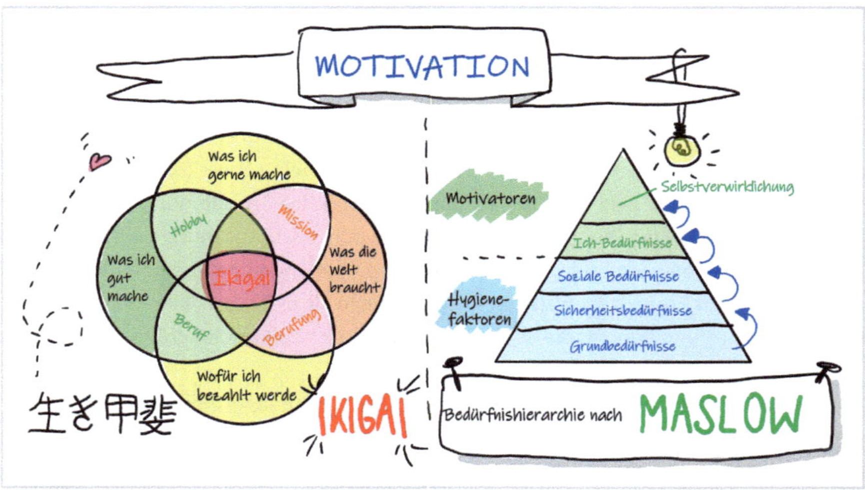

Abbildung 25: Motivation

Der US-amerikanische Psychologe Abraham Maslow brachte es mit seiner **Bedürfnishierarchie** (vielen besser bekannt als die Bedürfnispyramide) auf den Punkt: Menschen haben Bedürfnisse und kennen sowohl Motivation als auch Demotivation. Maslow hat seine Bedürfnishierarchie zwar nie selbst in Pyramidenform dargestellt, doch das Bild mit den fünf unterschiedlichen Bedürfnisebenen ist den meisten Menschen sicherlich sehr gut bekannt. Beziehen wir die von Maslow definierten Bedürfnishierarchien auf unsere Arbeit in Projekten, so lassen sich für jede Hierarchiestufe eine Vielzahl von Möglichkeiten und Maßnahmen finden, die bei unseren Mitarbeitenden als Mindestanforderung Demotivation verhindern und im optimalen Fall zur Motivation beitragen. Nehmen wir beispielsweise Maslows unterste Ebene – die Grundbedürfnisse wie Essen, Trinken oder Schlafen. Übertragen auf das Projektgeschehen könnten wir z. B. dafür sorgen, dass unser Team Zugang zu leckerem, gesundem Essen aus nachhaltigem Anbau erhält, dass Getränke unterschiedlicher Art vom Unternehmen gestellt werden und dass die Projektleitung stets dafür Sorge trägt, dass Pausen- und Erholungszeiten eingehalten werden, um eine Work-Life-Balance zu ermöglichen.

Maslows nächste Ebene befasst sich mit den Sicherheitsbedürfnissen, also körperliche und seelische Sicherheit, materielle Grundsicherung oder ein Dach über dem Kopf. Auch hier können wir die Brücke zu unserer Projektarbeit schlagen, indem wir z. B. für entfristete Arbeitsverträge sorgen, sicherstellen, dass Mitarbeiter in Nachfolgeprojekte übernommen werden, dass wir unsere Mitarbeitenden fair entlohnen oder dass ein Unternehmen Zusatzversicherungen für die Belegschaft abschließt.

Auf der Ebene der Sozialen Bedürfnisse wie Familie oder Freunde – nach Maslow – könnten wir unseren Projektschaffenden Teambildungsmaßnahmen oder tolle Events angedeihen lassen oder dafür sorgen, dass z. B. Familienangehörige ebenfalls in der unternehmenseigenen Kantine essen können oder dass das Unternehmen Babysitter-Service und Kinderbetreuung anbietet, um die Elternteile zu entlasten.

Die Ich-Bedürfnisse bzw. Individualbedürfnisse nach Maslow handeln von Vertrauen, Wertschätzung, Freiheit und Unabhängigkeit – vieles davon können wir 1:1 auf unsere Projektarbeit übertragen, indem wir uns um Mitarbeiterentwicklung kümmern, Feedbackkultur leben und die Potenziale unseres Teams zur Entfaltung bringen.

Auf der obersten Ebene steht bei Maslow die Transzendenz bzw. die Selbstverwirklichung und ist sicherlich nicht ohne Weiteres auf unsere Projektwelt zu übertragen, aber ansatzweise könnten wir hier z. B. daran denken, unseren Mitarbeitenden ein Sabbatjahr zu ermöglichen, sie zu ermutigen, auf einem großen Fachsymposium einen Vortrag über ihr Spezialgebiet zu halten oder ein Fachbuch zu schreiben. Laut Maslow ist die nächsthöhere Bedürfnishierarchie nur dann für uns interessant und erstrebenswert, wenn die Bedürfnisse der Hierarchieebene, auf der wir uns gerade befinden, annähernd erfüllt sind. Können wir noch keinen Haken an die Bedürfnisse machen, die für uns gerade ein Thema sind, haben wir keinerlei Interesse nach weiteren Hierarchieebenen – und sind für andere Bedürfnisse auch gar nicht aufnahmefähig. Angenommen, Sie sind am Verdursten und kommen an ein Wasserloch. Dort liegt bereits ein Löwe. Würden Sie versuchen, das Wasserloch zu erreichen? Natürlich ja, denn jetzt Wasser zu trinken, ist für Sie überlebenswichtig. D. h., Ihr Sicherheitsbedürfnis spielt in diesem Moment die untergeordnete Rolle, da das Grundbedürfnis nach Trinken noch nicht gedeckt ist. Käme jetzt die gute Fee vorbei, um Ihnen einen Kasten Bier herzuzaubern, dann spielte es sehr wohl eine Rolle, dass neben dem Wasserloch ein Löwe liegt. Nehmen wir nun an, Sie und ein Freund würden in der Wüste von einem Löwen verfolgt werden. Hätten Sie beide jetzt Lust auf ein gemütliches Pläuschchen beim Spazierengehen? Natürlich nicht, denn Ihr Sicherheitsbedürfnis hätte Vorrang und Sie würden die Beine in die Hand nehmen, um dem Löwen zu entkommen. Erst, wenn die Gefahr gebannt ist und Sie hinter die Bedürfnishierarchie Sicherheit einen Haken setzen können, sind Sie überhaupt offen für weitere Bedürfnisse wie z. B. Soziale Bedürfnisse. Wie schnell müssten Sie eigentlich laufen, um dem o. g. Löwen zu entkommen? Nur etwas schneller als der Langsamste einer Gruppe ... Denn auch der Löwe richtete sich strikt nach Maslow – sobald sein Grundbedürfnis nach Fressen gestillt ist, verspürt er keinerlei Motivation mehr, Sie weiter zu verfolgen.

In der japanischen Kultur gibt es eine ganz eigene Art, sich des Themas Motivation zu widmen. Die oft langwierige und exzessive, akribische Selbsterforschung beim Streben nach Erfüllung findet sich in der Suche nach **Ikigai**. Iki steht dabei für die Bedeutung des Wortes Leben und gai bedeutet Schale. Frei übersetzt geht es darum, dass wir im Leben herausfinden, was uns antreibt und wofür es sich zu leben lohnt. Was füllt demzufolge unsere Lebensschale und bewegt uns dazu, morgens aufzustehen, in Aktion zu treten und dabei Erfüllung und Freude zu erfahren.

In unseren Interviews mit erfahrenen Führungskräften und Projektleitern wurde deutlich, wie wichtig dieses echte Powerskill in der Arbeit mit Menschen in Unternehmen und Organisationen ist. Für viele unserer Interviewpartner ist Motivation ein unverzichtbarer Faktor im Alltag, denn ist man selbst und sind die Mitarbeitenden motiviert, äußert sich das stets durch bessere Arbeitsergebnisse und messbar höhere Zufriedenheit aller relevanten Stakeholder. Lob auszusprechen, Anerkennung zu verbalisieren und eine konstruktive Feedbackkultur zu etablieren, motiviert. Wenn die Zusammenarbeit von Vertrauen, Dankbarkeit und gegenseitigem Respekt geprägt ist, dann wirkt das wie eine Antriebsfeder, ein Booster und der sprichwörtliche Wind in den Segeln, der das Boot in Fahrt bringt.

8.1.9 Kreativität und Problemlösung

Projektschaffende, die sich in der Kunst der Kreativität bzw. Problemlösung verstehen, tun sich erfahrungsgemäß in ihren Projekten leichter, denn der Blick über den Tellerrand hinweg, ein Perspektivenwechsel und die Fähigkeit, auch auf unkonventionellen Wegen ins Ziel zu gelangen, helfen uns dabei, Projekte zum Erfolg zu führen.

Was versteht man aber unter Kreativität und Problemlösung? Wir sprechen hier über die unterschiedlichen Facetten der Kreativität, sowohl aus einem bunten, verrückten und künstlerischen Blickwinkel heraus als auch sehr intelligenzgetrieben und unter den Gesichtspunkten sehr methodischer, analytischer Kreativitätstechniken. Wir Projektmenschen übersetzen die Wünsche und Ideen unserer Auftraggeber in messbare Ergebnisse in Gestalt von Projekten und Produkten. Wir befassen uns mit Themen und Problemstellungen, die wir zumeist bis dato nicht kannten und für die wir zu Recht oftmals völlig neuartige Wege gehen. Jeder Lösungsfindungsprozess durchläuft in der Regel vier unterschiedliche Phasen, beginnend mit der Vorbereitungsphase (auch Präparation genannt), in der wir uns zunächst einmal einen Überblick über das Problem verschaffen, den konkreten Auftrag formulieren und die Gesamtsituation analysieren. Die zweite Phase ist die sogenannte Brutzeit, die Inkubationsphase, in der wir uns erst vom Problem lösen, um darüber nachzudenken, um etwas Abstand zu gewinnen und sprichwörtlich über dem Problem zu brüten, damit wir in der dritten Phase spontane Lösungsideen generieren. Diese Phase wird auch Illumination genannt und bedeutet genau das – den einen oder anderen Geistesblitz zu haben, mit dem wir der Lösung unseres Problems möglicherweise einen großen Schritt näherkommen. Die vierte und gleichzeitig letzte Phase in diesem Prozess ist die Ausarbeitung und die Konkretisierung der Ideen (auch Verifikation bzw. Elaboration genannt), an deren Ende wir uns auf konkrete Lösungsvorschläge einigen, die wir als nächsten Schritt im Lösungsfindungsprozess weiterverfolgen wollen.

Wir alle kennen sicherlich Kreativitätstechniken wie Brainstorming, **Mindmapping** oder möglicherweise auch die **Walt-Disney-Methode**. Alle drei Techniken gehören zu den assoziativen bzw. intuitiven Kreativitätstechniken, mit denen wir innerhalb kürzester Zeit eine Vielzahl von möglichen Ideen generieren. Es ist manchen Projekten aber auch zuträglich, vielleicht einmal die Methode mit dem schönen Namen **World Café** anzuwenden, einer hervorragenden Visualisierungsmethode, bei der wir mit einer Gruppe von Beteiligten an unterschiedlichen Stehtischen zu unterschiedlichen Fragestellungen Impulse, Gedanken und Ideen festhalten, wir uns gegenseitig inspirieren und die kollektive Intelligenz einer Gruppe nutzen, um später auf den Ideen aufzubauen. Auch das Format der **Fishbowl** hilft uns dabei, von der Schwarmintelligenz zu profitieren und auf die Expertise unterschiedlicher Personen aus unseren Reihen zurückgreifen.

Projektmenschen, die über einen prall gefüllten Werkzeugkoffer an unterschiedlichen Kreativitäts- und Moderationstechniken verfügen, tun sich mit der Arbeit in ihren Projekten leichter. Dabei geht es gar nicht notwendigerweise immer abgehoben und künstlerisch-exzentrisch zu, wie der Begriff Kreativität vielleicht glauben lassen mag. Analytische bzw. diskursive Kreativitätstechniken sind wunderbar dafür geeignet, bestehende Produkte zu optimieren, weiterzuentwickeln oder ihnen einen neuen Glanz zu verleihen. So nutzen wir beispielsweise die **Osborne-Checkliste** zum systematischen Generieren von Lösungsideen, bauen im Vorfeld eines Projektes mithilfe einer **Delphi-Studie** auf das fundierte Fachwissen ausgewählter Experten, indem wir ihnen einen Fragebogen ausarbeiten, der in mehreren Zyklen immer weiter verfeinert wird und uns dabei hilft, unserem komplexen Projektthema auf den Grund zu gehen. Ganz wunderbar eignet sich zur Produkt(weiter)entwicklung auch die Methode mit dem Namen **Morphologischer Kasten**, bei der sich das Projektteam zu einer konkreten Aufgabenstellung für ausgewählte Parameter unterschiedliche Ausprägungen überlegt, um daraus im Nachgang in Fachgruppen weiter in die Tiefe zu gehen.

Mit der Fähigkeit, unseren Horizont zu erweitern, unseren Blick über den Tellerrand schweifen zu lassen und der Bereitschaft, Neuem und Andersartigem, vielleicht auch unkonventionellen Ideen einen Raum zu geben, erschließen wir in der Projektarbeit sprichwörtlich neue Welten und Dimensionen. Kreativität und Problemlösung gehört also zweifelsfrei zu den Softskills, die es zu erwerben lohnt, sie machen zudem noch richtig Spaß, inspirieren und führen zu einer besseren Ergebnisorientierung. D. h., durch die Anwendung unterschiedlicher Kreativitätstechniken schaffen wir es besser, unsere Aufmerksamkeit auf Schlüsselaspekte im Projekt zu lenken – also z. B. auf unsere Ziele oder **Erfolgsfaktoren** – und die Interessen unserer relevanten Stakeholder entsprechend einzubinden. »Gewusst, wie« ist auch hier das Zauberwort, und um den Blick aufs Ziel nicht zu verlieren, hilft es uns, unter Anwendung der richtigen Tools und Methoden allen Widrigkeiten zum Trotz zu jeder Zeit ein »Big Picture« unseres Projekts aufzeigen zu können, d. h. ein Gesamtbild, bei dem sich Puzzlestückchen für Puzzlestückchen zusammenfügt, damit wir Projektschaffenden ein gemeinsames Verständnis darüber erlangen, um was es in unserem Projekt, unserem Prozess oder ganz allgemein bei unserem Tun eigentlich geht.

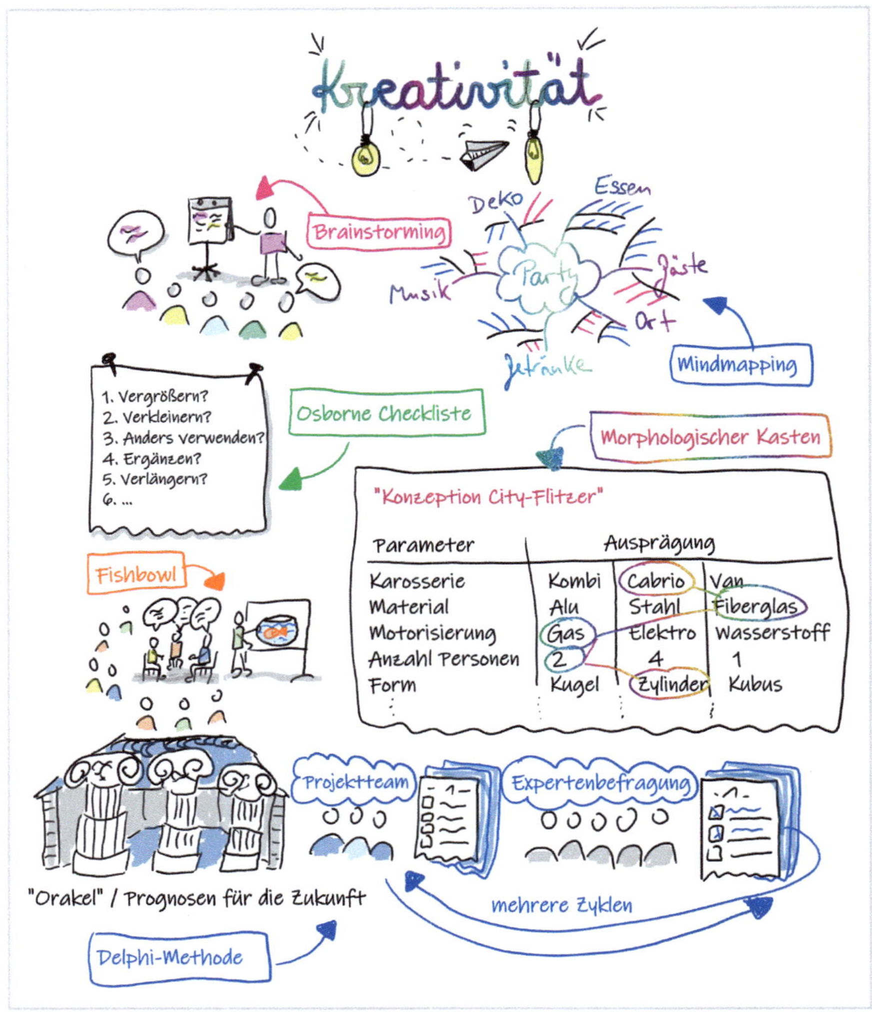

Abbildung 26: Übersicht unterschiedlicher Kreativitätstechniken

8.1.10 Verhandlungsführung

Im heutigen Geschäftsleben wird im Grunde alles verhandelt – sei es ein Preis, die Konditionen für Verträge und Vereinbarungen oder die Grundlagen derzeitiger oder künftiger Zusammenarbeit. Es geht dabei um weitaus mehr als sich lediglich mit BATNA (best alternative to a negotiated agreement, d. h. die beste Alternativoption, falls es bei einer Verhandlung zu keiner Einigung kommt) oder ZOPA (zone of possible agreement; d.h. die Überlappung der Verhandlungsspielräume von Verkäufer und Käufer) auseinanderzusetzen. Auch im Projektmanagement ist Verhandlungsführung ein großes Thema, weil viele Gespräche im Rahmen der Projektarbeit eben nicht einfach nur informativen Charakter haben und einer lockeren Plauderei gleichkommen, sondern sie sind oftmals der Beginn von ernst zu nehmenden Aushandlungsprozessen, die konstituierende Wirkungen erzielen, d.h. mögliche Rechtsfolgen mit sich bringen. Deshalb ist es auch so wichtig, Verhandlungen richtig zu führen, sowohl von einem fachlichen als auch methodischen Standpunkt aus betrachtet. Die Stakeholder eines Projektes haben sehr häufig unterschiedliche Erwartungen, Befürchtungen oder Interessen, und die Sichtweisen einzelner Personen oder Parteien sind oftmals stark voneinander abweichend. Doch nicht immer werden diese unterschiedlichen Sichtweisen transparent offengelegt, sondern manifestieren sich erst anhand der Auswirkungen. Durch gezielte Gesprächs- und Verhandlungsführung gelingt es idealerweise, alle auf einen gemeinsamen Nenner zu bringen, sodass die Zusammenarbeit im Projekt funktioniert. Beim Verhandeln geht es weniger darum, einen vermeintlichen Gegner auf die eigene Seite zu ziehen und einen »Kampf« zu gewinnen. Es geht vielmehr darum, dass am Ende alle der Überzeugung sind, die richtige Entscheidung getroffen zu haben und einer künftigen Zusammenarbeit nichts mehr im Wege steht. Viele Verhandlungen orientieren sich an dem bekannten Harvard-Konzept, bei dem sich Wissenschaftler der Harvard-Universität seit Mitte der 1970er Jahre mit dem Thema beschäftigen, wie Verhandlungen bestmöglich sachbezogen geführt werden sollten. Die Prinzipien sind hierbei:

- Alternativen abwägen
- Mensch und Problem voneinander unterscheiden
- Interessen und Bedürfnisse aller Parteien ermitteln
- Optionen zu beiderseitigem Vorteil entwickeln
- Fairness als Grundlage für die Einigung zugrunde legen

Das sind durchaus nützliche Ansätze, um den Grundstock für Verhandlungen zu legen, jedoch ist es erfahrungsgemäß nicht immer erfolgsversprechend, sich beim Verhandeln ausschließlich auf die Sachebene zu beziehen. Im Gegenteil. Gerade die Beziehungsebene ist häufig ein elementarer Faktor, wenn es darum geht, bestimmte Dinge zu verhandeln, um Einigung zu erzielen. Verhandlungen finden häufig nach einem bestimmten Schema statt. Zunächst öffnen wir in der Orientierungsphase quasi den Rahmen für unsere Verhandlung, legen die Grundlagen und schaffen die notwendigen Voraussetzungen, damit die Verhandlung erfolgreich wird. In der Klärungsphase nehmen wir die Ist-Aufnahme vor, prüfen vorbereitete Optionen und entwickeln Vereinbarungen. In der Veränderungsphase geht es um die Soll-Entwicklung, d.h. das gemeinsame Entwickeln von Lösungen und Abmachungen. Am Ende wird der Rahmen wieder geschlossen, wir bringen unsere Verhandlung zu einem Abschluss, festigen die Beziehung zwischen den Verhandlungspartnern, sichern die Ergebnisse und liefern einen Ausblick auf das weitere Vorgehen.

Die Fähigkeit, Verhandlungen im Kontext internationaler Projekte zu führen ist ein ganz besonderes Powerskill. In einem Projekt meiner Zeit in der Automobilzulieferindustrie hatten wir einmal die Situation, einen neuen Entwicklungsstandort in Changchung (China) aufbauen zu wollen. Es zeichnete sich sehr schnell ab, dass Verhandlungsführung in China völlig anders läuft, als »wir Europäer« das gewohnt waren. Als Projektleiterin für das China-Projekt wurde die junge Dame bestellt, die auch am Entwicklungsstandort in Süddeutschland die Leitung des Labors innehatte. Sie war ca. 30 Jahre alt, Akademikerin, mit forschem Auftreten und norddeutscher Mentalität. Bis dato hatte sie noch nie Verhandlungen mit Chinesen geführt und war entsprechend unsicher. In einem ersten Anlauf kam eine Delegation der chinesischen Ansprechpartner nach Deutschland, um bereits im Vorfeld ein paar Dinge besprechen zu können und um sich einen Eindruck über die Laboreinrichtungen am Standort in Süddeutschland zu machen. Schnell wurde deutlich, dass es mehr als nur Sprachprobleme gab. Die ersten Verhandlungen waren weder zielführend noch erfolgreich. Es wurde klar, dass in Asien Verhandlungen in der Regel von den Rangältesten zu führen sind, da in der asiatischen Kultur Alter mit Kompetenz gleichgesetzt wird. Außerdem geht es darum, dem Verhandlungspartner immer die Möglichkeit zu geben, »ehrenvoll« und ohne »Gesichtsverlust« aus der Verhandlung zu gehen. Im weiteren Verlauf unseres Projektes reiste die Laborleiterin in Begleitung eines älteren Meisters aus der Produktion nach China, der bei allen Verhandlungen vermeintlich das Sagen hatte – zumindest konnten wir es gegenüber unseren chinesischen Ansprechpartnern so darstellen. Der Tradition wurde Genüge getan, indem ein »älterer Herr« als Entscheider auftrat. Dieser Fall zeigt ganz klar, dass wir das Softskill Verhandlungsführung beherrschen sollten, um Projekte zum Erfolg zu führen. Dabei sollten wir uns nicht nur auf die reine Sachebene, sondern auch auf die Beziehungsebene konzentrieren. Ein gedanklicher Perspektivenwechsel ist sehr ratsam bei der Vorbereitung solcher wichtiger Gespräche, denn die Dinge sind längst nicht immer so, wie sie auf den ersten Blick erscheinen.

8.2 Praxisbeispiel

Die Beschäftigung mit der ganzen Bandbreite an Powerskills war für uns Autoren alles andere als Neuland. Als Projektmanager, Trainer und Coaches gehört die gesamte Klaviatur der Softskills wie Führung, Ethik, Kultur, Werte und Diversität, agiles Mindset, Teamarbeit, Kommunikation, Konflikte und Krisen, Mut und Motivation, Kreativität und Problemlösung oder auch Verhandlungsführung zu unserem stetigen Repertoire. Unsere Arbeit war schon immer mit Menschen und für Menschen – H2H, from human to human. In unserem Buch geht es um Projektmanagement, und Projekte werden von Menschen, für Menschen und mit Menschen gemacht, d. h. der Griff in die Werkzeugkiste der Softskills, um das eine oder andere Werkzeug herauszupicken und näher zu beleuchten, gehört auf jeden Fall zum Tagesgeschäft von uns Projektmenschen. Ich kam ungefähr ein halbes Jahr vor dem Start unseres Projektes mit der japanischen Ikigai-Thematik in Berührung und war gleich davon fasziniert. Bei Ikigai geht es um die Selbsterforschung und um das Streben nach Erfüllung und dem Sinn des Lebens bzw. dem eigenen Sinn, den wir unserem Tun geben. Übersetzt bedeutet Ikigai in etwa »wofür es sich zu leben lohnt« oder etwas enger an die Bedeutungen der japanischen Begriffe iki und gai geknüpft geht es bei Ikigai darum, das zu finden, was sprichwörtlich unsere Lebensschale füllt. Was bringt uns dazu, morgens fröhlich aus dem Bett zu steigen, unserer Arbeit nachzugehen und motiviert und voller Freude unser Leben in die eigene Hand zu nehmen? Die Beschäftigung mit dem Prinzip von Ikigai ist sehr eng mit den Themen Motivation und Kultur verknüpft, es geht aber auch in Bereiche wie Ethik, Werte, Mut oder Teamarbeit.

Wir nahmen uns also die Zeit, um uns die vier Hauptbereiche von Ikigai anzuschauen und unsere ganz persönliche Antwort darauf zu finden:

1.) Was mache ich gerne?

Sprich – was sind genau die Dinge, Tätigkeiten oder Themen, bei denen unser Herz aufgeht? Welche Themen interessieren uns so intensiv, dass es sich für uns lohnt, unser Wissen darüber und unsere Fähigkeiten darin weiter zu vertiefen? Welche Bereiche unserer Arbeit sind für uns regelrecht eine Erfüllung und sinnstiftend?

2.) Was mache ich gut?

Wer von uns hat in welchem Thema besonderes Wissen oder eine besondere Kompetenz? In welchem Bereich wissen wir mehr als der Durchschnitt? Wie können wir dieses Wissen an andere weitergeben? Und welche Möglichkeiten haben wir, um uns selbst kontinuierlich weiterzuentwickeln?

3.) Was braucht die Welt?

Wo fehlt den Menschen in unserer Umgebung, den Unternehmen und Organisationen, bestimmtes Wissen – und welches? Von welchen Dingen oder Themen gibt es zu wenig? Wie steht es um die Gesellschaft in der heutigen Zeit? Und was wünschen wir uns von unserer Umgebung, von unseren Mitmenschen?

4.) Wofür werde ich bezahlt?

Wovon leben wir derzeit? Welche Themen in Trainings, Coachings oder Projekten finden die Anerkennung, dass Menschen in Unternehmen und Organisationen auch bereit sind, dafür zu bezahlen? Welche unserer Fähigkeiten finden (finanzielle) Anerkennung in der

Gesellschaft und erlauben es uns, unseren Lebensunterhalt damit zu verdienen? Wo liegt noch verborgenes Potenzial? Wofür werden Menschen auch zukünftig bereit sein, Geld auszugeben?

Alles sehr wichtige, aber auch sehr intensive Fragestellungen, die einiges in uns in Bewegung setzten. Da Mathias und mir seit Beginn des gemeinsamen Buchprojekts klar und bewusst war, dass unser Buch über Projektmanagement ein Rahmenwerk werden sollte, mit dem wir unseren Lesern den Einstieg zum Segel setzen in Projekten gewähren wollten, war es uns wichtig, weiterzudenken. Welche Trainings oder Coachings könnten wir konzipieren, die für Menschen in Unternehmen und Organisationen, für Projektschaffende, (angehende) Führungskräfte oder überhaupt interessierte Individuen oder Gruppen einen Mehrwert hätten? Und vor allem – wofür würden genau diese Personen auch Geld in die Hand nehmen? Welche Themen oder Konzepte, aber auch welche Kunden und Auftraggeber passten sowohl zu unseren Berufen als auch vor allem zu unserer Berufung? Zu unseren Werten? Gerade Letzteres ist vor allem für mich seit Beginn meiner Selbstständigkeit ein elementares Thema, denn ich möchte und werde nicht für »jeden« arbeiten. Es muss passen! Sowohl, was die Chemie angeht und den sprichwörtlichen »Nasenfaktor«, als auch die Zielsetzung und die Frage nach dem »Warum«. Unternehmen und Auftraggeber, für die Begriffe wie Werte oder gar Wertschätzung nur Makulatur und Fremdwörter sind und in deren Organisationen der Mensch nur auf dem Papier im Mittelpunkt steht, die möchte ich persönlich gar nicht als Kunden haben, da bin ich geradlinig und schonungslos ehrlich.

Auch das Powerskill Kommunikation war und ist für uns ein wichtiges Thema. Paul Watzlawik bringt es treffend auf den Punkt: »Wir können nicht NICHT kommunizieren!« Als Projektschaffende und natürlich auch als Führungskräfte werden wir an unserer Fähigkeit zu kommunizieren gemessen. In sprichwörtlich guten wie in schlechten Zeiten. Wenn es im Projekt gut läuft, aber eben auch gerade dann, wenn es Probleme gibt, wenn wir uns massiven Veränderungsprozessen gegenübersehen. Auch viele unserer Interviewpartner bringen es an mehr als einer Stelle in unserem Buch auf den Punkt: Kommunikation ist der Dreh- und Angelpunkt in der Projektarbeit und sehr häufig eine immense Herausforderung. Projektmenschen, die dieses Powerskill beherrschen, tragen wesentlich dazu bei, dass ihre Projekte erfolgreich sind.

8.3 Quintessenz

Es kommt in der Projektarbeit darauf an, sowohl methodisch einen prall gefüllten Werkzeugkoffer zu haben, um fachlich im richtigen Moment das benötigte PM-Wissen anwenden zu können, als auch auf der Ebene der Softskills gut aufgestellt zu sein, damit es zwischen den relevanten Stakeholdern auf menschlicher Ebene funktioniert. Je mehr wir Projektmenschen vor Herausforderungen gestellt werden wie neuartige, internationale Projekte oder Programme, die über Kontinente hinweg eine erfolgreiche Zusammenarbeit erfordern, die u. a. eben auch remote klappen muss, desto mehr gehört es zum Handwerkszeug von Projektschaffenden dazu, sich mit den benötigten Powerskills auseinanderzusetzen. Am Ende macht es die gesunde Mischung aus Methodik, Fachwissen, Empathie und Fingerspitzengefühl, um die Leinen loszumachen für erfolgreiche, praxisnahe Projektarbeit.

8.4 Tools und Tipps

Um die unterschiedlichen Powerskills erfolgreich in der Projektarbeit anzuwenden, hilft es, den Blick auf unterschiedliche Bereiche zu richten. Zur Teamdiagnose eignen sich wunderbare Tools wie Persönlichkeitsinventurmodelle, die es z. T. im Internet frei zugänglich und kostenlos verfügbar gibt, die durchaus den einen oder anderen wertvollen Impuls liefern können. Es gibt aber natürlich auch Modelle, die lizenziert und kostenpflichtig sind. Um zu sehen, welcher Belbin-Teamrolle wir (möglicherweise tendenziell) entsprechen, gibt es unterschiedliche auch online verfügbare Fragebögen und Belbin-Tests mit entsprechender Auswertung. Auch wenn diese Tests einen eher spielerischen Charakter haben, so ist es dennoch eine inspirierende und mitunter erhellende Teamübung, die für die weitere Zusammenarbeit im Projekt hilfreich sein kann. Ich persönlich arbeite immer gerne mit einem Team-Spinnennetz, bei dem ein Team für sich Kompetenzen und Themen festlegt, für die dann in Form eines Koordinatensystems spinnennetzartig der jeweilige Ist-Zustand erfasst und eingezeichnet wird. Danach legt das Team für sich fest, welche Bereiche und Themen in welchem Detaillierungsgrad vertieft bzw. verbessert werden sollen.

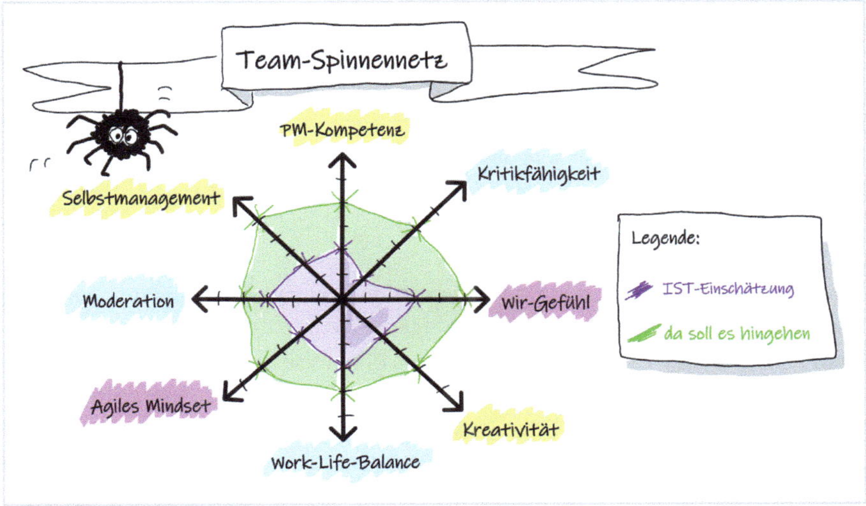

Abbildung 27: Team-Spinnennetz

Ein Tipp, der vor allem für die Arbeit in internationalen Projekten gute Dienste leistet, ist es, sich ausführlich mit interkultureller Kommunikation auseinanderzusetzen. Die bekannte Redewendung »Andere Länder, andere Sitten« hat gerade auch für uns Projektmenschen eine besondere Bedeutung, denn je mehr wir unser vermeintlich gewohntes Terrain verlassen und uns mit Menschen anderer Kulturen und anderer Länder auseinandersetzen, je mehr wir im Projekt sprichwörtlich unterschiedliche Sprachen sprechen und unterschiedliche Werte verinnerlicht haben, desto anspruchsvoller wird die Zusammenarbeit. Grund genug, uns mit Interkulturalität zu befassen und vertrauensbildende Maßnahmen zu initiieren. Wir brauchen Vorbilder, die mit Feingefühl und großem Wissen über die jeweiligen anderen Kulturen unser Projekt voranbringen und für ein gelebtes Miteinander sorgen, damit alle Projektbeteiligten den Perspektivenwechsel schaffen und das Projekt auch immer mit den Augen der anderen sehen können. Interkulturelle Trainings im Vorfeld eines Projektes können hier wertvolle Dienste leisten und Fettnäpfchen und Missverständnisse von vornherein minimieren.

Ein schöner Tipp, um gerade als Führungskraft empathischer zu werden, sind Kudo-Karten. Es sind Karten mit schönen Motiven, die dazu genutzt werden, um sich gegenseitig Wertschätzung zu zeigen. Das Besondere dabei ist, dass sie hierarchieunabhängig und zwanglos für Mitarbeiter und Teammitglieder erstellt werden, um ihnen Danke zu sagen für ihre Arbeit und um ihnen Respekt und Anerkennung entgegenzubringen. Der Begriff Kudos stammt aus dem Griechischen und bedeutet so viel wie Ruhm oder Ehre. Kudo-Karten werden ganz offen und sichtbar für alle Mitarbeiter ausgehängt oder veröffentlicht und wirken sich positiv auf deren intrinsische Motivation aus. Sowohl derjenige, der die Karte erhält, fühlt sich gut und ist motiviert als auch derjenige, der die Karten verteilt. Die Führungskraft, die mittels einer Kudo-Karte einem Mitarbeiter ein lieb gemeintes »Dankeschön«, »prima Teamleistung« oder »klasse gemacht« aushändigt, wird anders wahrgenommen – als viel empathischer und damit auch als viel sympathischer. Lob und (unerwartete, aber ernst gemeinte) Wertschätzung verschönern auch uns Projektmenschen den Tag und zaubern uns ein Lächeln aufs Gesicht. Es gibt bereits eine Vielzahl vorgedruckter Kudo-Karten – aber noch schöner ist es natürlich, wenn es selbst gemachte Karten sind.

Um eine Leistungssteigerung im Team zu erwirken, hilft es, eine eindeutige Klärung aller Rollen vorzunehmen und dafür zu sorgen, dass das Team einen fundierten Gesamtüberblick über das Projekt erhält. Jedes Projekt setzt sich aus unzählig vielen Einzelteilen zusammen, die mit Puzzleteilchen vergleichbar sind. Betrachten wir lediglich eines dieser Puzzleteilchen isoliert von allen anderen, dann könnte es sich bei einem z. B. blauen Puzzleteil entweder um Himmel, um Meer oder um ein blaues

Gebäude handeln. Erst, wenn wir das Puzzle von oben und in seiner Gesamtheit betrachten, wissen wir, wohin das blaue Puzzleteilchen wirklich gehört. Jeder im Team darf und soll seine Perspektive äußern und sich einbringen. Auf diese Weise werden Selbstverständlichkeiten hinterfragt und wir nehmen deutlich wahr, an welcher Stelle uns noch »Puzzleteilchen« fehlen, d. h. wo wir weitere Informationen zum Projekt benötigen etc. Es ist dabei hilfreich, wenn wir die Gelegenheit bekommen, uns persönlich kennenzulernen und Kenntnisse sowohl von den eigenen Stärken und Schwächen als auch von den Schwächen der anderen zu erlangen. Denn wissen wir darüber Bescheid, können wir zum einen dafür sorgen, dass unsere Stärken zum Einsatz kommen und zum anderen uns gegenseitig dabei unterstützen, die Schwächen auszubügeln. Auf diese Weise haben wir gleich noch den Vorteil, dass wir mögliches Konfliktpotenzial vorzeitig ausloten und aus dem Weg räumen können.

Projektmarketing sorgt dafür, dass unser Projekt und wir als Projektteam sichtbar werden und wir wahrgenommen werden können – sowohl intern als auch extern. Eine alte Weisheit besagt: »Tue Gutes und rede darüber!« – und genau das sollten wir auch in unserer Projektarbeit beherzigen und Marketing betreiben. Zum einen geht es darum, dass wir uns alle bestmöglich und voller Stolz mit unserem Projekt identifizieren, dass wir uns vom Projekt und damit von unseren Aufgaben, unserer jeweiligen Rolle und Funktion begeistern lassen. Das schaffen wir z. B. durch ein gemeinsam kreiertes Projektlogo, coole Projekt-Shirts oder andere kleine Marketing-Artikel, die für das Projekt stehen. Zum anderen geht es aber natürlich auch darum, dass wir es schaffen, bei der Geschäftsführung, beim Lenkungsausschuss und bei wichtigen Entscheidern Akzeptanz zu finden, um so Zugang zu benötigen Ressourcen zu bekommen und priorisiert zu werden.

Impulsfragen für die Softskills im Projektmanagement

- Wie leben wir Respekt, Ehrlichkeit und Transparenz in unserem Projekt?
- Wie zeigen wir echte Wertschätzung gegenüber unseren Mitarbeitern?
- Wie erzeugen wir Vertrauen innerhalb unseres Teams, gegenüber unserem Auftraggeber und gegenüber Entscheidern?
- Welche Kommunikationsform passt am besten zu uns und unserem Projekt?
- Wie können wir aus Fehlern lernen und eine gelebte Fehlerkultur in unserem Projekt etablieren?
- Welcher Mitarbeiter braucht welches Maß an Führung bzw. Selbstbestimmung und wer braucht welche Entscheidungsbefugnisse und Unterstützung?
- Wie schaffen wir es, echte Diversität in unserer Projektarbeit sicherzustellen?
- Welche Werte sind uns wichtig?
- Wie machen wir den Erfolg unseres Teams – und des Einzelnen – messbar?
- Wie zeigen wir Dankbarkeit und fördern Empathie?
- Wie gehen wir mit Konflikten um?

8.5 Interviews mit Projektmanagern

Ben Ziskoven

MF: Was sind Ihre ganz persönlichen »Geheimtipps« für erfolgreiche Projekte?

BZ: Es ist ganz wichtig, dass der Kunde Vertrauen gewinnt. Und das ist eine sehr große Verantwortung, dieses Vertrauen auch aufrechtzuerhalten. D. h., der Kunde muss auch darauf vertrauen dürfen, dass wir uns im Projekt an Gesetze halten, dass wir auch ethisch und moralisch einen »richtigen Job« machen. Die gesamte zwischenmenschliche Ebene ist oft sehr viel wichtiger, als einfach nur Methoden anzuwenden.

Felix Mühlschlegel

MF: Was macht einen guten Projektleiter aus? Was sind Ihrer Meinung nach wichtige »Führungsqualitäten«?

FM: Ich denke, die Antwort liegt auch hier wieder im gesunden Mittelmaß. Eine gute Führungskraft sorgt im Team für:

Vision & Klarheit – was ist die Zielsetzung und warum machen wir das hier alles. Sorgen Sie dafür, dass das Projekt anspruchsvoll, aber machbar ist.

Vertrauen/Empowerment – wenn das Projekt erst einmal grob umrissen ist und die Anforderungen bzw. Erwartungen geklärt sind – lassen Sie das Team laufen! Sorgen Sie dafür, dass alle ihren Job machen können und räumen Sie ihnen die Steine aus dem Weg.

Flexibilität – es geht darum, die Erwartungshaltung klar zu formulieren und dabei genügend Flexibilität zu ermöglichen mit der Bereitschaft, dort Anpassungen vorzunehmen, wo sie notwendig werden.

Empathie – seien Sie neugierig auf die Menschen, nicht nur auf die Arbeitsergebnisse. Behandeln Sie jeden als Individuum und stärken Sie deren Stärken und unterstützen Sie sie dabei, ihre Schwächen auszubügeln.

MF: Wie wichtig ist für Sie das Thema Diversität? Bzw. was ist für Sie gelebte Diversität?

FM: Bei adidas haben wir ganz klare Vorgaben und festgelegte Ziele bezüglich Diversität. Leider bezieht sich das hauptsächlich auf bestimmte zu erfüllende Quoten, z. B. müssen wir 30 % Schwarze und **Latinx**-Leute einstellen, also Menschen aus spanischsprachigen Regionen und Ländern Nordamerikas. Auch für das Einstellen von Frauen gibt es eine Quote – auch dafür, wie viele Frauen bei uns eine Führungsposition innehaben müssen. Das ist einerseits natürlich positiv und gut. Andererseits bedeutet Diversität so unglaublich viel mehr als nur Hautfarbe, Behinderung oder keine Behinderung, unterschiedliche Religionszugehörigkeit oder sexuelle Orientierung. Hier in den USA spielt es leider eine viel zu untergeordnete Rolle, ob jemand schon einmal mehrere Jahre im Ausland gearbeitet hat, eine besondere Reife oder spezielle Berufserfahrung mitbringt. Je diverser ein Team aufgestellt ist, desto erfolgreicher ist es meiner Meinung nach. Ich wünsche mir immer, dass von allem etwas bzw. jemand dabei ist – alt und jung, erfahren und unerfahren, national und international. Ich wünsche mir nicht nur Menschen im Team, die unterschiedliche Hautfarben haben, sondern auch unterschiedliche Denkweisen. Die unterschiedlich aufgewachsen sind und viele unterschiedliche Erlebnisse mitbringen. Ich mag den Blick über den Tellerrand, denn das bringt mich auch in meiner Arbeit in der Produktentwicklung weiter. Deshalb liebe ich unsere Kooperationen mit unterschiedlichen Künstlern, vor allem bei unseren »Pride Packs« – speziellen Kollektionen, auf die wir stolz sind und die viel mit Diversität zu tun haben. 2022 haben wir mit einem australischen Künstler zusammengearbeitet. Die Kampagne trug den Titel »Love Unites« – Liebe vereint. Das hat Spaß gemacht und mir auch persönlich einen Mehrwert gebracht. Wir haben zwei NGOs (Nichtregierungsorganisationen) unterstützt, konnten dabei sehr authentisch bleiben und noch etwas Gutes tun.

Sebastian Wächter

MF: *Durch Ihr eigenes Schicksal haben Sie sich intensiv mit den Themen Mut und Motivation auseinandergesetzt. Welchen Stellenwert haben diese Powerskills für Sie?*

SW: Gleich nach meinem Wanderunfall damals, bei dem ich mir das Genick brach, hatte ich enorm große Schwierigkeiten, mit den Konsequenzen und drastischen Veränderungen umzugehen, die das für mein Leben hatte. Anfangs hat mich die extrinsische Motivation begleitet – wenn es mir gut geht, dann geht es auch der Family gut. Aber das alleine reicht nicht. Es war ein langer Prozess, der dann auch zu einer intrinsischen Motivation bei mir führte, mein Schicksal auch annehmen zu wollen. Und dann wurde mein sportlicher Ehrgeiz geweckt. Meine gewisse Sturheit hat mir hier wirklich geholfen. In vielen Situationen in unserem Privat- aber eben auch in unserem Berufsleben braucht es sehr viel Mut für den Umgang mit Veränderungen. Es kommt darauf an, genau die Motivation für sich zu entdecken, die uns hilft, zu reflektieren, uns der Situation zu stellen und zur Einsicht zu gelangen: Es ist okay! Führungskräfte und Menschen in Veränderungsprojekten sollten viel mentale Arbeit in ihr Tun stecken, viel lesen, sich mit dem Thema auseinandersetzen. Und ja, auch Coaching hilft natürlich sehr.

Michael Künnell

MF: Was macht einen guten Projektleiter aus? Was sind Ihrer Meinung nach wichtige »Führungsqualitäten«?

MK: Ein guter Projektleiter sollte sich auf Leadership verstehen und die Ruhe bewahren können. Wichtig ist auch, dass er immer einen Schritt weiterdenkt und den Überblick behält. Vor allem sollte ein guter Projektleiter aber ein fähiger Kommunikator sein und sein Handwerk verstehen.

MF: Wie wichtig ist das Thema Kultur und Werte für Sie in Ihrem Arbeitsumfeld?

MK: Bei HEITEC werden Werte wie Wertschätzung, Offenheit und Unabhängigkeit gelebt. Wir sind ein familiengeführtes Unternehmen und unser Eigentümer ist auch heute noch jeden Tag in der Firma. Unser Slogan »Wir bewegen Mensch und Maschine« ist nicht einfach nur so dahingesagt, sondern dahinter stehen wir. Interessant ist jetzt, dass diese gelebten Werte für uns Babyboomer wichtig sind – weil viele von uns auch noch Unternehmen kennen, in denen diese Werte nicht gelebt werden. Aber die jüngere Generation sieht das ganz anders. Sie sehen diese Werte als selbstverständlich an und erwarten ganz andere Dinge! Da kann ich als Personalverantwortlicher nicht mehr mit dem Obstkorb punkten, sondern die Gen. Y/Z erwartet eine sinnstiftende Arbeit mit Mehrwert. Gleichzeitig haben die jungen Leute aber auch enorm viele Ansprüche – sie wollen z. B. schon nach einem halben Jahr im Projekt die Projektleitung übernehmen, überschätzen sich dabei und erkennen z. B. die Tiefe des Themas gar nicht. Da fehlt oft der Realismus und sie sind sich nicht bewusst, was es heißt, Verantwortung zu übernehmen. Ich bin gerade dabei, in diesem Bereich neue Wege zu gehen und setze hier jetzt im Unternehmen ein neues, großes Projekt auf.

Daniel Laufs

MF: Wie sieht es in Ihren Projekten mit den Powerskills Ethik oder Diversität aus? Wo gibt es da wichtige Berührungspunkte in Ihrer Projektarbeit?

DL: Bei CAPTN geht es ja um autonome integrierte cleane Mobilitätskonzepte, d. h. durch das Thema Umwelt sind wir von Anfang an mitten bei der Ethik. Es geht um den bewussten Umgang mit Ressourcen, dass wir diese Ressourcen nicht verschwenden; es geht darum, dass wir für Nachhaltigkeit sorgen etc. Aber natürlich haben wir auch das Riesenthema autonomes Fahren. Da gibt es schon sehr viele geisteswissenschaftliche Ansätze, die sich hiermit beschäftigen müssen. Das kennen wir schon vom autonomen Fahren im normalen Straßenverkehr. Wir haben es in unserem Bereich mit Fragen zu tun wie z. B. »Fahre ich mit dem autonom fahrenden Fährschiff lieber nach rechts in die Pier, nach links in die kleine Segeljolle, die aus dem Nichts auftaucht und sich verirrt hat oder nehme ich in Kauf, den Pilot Wal zu rammen, der in der Kieler Förde schwimmt?« Da müssen dann die Profis von der Uni ran, die sich damit vollumfänglich befassen. Auch die Frage, ob wir der Technik wirklich vertrauen können, ist eine sehr konkrete ethische Fragestellung und ein großes Thema für die Sozialforscher im Projektteam. Da ist es dann um so wichtiger, dass die Designer diese kritischen Fragen und die Besorgnis der Bevölkerung antizipieren und visuelle Konzepte und Simulationen entwickeln, um genau aufzuzeigen, was passieren kann und wie unsere Fähre reagieren wird, um den Leuten genau diese Angst zu nehmen. Das Thema Diversität spielt für uns zum Glück keine aktive Rolle, weil bei CAPTN sowieso zu 100 % Diversität gelebt wird und das Thema gar nicht infrage oder zur Diskussion gestellt wird. Das ist für uns zum Glück bereits gelebte Normalität – und zwar Diversität und Inklusion in allen Variationen! Diesbezüglich gibt es schon sehr viele wunderbare vorhandene Strukturen.

Thor Möller

MF: *Was macht einen guten Projektleiter aus? Was sind Ihrer Meinung nach wichtige »Führungsqualitäten«?*

TM: Als guter Projektleiter und Führungskraft stehe ich in guten Zeiten hinter dem Team und in schlechten vor dem Team, das kostet Kraft, hat sich aber bewährt und meine Teams waren mir stets dankbar dafür. Als Projektleiter musst du täglich Entscheidungen treffen und Verantwortung für dein Tun übernehmen. Aber das will gelernt sein! In Deutschland – und in vielen Organisationen oder Unternehmen – werden Entscheidungen getroffen, und im Nachgang werden dann genau diese Entscheidungen wieder hinterfragt, von anderen auseinandergenommen und alles ad absurdum geführt. Das ist natürlich genau so, wie es nicht laufen soll. Ich bin ein großer Segelfan und mag maritime Bezüge – und auch hier bei dem Thema Führung gibt es passende Analogien. »Der Skipper hat das Sagen an Bord!« – das ist ein geschriebenes Gesetz, das funktioniert. Nehmen wir an, wir sind zu sechst auf einem Segelboot und alle haben einen Segelschein, sind erfahrene Skipper. Dann ist aber immer ausschließlich derjenige auch wirklich in der Position des Skippers, dem das Boot gehört. Ohne Diskussion. D. h., alle anderen haben sich unterzuordnen. Aber nicht im negativen Sinne, sondern im Vertrauen darauf, dass der Skipper die richtigen Entscheidungen für die gesamte Mannschaft trifft. Und ja, natürlich ist dafür auch elementar, dass der Skipper weiß, was er tut. Führung ist wichtig, denn es hat damit zu tun, Verantwortung zu übernehmen. Unterordnung ist nichts »Schwaches« oder »Negatives«, sondern richtig und wichtig. Weg mit dem Ego und hin zu guten Entscheidungen, die dann aber auch gelten. Das müssen wir in Deutschland oft noch lernen. Krankhafte Selbstdarstellung hat im Projektmanagement nichts verloren! Ein guter »PM-Skipper« zu sein, ist wichtig und elementar. Führungsqualitäten müssen viel mehr in den Fokus gerückt werden, denn ohne gute Führung funktioniert kein Projekt. Es geht um Zwischenmenschliches. Da braucht es dann schon ein ganz besonderes Talent, ein Händchen fürs Wesentliche und das richtige Verständnis für die Softskills!

Tobias Rohrbach

MF: *Was macht einen guten Projektleiter bzw. Scrum Master aus? Was sind Ihrer Meinung nach wichtige »Führungsqualitäten«?*

TR: »Führung« muss eine neutrale Positionierung sein. Sie muss dafür sorgen, dass das Projekt erfolgreich wird. Nicht mehr, nicht weniger. D. h., Führungsqualität zeigt derjenige, der es schafft, die Menschen an die erste Stelle zu setzen und zu motivieren, dass sie den größten Nutzen für das Projekt erwirken können. Das Projekt muss dabei immer im Hauptfokus liegen.

MF: *Wie sieht es Ihrer Meinung nach mit Ethik im Projekt- bzw. Unternehmenskontext aus?*

TR: Das ist ein elementares Thema! ESG (Environment, Social, Governance), d. h. Umwelt- und Sozialthemen werden immer wichtiger. Alles, was wir tun, sollten wir sozialverträglich und personenzentriert machen. Auch das Thema Nachhaltigkeit gehört für mich hier zur Ethik dazu – auch wenn Nachhaltigkeit leider ein abgedroschener Begriff ist, mittlerweile. Wir sind verantwortlich für unser Tun und müssen uns im Vorfeld ernsthaft Gedanken über Ethik machen. Commitment zeigen und leben.

Petra Berleb

MF: *Wie wichtig sind Softskills im Projektmanagement? Auf welche kommt es an?*

PB: Das Zwischenmenschliche ist im PM enorm wichtig! Und zum Glück findet seit ein paar Jahren ein langsamer Wandel in der Wahrnehmung der Projektmanager statt. Zu Beginn des *projektmagazins* handelte einer unserer ersten Artikel vor 22 Jahren von Konfliktmanagement – das Thema hatte mit die schlechtesten Aufrufzahlen und kam überhaupt nicht bei der Leserschaft an. Inzwischen sind Themen wie Resilienz, Wertschätzung und Empathie keine Tabuthemen mehr. Für mich ist Kommunikation das A und O. Dieses Thema begleitet mich, als sehr direkten Menschen, wahrscheinlich bis an mein Lebensende. Es ist mir wichtig, mit Menschen in Kontakt zu sein und einen vertrauensvollen Umgang miteinander zu haben. Ohne empathische Kommunikation geht da nichts. Meine inzwischen pubertäre Tochter ist hier ein wenig zu meinem Coach geworden – sie hält mir auch gnadenlos den Spiegel vor. Dadurch lerne ich sehr viel dazu! Es gibt ganz große Unterschiede bei jedem Einzelnen, was Tonalität, Wortwahl, Missverständnisse und eben auch Fettnäpfchen angeht. Denn bei allem sollen wir ja auch authentisch und wir selbst bleiben, uns nicht verbiegen müssen. Gute Kommunikation wird hier immer noch unterschätzt, obwohl es unzählige Trainings zu dem Thema gibt und auf den ersten Blick alles schon bekannt scheint. Softskills sind enorm wichtig, wenn wir in Projekten arbeiten. Wenn das Zwischenmenschliche nicht funktioniert, dann laufen auch die Projekte nicht gut. Deshalb ist es auch so wichtig, seine Kompetenzen in diesen Bereichen kontinuierlich weiterzuentwickeln, viel darüber zu lesen und sich damit zu befassen. Mit der ganzen Palette an Möglichkeiten, die uns glücklicherweise zur Verfügung stehen. Und in der Zwischenzeit kann ein bisschen Humor dann und wann nicht schaden.

Chris Schiebel

MF: *Welche Softskills sind im Projektmanagement besonders wichtig und warum?*

CS: Gegenfrage – auf welche Softskills könnten wir denn im PM verzichten? Mir fällt da spontan keines ein, denn wir brauchen einfach ALLE Softskills! Projekte zu machen, heißt mit Menschen für Menschen. Und das geht nicht ohne die gesamte Palette der Softskills. Die Frage ist jetzt, wie wir es schaffen, die Softskills praxisnah zu vermitteln und so früh wie möglich bereits (be-)greifbar zu machen. In der Schule sollte m. E. nach schon Projektmanagement unterrichtet werden, denn je früher wir damit anfangen, unserer Jugend die PM-Denkweise zu vermitteln, desto besser klappt es auch zwischenmenschlich, und es ist so wichtig, gerade das auf die Reihe zu bekommen. Wenn ich jetzt aber ein Lieblingssoftskill wählen müsste, dann entscheide ich mich für Beziehungsbildung! Denn das funktionierende Zusammenspiel mit anderen rettet uns in der Projektarbeit ganz oft und bewahrt uns vor größeren Katastrophen. D. h., wir müssen unbedingt lernen, wie Beziehungen funktionieren und wie wir es schaffen, funktionierende, gesunde, wertschätzende Beziehungsarbeit zu leisten. Gerade in unseren Zeiten, wo leider zwangsweise zu viel remote abläuft – es kommt auf echte Beziehungen an. Und das bitte unbedingt auch so oft wie möglich face-to-face. Das macht einen großen Unterschied aus.

9 Vertiefungswissen

9.1 Netzplanberechnung

Wenn im Projektmanagement umgangssprachlich von einem Netzplan gesprochen wird, ist damit der sogenannte Vorgangsknoten-Netzplan (VKN) gemeint. Er heißt so, da jeder Vorgang als Knotenpunkt dargestellt wird. Die Pfeile hingegen symbolisieren die Anordnungsbeziehungen (AOB). Bei Netzplänen gibt es Vorgänger und Nachfolger. Damit sind aber keine zeitlichen Abhängigkeiten gemeint, sondern logische. Bei der normgerechten Darstellung gehen die Pfeilenden auf der rechten Seite des Vorgängers heraus und die Pfeilspitzen gehen auf der linken Seite in den Nachfolger hinein. Soll ein Netzplan berechnet werden, gibt es Rechenoperationen, die nur innerhalb eines einzelnen Knotens stattfinden. Durch welche Anordnungsbeziehungen dieser Vorgangsknoten mit anderen Vorgängen verknüpft ist, spielt dabei keine Rolle. So ergibt ein Anfangszeitpunkt plus die Dauer immer den Endzeitpunkt, und umgekehrt ergibt der Endzeitpunkt minus der Dauer immer den Anfangszeitpunkt.

Der Gesamtpuffer (GP) ist die Zeitspanne, um die ein Vorgang gegenüber seinem frühestmöglichen Beginn verzögert werden kann, ohne dass notwendigerweise eine Verzögerung des Projektendes erfolgt. Allerdings müssen dann evtl. nachfolgende Vorgänge ebenfalls verschoben werden. Auch der Gesamtpuffer wird immer innerhalb eines Vorgangsknotens nach einer der folgenden Formeln berechnet:

GP = SAZ – FAZ

oder

GP = SEZ – FEZ

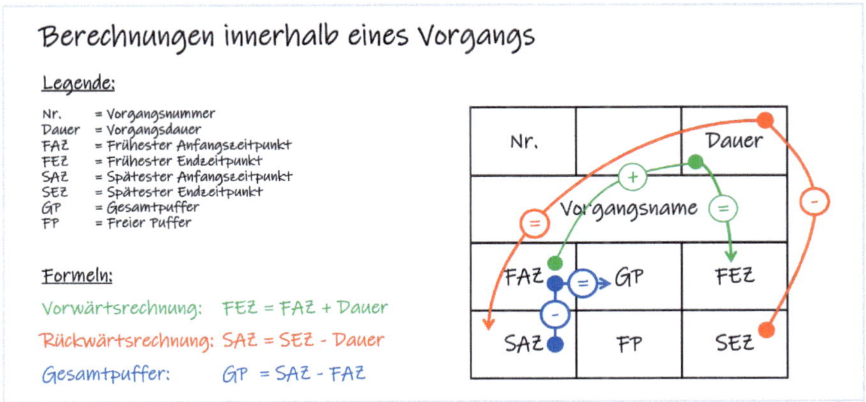

Abbildung 28: Netzplanberechnung innerhalb eines Vorgangsknotens

Bei Rechenoperationen, die zwei oder mehr Vorgänge betreffen, haben auch immer die entsprechenden Anordnungsbeziehungen wie Normalfolgen (NF), Anfangsfolgen (AF), Endfolgen (EF), Sprungfolgen (SF) und Mindestzeitabstände (MinZ) Einfluss auf das Ergebnis. Deshalb sind Berechnungen mit mehreren Vorgängen deutlich umfangreicher bzw. schwieriger als Berechnungen, die nur innerhalb eines einzelnen Vorgangs stattfinden.

Die Vorwärtsrechnung dient der Ermittlung der frühesten Anfangs- und Endzeitpunkte der einzelnen Vorgänge. Zum Vorgängerwert wird ein evtl. vorhandener Mindestzeitabstand addiert. Dieser Wert wird jetzt – entsprechend der Anordnungsbeziehung – in den Nachfolger übertragen. Bei Vorgängen, die mehrere Vorgänger haben, wird der höchste Wert übertragen.

Die Rückwärtsrechnung dient der Ermittlung der spätesten Anfangs- und Endzeitpunkte der einzelnen Vorgänge. Man rechnet von rechts nach links (also entgegen der normalen Schreibrichtung), d. h. der Nachfolger (abzüglich ein evtl. vorhandener Mindestzeitabstand) wird – entsprechend der Anordnungsbeziehung – in den Vorgänger übertragen. Bei Vorgängen, die mehrere Nachfolger haben, wird der niedrigste Wert übertragen.

Der freie Puffer (FP) ist die Zeitspanne, um die ein Vorgang gegenüber seiner frühesten Lage verschoben werden kann, ohne die früheste Lage anderer Vorgänge zu beeinflussen, d. h. durch Ausnutzen des freien Puffers wird überhaupt kein anderer Vorgang in irgendeiner Weise beeinflusst.

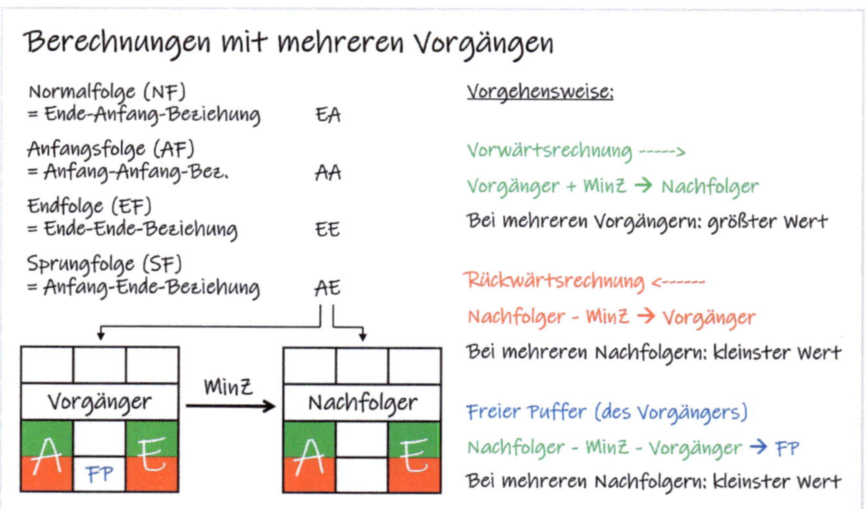

Abbildung 29: Netzplanberechnung mit mehreren Vorgängen

Der kritische Pfad geht durch alle Vorgänge, bei denen der Gesamtpuffer (und damit auch der freie Puffer) null ist. Jede Verzögerung auf dem kritischen Pfad zieht automatisch ein verspätetes Projektende nach sich. Wenn also ein Projekt zu lange dauert und die Projektdauer soll reduziert werden, müssen Vorgänge auf dem kritischen Pfad optimiert werden.

Die Grafik in Abb. 29 verdeutlicht die Netzplanberechnung für Rechenoperationen mit zwei oder mehr Vorgängen. Zur Berechnung wählt man einfach die entsprechenden Felder gemäß AOB aus und setzt die Werte in die Formeln (unter Vorgehensweise) ein. Die nachfolgenden drei Beispiele verdeutlichen dies:

Beispiel 1: Vorwärtsrechnung bei einer Anfangsfolge (AA-Beziehung)

Bei der Vorwärtsrechnung gelten die grünen Felder, die mit den weißen Buchstaben AA gekennzeichnet sind. Also hat man beim Vorgänger das Feld FAZ und beim Nachfolger ebenfalls das Feld FAZ. Daraus ergibt sich:

Der FAZ (des Vorgängers) + MinZ wird in das Feld FAZ (des Nachfolgers) übertragen.

Beispiel 2: Rückwärtsrechnung bei einer Sprungfolge (AE-Beziehung)

Bei der Rückwärtsrechnung gelten die roten Felder, die mit den weißen Buchstaben AE gekennzeichnet sind. Also hat man beim Vorgänger das Feld SAZ und beim Nachfolger das Feld SEZ. Daraus ergibt sich:

Der SEZ (des Nachfolgers) – MinZ wird in das Feld SAZ (des Vorgängers) übertragen.

Beispiel 3: Freier Puffer bei einer Endfolge (EE-Beziehung)

Zur Berechnung des freien Puffers werden nur die grünen Felder benötigt (da der freie Puffer ja bereits nach der Vorwärtsrechnung berechnet werden kann). Durch die weißen Buchstaben EE erhält man beim Vorgänger das Feld FEZ und beim Nachfolger das Feld FEZ. Daraus ergibt sich durch Einsetzen in die Formel:

FP (des Vorgängers) = FEZ (des Nachfolgers) – MinZ – FEZ (des Vorgängers)

9.2 Controlling

Während in der Realisierungsphase emsig am zu erstellenden Produkt gearbeitet wird, ist es die Aufgabe des Projektmanagements, das Projekt auf dem richtigen

Kurs zu halten. Vieles wird nach Plan verlaufen, aber einiges auch nicht. Denn ein Plan ist zunächst nur ein Modell der Zukunft bzw. eine Vorhersage, wie das Projekt verlaufen sollte, aber dass diese Vorhersage auch wirklich 1:1 eintritt ist ziemlich unwahrscheinlich. Um ein effektives Controlling durchführen zu können, müssen wir also zuerst wissen, wo wir stehen. Eine erste Aussage dazu liefert uns die Bewertung der Fortschrittsgrade der einzelnen Arbeitspakete. Dazu stehen uns verschiedene Methoden zur Verfügung. Die genauesten beiden Methoden sind die Status-Schritt-Methode und die Mikromeilensteinmethode. Bei diesen beiden Methoden werden beim Erreichen vorher festgelegter Zwischenergebnisse bestimmte prozentuale Fortschrittsgrade unterstellt. Bei der **Status-Schritt-Methode** müssen die Aufgaben in einer vorher festgelegten Reihenfolge abgearbeitet werden; die Schrittweite ist immer gleich groß und der Fortschrittsgrad wird kumuliert angegeben z. B. 25-50-75-100 %. Im Gegensatz dazu spielt bei der **Mikromeilensteinmethode** die Reihenfolge der Aufgabenabarbeitung keine Rolle und jede Aufgabe kann einen anderen Prozentwert einnehmen. Wichtig ist dabei nur, dass man in der Summe auf 100 % kommt. Angenommen, das Arbeitspaket besteht aus den vier Aktivitäten Fernsehen 5 %, Lernen 40 %, Spielen 25 % und Essen 30 % und der Verantwortliche teilt uns mit, dass er ungefähr halb fertig ist, da er bereits zwei Aktivitäten erledigt hat, so können wir diese Aussage einfach kontrollieren. Wenn er sagt, er hat Fernsehen und Spielen bereits erledigt, ist er nicht zur Hälfte fertig, sondern nur zu 30 %. Aber wenn er mit Essen und Lernen fertig ist, hat er schon viel mehr als die Hälfte geschafft – er hat ja schon einen Fortschrittsgrad von 70 % erreicht! Diese beiden Methoden sind zwar supergenau, haben aber den Nachteil, dass sie sehr aufwendig sind und deshalb eher selten verwendet werden (da man sich ja schon bei der Planung genau überlegen muss, welchem Zwischenschritt welcher Fortschrittsgrad zugeteilt werden soll).

Für kleinere Arbeitspakete mit kurzer Dauer oder geringem Aufwand wird daher gerne auf die 0:100-Technik oder die 50:50-Technik zurückgegriffen. Bei der **0:100-Technik** bleibt der Fortschrittsgrad so lange auf 0 % stehen, bis das Arbeitspaket komplett abgeschlossen ist. Das heißt, ein Arbeitspaket, das gerade erst begonnen wurde, hat ebenso einen Fortschrittsgrad von 0 % wie ein Arbeitspaket, das bereits fast fertig ist. Da bei der Fortschrittsgradmessung nach der 0:100-Technik der wirkliche Arbeitsfortschritt immer etwas höher ist, als man tatsächlich misst, ist diese Methode eher für pessimistische Controller geeignet. Bei der **50:50-Technik** nehmen wir, sobald mit der Bearbeitung des Arbeitspakets begonnen wird, einen Fortschrittsgrad von 50 % an. Die restlichen 50 % gibt es, sobald das Arbeitspaket beendet wurde. Die 50:50-Technik kann angewendet werden, wenn sehr viele kleine Arbeitspakete gleichzeitig bearbeitet werden, denn wenn einige Arbeitspakete gerade begonnen haben, aber andere fast fertig sind, gleicht sich das in etwa aus.

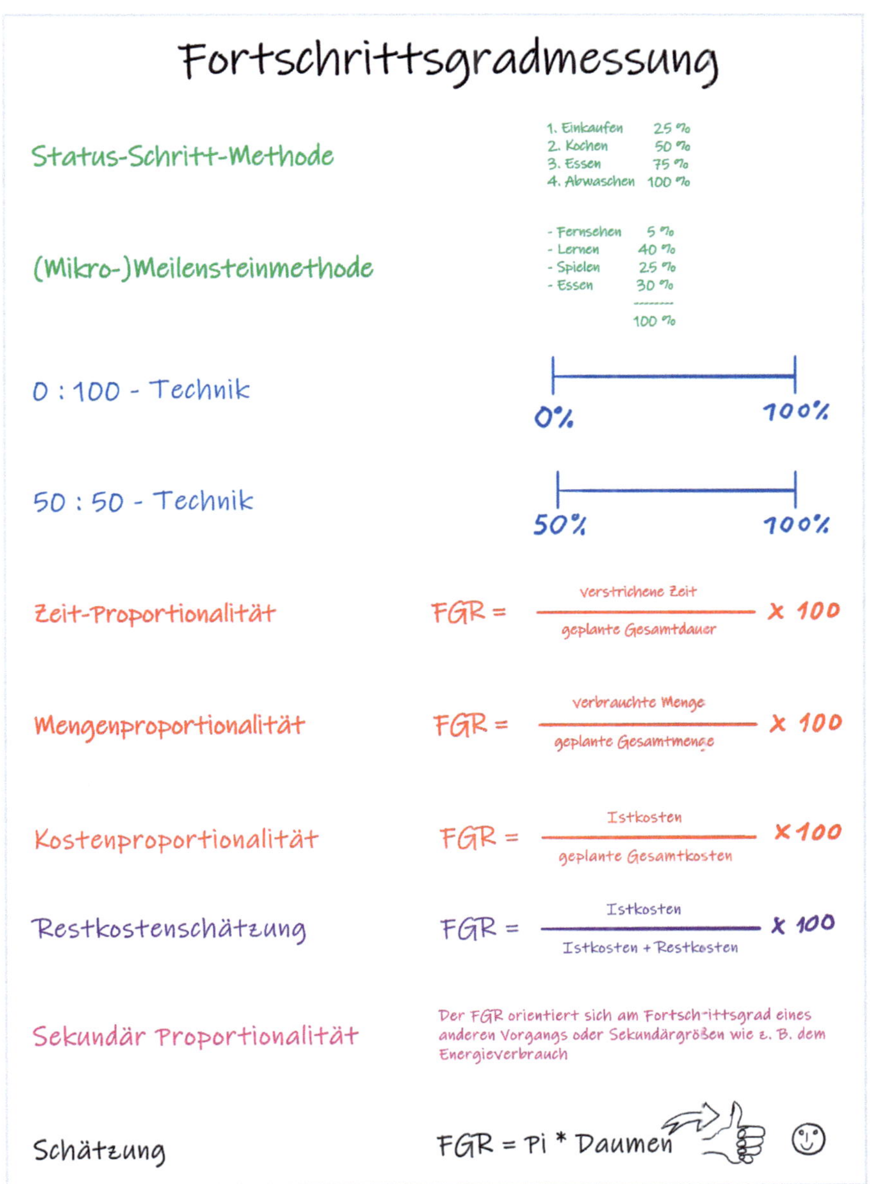

Abbildung 30: Fortschrittsgrad-Messmethoden

Weitere Messmethoden sind **Zeit-, Mengen-, Kosten- oder Sekundär-Proportionalität**. Dabei wird auf Basis abgelaufener Zeit (oder verbrauchter Menge) der relative Anteil zur geschätzten Gesamtzeit (oder Gesamtmenge) ermittelt. Diese Messmethoden sind sehr ungenau, denn sie stimmen nur, wenn man sich auch genau an den Plan hält. Angenommen, Sie müssen einen sehr umfangreichen Bericht schreiben und haben dafür die gesamte nächste Woche, also von Montag bis Freitag (= 5 Tage) Zeit. Am Montag ist aber endlich einmal wieder schönes Wetter, und da Sie ja noch so viel Zeit haben, ist es Ihnen wichtiger, den Tag in der freien Natur zu verbringen. Am Dienstagvormittag schreiben Sie emsig an Ihrem Bericht, bis ein alter Freund, den Sie schon ewig nicht mehr gesehen haben, überraschend seinen Besuch ankündigt. Nachmittags gehen Sie also mit Ihrem Freund weg und am Abend nehmen Sie noch einen gemeinsamen Absacker in Ihrer Lieblingsbar, da der Freund am nächsten Tag wieder abreisen muss. Am Mittwochvormittag sind Sie leider nicht in der Lage am Bericht weiterzuschreiben, da einer der 14 Schnäpse des Vorabends anscheinend schlecht war – Sie nehmen also eine Schmerztablette und verbringen den Vormittag im Bett. Nachmittags fühlen Sie sich wieder besser und schreiben am Bericht weiter. Wie viel Prozent des Berichts haben Sie jetzt fertiggestellt? Nach der Zeitproportionalität ist der Fortschrittsgrad die verstrichene Zeit dividiert durch die geplante Gesamtdauer multipliziert mit einhundert. Daraus ergibt sich:

FGR (in %) = (3 Tage/5 Tage) x 100 = 60 %

Tatsächlich haben Sie aber nur am Dienstagvormittag und am Mittwochnachmittag am Bericht gearbeitet, also insgesamt einen Tag. Da die Erstellung des Berichts aber in etwa fünf Tage dauert, haben Sie gerade einmal 20 % geschafft. Auch die anderen drei Proportionalitätsmethoden sind ähnlich ungenau, da sie alle unterstellen, dass Sie sich auch an den Plan halten. Aber wenn das jeder machen würde, bräuchten wir ja kein Controlling.

Eine sehr interessante Methode stellt die **Restkostenschätzung** dar. Diese wird immer genauer, je näher wir dem Ziel kommen. Das bereits ausgegebene Geld wird dabei als Ist-Kosten bezeichnet, das Geld, das noch zur Fertigstellung benötigt wird, als Restkosten. Die Formel lautet wie folgt:

FGR (in %) = (Ist-Kosten/[Ist-Kosten + Restkosten]) × 100

Im nachfolgenden Beispiel vergleichen wir einmal die Restkostenmethode mit der Kostenproportionalität. Angenommen Sie und Ihre bessere Hälfte sind auf eine Hochzeit eingeladen und die Ehefrau braucht noch etwas zum Anziehen und für Styling. Benötigt wird ein Kleid für ca. 300 Euro, Friseur und Make-up für etwa 100 Euro, Schuhe für ca. 70 Euro, eine Handtasche für ungefähr 200 Euro und Modeschmuck für 30 Euro. Das macht zusammen circa 700 Euro. Die Frau geht einkaufen, kommt zurück und hat 600 Euro ausgegeben. Wie hoch ist der Fortschrittsgrad?

Nach der Kostenproportionalität ergibt sich:

FGR (in %) = (bisher ausgegebenes Geld/geplante Gesamtsumme) × 100

FGR (in %) = (600 €/700 €) × 100 = 86 %

Tatsächlich hat die Frau aber nur Schuhe mitgebracht – es gab Louboutins zum Schnäppchenpreis und da konnte sie einfach nicht Nein sagen! Die Ist-Kosten betragen also 600 Euro, die Restkosten setzen sich aus den Kosten für die noch fehlenden Dinge wie Kleid, Friseur und Make-up, Handtasche und Modeschmuck zusammen, also insgesamt 630 Euro.

Nach der Restkostenmethode ergibt sich:

FGR (in %) = (Ist-Kosten/[Ist-Kosten + Restkosten]) × 100

FGR (in %) = (600 €/[600 € + 630 €]) × 100 = 49 %

Wenn die Frau jetzt losgeht, um die restlichen Accessoires zu besorgen, besteht die Gefahr einer weiteren Kostenabweichung – damit der Rest auch eingehalten wird, geht der Ehemann als Controller mit.

Wie Sie sehen, haben Sie durch diese beiden Methoden völlig unterschiedliche Ergebnisse erhalten: 86 % bzw. 49 %. Welche der beiden Methoden ist jetzt besser? Bei der Kostenproportionalität belügen Sie sich selbst, während Sie bei der Restkostenmethode ein sehr genaues Ergebnis bekommen. Allerdings nehmen Sie nach der Restkostenmethode billigend in Kauf, dass Ihre Kostenpläne nicht eingehalten werden. Sie können also zwischen Pest (falscher Fortschrittsgrad) und Cholera (Nichteinhaltung der Pläne) wählen. Eine schwierige Entscheidung, denn ein korrekter Fortschrittsgrad ist eine elementare Bedingung für ein korrektes Controlling mittels Formeln. Ist er falsch, liefert auch das Controlling falsche Ergebnisse.

Die am häufigsten eingesetzte Methode der Fortschrittsgradmessung ist (leider) immer noch die Schätzung. Diese Methode ist schwer zu bewerten, denn anstatt einer objektiven Messung wird eine intuitive Wahrnehmung des Fortschritts in Form einer Schätzung verwendet. Die Genauigkeit dieser Methode hängt also vom Schätzer ab. Das Problem dabei ist: Manche Leute können sehr gut schätzen, während andere dazu überhaupt nicht in der Lage sind.

Nachdem man die Fortschrittsgrade für die einzelnen Arbeitspakete ermittelt hat, müssen diese ins Verhältnis zum gesamten Projekt gesetzt werden, um daraus den

Gesamtfortschrittsgrad des Projekts zu berechnen. Wenn also ein Arbeitspaket, das einen Anteil von insgesamt 4 % am gesamten Projekt hat, zu 75 % fertiggestellt ist, dann ergibt das einen Fertigstellungsgrad-Zuwachs von 3 % am gesamten Projekt.

Wenn wir den geplanten Fortschrittgrad (FGR_{Plan}) mit dem tatsächlichen Fortschrittsgrad (FGR_{Ist}) vergleichen, erhalten wir eine Aussage darüber, ob wir schneller oder langsamer als geplant sind. Wenn der tatsächliche Fortschrittsgrad größer als der geplante Fortschrittsgrad ist, sind wir schneller als geplant – im umgekehrten Fall sind wir langsamer.

Weitere wichtige Größen zur Bewertung eines Projekts sind die drei Summenlinien **Plankosten (PK)**, **Fertigstellungswert (FW)** und **Ist-Kosten (IK)**. Die Kostensummenlinie aus der Kostenplanung entspricht dabei den Plankosten. Der höchste Wert der Kostensummenlinie entspricht den **Plan-Gesamt-Kosten (PGK)**, also der Summe aller im Projekt anfallenden Kosten. Der Fertigstellungswert bzw. der Earned-Value lässt sich aus der Multiplikation von Plangesamtkosten und tatsächlichem Fortschrittsgrad errechnen. Er gibt den bisher erwirtschafteten Wert des Projekts an, bzw. wie viel das Projekt – gemäß dem tatsächlichen Fortschrittsgrad – bisher hätte kosten dürfen. Genau wie der Fertigstellungswert lassen sich die Plankosten aus den Plangesamtkosten und dem geplanten Fortschrittsgrad errechnen (was allerdings nicht notwendig ist, da uns ja die Kostensummenlinie bereits vorliegt). Die Plankosten geben die geplanten Kosten zum Stichtag bzw. den geplanten Fertigstellungswert an. Die Ist-Kosten berechnen sich aus der Summe aller bisher angefallenen Kosten bzw. aller Kosten, die bis zum Stichtag auf das Projekt gebucht wurden.

Bei der Earned-Value-Analyse (EVA) werden Plankosten, Ist-Kosten und Fertigstellungswert miteinander verglichen, um so eine Aussage über den Status bzw. Stand des Projekts abgeben zu können. Die Auswertung zu einem bestimmten Stichtag kann auch grafisch – in Form von Summenlinien – erfolgen.

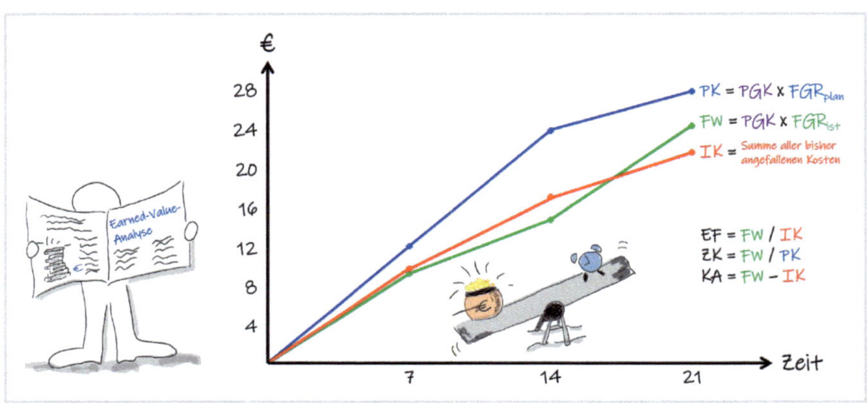

Abbildung 31: Earned-Value-Analyse

Angenommen, zum Controlling-Stichtag (am Ende der 14. Woche) beträgt der Fertigstellungswert 15 000 Euro, die Ist-Kosten belaufen sich auf 17 000 Euro und die Plankosten betragen 23 000 Euro. Wenn man jetzt jeden der drei Werte mit jedem vergleicht, lassen sich folgende Aussagen treffen:

- IK < PK
  Wir haben (6.000 Euro) weniger ausgegeben als uns zur Verfügung stand.
  - Wir sind (noch) flüssig!
- FW < PK
  Wir haben (8.000 Euro) weniger Wertschöpfung erzielt als geplant war.
  - Wir sind zu langsam!
- FW < IK
  Um einen Wert von 15.000 Euro zu erzeugen haben wir 17.000 Euro ausgegeben.
  - Wir sind zu teuer!

Das Projekt läuft also nicht wirklich gut. Auch die Tatsache, dass wir im Moment noch 6.000 Euro flüssige Mittel zur Verfügung haben, macht das nicht besser, denn der einzige Grund dafür ist, dass wir dem Plan hoffnungslos hinterherhinken. Hätten wir noch gar nichts gearbeitet, stünden uns zum jetzigen Zeitpunkt schließlich noch 23 000 Euro zur Verfügung.

Natürlich ist nicht nur ein Vergleich der obigen drei Kurven möglich, sondern auch eine Auswertung anhand von Kennzahlen, wobei die folgenden recht interessant sind:

- Effizienzfaktor (EF)
  Der Effizienzfaktor wird auch als Wirtschaftlichkeitsfaktor bezeichnet. EF > 1 bedeutet, dass für die erbrachte Leistung weniger Kosten, EF < 1 mehr Kosten angefallen sind als dafür geplant waren.
- Zeitplan-Kennzahl (ZK)
  Die Zeitplan-Kennzahl ist eine Maßzahl für die zeitliche Abweichung der bisher erbrachten Leistung von der Planung. ZK > 1 bedeutet Zeitvorsprung, ZK < 1 Zeitverzug der erbrachten Leistung (gegenüber dem Zeitplan).
- Kostenabweichung (KA)
  Die Kostenabweichung gibt (zum Stichtag) an, um wie viel die angefallenen Kosten für die bisher erbrachte Leistung den Fertigstellungswert übersteigen (negativer Wert) oder unterschreiten (positiver Wert).
- Lineare Prognose der zu erwartenden Gesamtkosten (EGK_1)
  Dieser Hochrechnung der Kosten liegt die Annahme zugrunde, dass die weitere Leistungserbringung nach dem Stichtag »so gut« oder »so schlecht« weiter verlaufen wird wie bisher, d. h. mit der gleichen Effizienz oder Ineffizienz.
- Additive Prognose der zu erwartenden Gesamtkosten (EGK_2)
  Bei dieser Variante wird die Kostenabweichung am Stichtag in absolut gleicher Höhe für den Fertigstellungszeitpunkt (erwartetes Ende) prognostiziert. Dabei wird vorausgesetzt, dass die Leistungserbringung in Zukunft nach Plan verlaufen wird.

- Voraussichtliche Gesamtkostenabweichung zum Projektende (GKA)
  Die Gesamtkostenabweichung gibt (zum Stichtag) an, wieweit die erwarteten Gesamtkosten (EGK) die Plan-Gesamtkosten (PGK) übersteigen oder unterschreiten.

Sofern man die Plangesamtkosten (PGK) und die erwarteten Gesamtkosten zum Projektende (EGK_1 oder EGK_2) über der Zeitachse grafisch darstellt, spricht man von einer Kosten-Trend-Analyse (KTA), die einen schnellen Überblick über die Kostenentwicklung gibt – bezogen auf das Projektende.

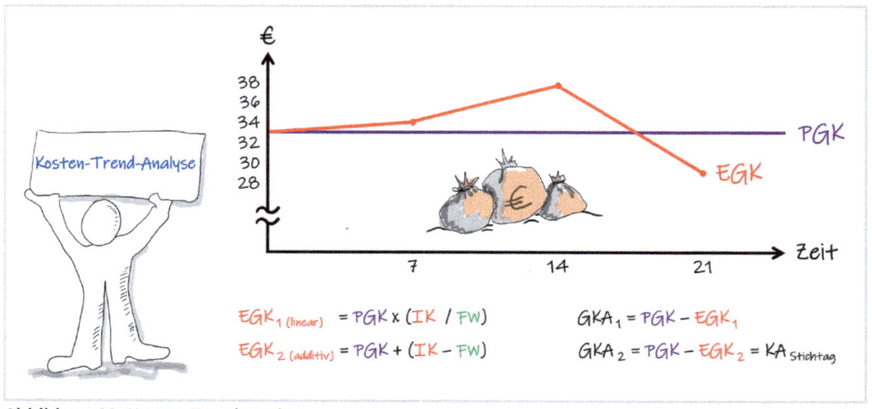

Abbildung 32: Kosten-Trend-Analyse

Neben der Earned-Value-Analyse und der Kosten-Trend-Analyse gibt es noch die Meilenstein-Trend-Analyse (MTA), die einen schnellen Überblick über die Terminsituation ermöglicht. Ihr liegt die Theorie zugrunde, dass man nicht jeden einzelnen Vorgang beobachten muss, um Aussagen über Terminverschiebungen machen zu können, sondern dass es ausreichend ist, die Meilensteine im Blick zu haben. Denn wenn sich z. B. Vorgänge auf dem kritischen Weg verzögern, werden auch die Meilensteine später erreicht. Jede terminliche Abweichung spiegelt sich also in Terminabweichungen von Meilensteinen wider.

Bei der Meilenstein-Trend-Analyse handelt es sich um ein Koordinatensystem, dessen X-Achse nach oben verschoben wird. Anschließend werden X- und Y-Achse durch eine Diagonale miteinander verbunden, sodass ein Dreieck entsteht. Die X-Achse repräsentiert die Berichtszeitpunkte, die Y-Achse die Meilensteintermine. Zu Beginn werden die geplanten Meilensteintermine auf der Y-Achse eingetragen. Danach werden zu jedem Berichtszeitpunkt die Meilensteintermine ermittelt, in das Trend-Chart eingetragen und Abweichungen kommentiert. Sobald ein Meilenstein die Diagonale berührt, ist er beendet. Aus den Kurvenverläufen der einzelnen Meilensteine lässt sich der Trend ablesen. Dabei lassen sich folgende Aussagen treffen:

- Waagerechte Linien
  bedeuten, dass der Termin noch im Plan ist. In der Abbildung ist das bei den Meilensteinen M1 und M2 der Fall, d. h. hier gab es keine zeitlichen Abweichungen.
- Aufsteigende Linien
  bedeuten, dass der Meilenstein später als geplant endet, wie das voraussichtlich beim Meilenstein M3 der Fall sein wird.
- Abfallende Linien
  bedeuten, dass der Meilenstein früher als geplant endet. In der Grafik wird z. B. Meilenstein M4 vermutlich eine Zeiteinheit früher beendet als geplant.

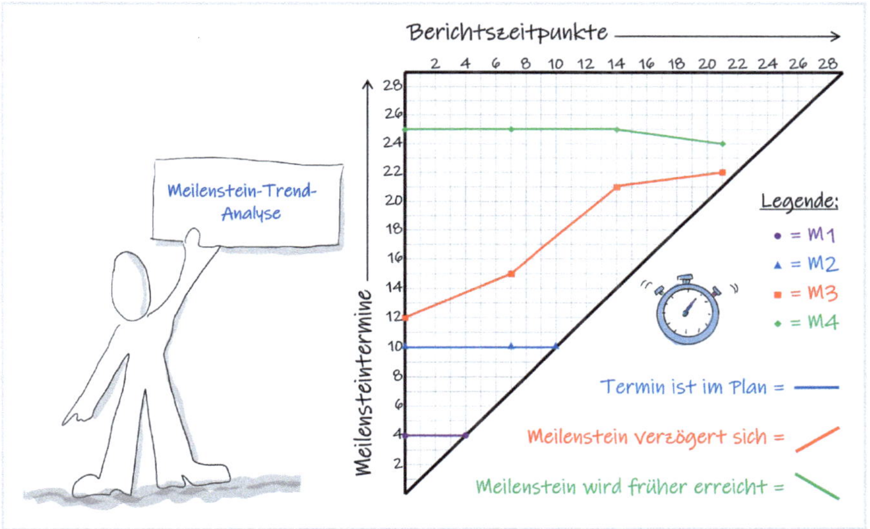

Abbildung 33: Meilenstein-Trend-Analyse

Gerade im Multiprojektmanagement, d. h., wenn in einer Organisation mehrere Projekte parallel laufen, ist die Visualisierung der einzelnen Meilensteintrends besonders wichtig. Denn dadurch lässt sich auf einen Blick erkennen, welche Projekte wegen drohender Terminverzüge zusätzliche Unterstützung benötigen und auf Kosten welcher anderer Projekte eine Priorisierung erfolgen könnte.

9.3 Rechtliche Aspekte und Compliance

Projekte haben eine Umgebung, in der sie stattfinden, von ihr beeinflusst werden, in der die jeweiligen Strukturen und Elemente formuliert und bewertet werden. National wie international befinden sich Projekte demnach in einem Spannungsfeld aus unterschiedlichen Gesetzen, Standards und Regularien, die auf vielfältige Weise Anwendung finden und von den Projektschaffenden entsprechend berücksichtigt werden sollten. Mit dem Einhalten dieser Gesetze, Standards und Regularien verfolgen Unternehmen und Organisationen zum einen das wichtige Ziel, Risiken zu minimieren und sich in alle Richtungen nach Möglichkeit vollumfänglich abzusichern. Zum anderen sorgen formaljuristisch sauber abgewickelte Projekte dafür, dass die Organisation bzw. das Unternehmen eine Effektivitätssteigerung zu verbuchen hat, weil die Prozesse, Strukturen und Elemente des jeweiligen Projekts formaljuristisch passen und gesetzeskonform sind. Verstöße gegen geltendes Recht, gegen Verordnungen und Normen werden sanktioniert und bringen Projekte in Schieflage. Umso wichtiger ist es, sich mit dem Thema Compliance auseinanderzusetzen und den rechtlichen Aspekten unserer Projektarbeit auf den Grund zu gehen. Ein gutes Compliance-System trägt dazu bei, das Haftungsrisiko enorm zu minimieren – sowohl für die gesamte Organisation als auch für die Mitarbeitenden im Unternehmen. Das Einhalten von Compliance-Regeln steigert das Image, gibt Sicherheit und stärkt das Vertrauen sowohl bei den eigenen Mitarbeitern als auch im Kundenkreis, bei Lieferanten und dem gesamten (Projekt-) Umfeld. Machen wir uns zur Compliance Gedanken und beschäftigen wir uns (rechtzeitig!) mit allen wichtigen rechtlichen Aspekten, die im Projekt eine Rolle spielen, dann liefern wir nicht nur eine bessere Qualität ab und steigern die Stakeholderzufriedenheit, sondern dann klappt's auch mit den Folgeaufträgen, der Kreditwürdigkeit und dem einen oder anderen Wettbewerbsvorteil.

Wie aber schaffen wir es, dass wir in unseren Unternehmen, Organisationen und damit eben auch in unseren Projekten gute Compliance-Prozesse und -Maßnahmen entwickeln, umsetzen und leben können? Ein erster, wichtiger Schritt ist es, sich einen vollumfänglichen Überblick darüber zu verschaffen, welche Gesetze, Standards und Regularien es gibt, die für uns Anwendung finden. Sind wir national und/oder international tätig? Dann weiten wir unseren Überblick selbstverständlich auf die Gesetze, Standards und Regularien entsprechend aus. Empfehlenswert ist immer, sich an der einen oder anderen Stelle fachkundige Unterstützung an die Seite zu holen. Neben dem Aufstellen von Compliance-Regeln hinsichtlich der Weitergabe von Firmengeheimnissen, den Bereichen Korruption und Vorteilsnahme oder dem sorgsamen Umgang mit Firmeneigentum ist es sinnvoll, für die Compliance im Unternehmen bzw. in der Organisation einen eigenen Verhaltenscodex zu entwickeln, der dann vollumfänglich die Themen aufgreift, die in puncto Gesetze, Standards und Regularien gelten, verinnerlicht und gelebt werden sollen (wollen!). Gibt es einen Betriebsrat im Unternehmen, ist es hier natürlich wichtig, ihn rechtzeitig zu involvieren und in den gesamten Prozess einzubinden. Denn der Betriebsrat hat bekanntermaßen im Unternehmen eine wichtige Funktion – zum einen natürlich die Vertretung der Arbeitnehmersicht gegenüber dem Arbeitgeber. Aber der Betriebsrat hat eben auch zum anderen bei vielen Themen ein Mitbestimmungsrecht bzw. zumindest ein Mitwirkungsrecht. Und da der Bereich Compliance durchaus in manche Belange eingreift, die sich ganz konkret auf die Arbeitnehmer des Unternehmens auswirken, ist es gut, den Betriebsrat rechtzeitig an Bord zu haben – als Korrektiv einerseits, aber andererseits eben auch als wichtige Schnittstelle zur Geschäftsführung. Vergessen wir hingegen, den Betriebsrat in Compliance-Belange zu involvieren, haben wir uns hier einen Stakeholder mit hohem Konfliktpotenzial erschaffen.

Es ist darüber hinaus sinnvoll, einen Compliance-Beauftragten zu benennen, der dann direkt an die Geschäftsleitung berichtet und sich um alle relevanten Belange im Zusammenhang mit Compliance und rechtlichen Aspekten kümmert. Compliance ist ein kontinuierlicher Verbesserungsprozess und alles andere als statisch. D. h., es ist notwendig, sich in puncto gesetzliche Bestimmungen, Normen und Vorgaben immer auf Stand zu halten, die entsprechenden Änderungen umzusetzen und alle relevanten Stellen zu informieren.

Inwieweit bzw. wo und an welcher Stelle haben wir es in unseren Projekten mit rechtlichen Aspekten zu tun? Hier gibt es sehr, sehr viele Berührungs- und Bezugspunkte! Fangen wir mal in der Initialisierungsphase an. Von Auftraggeberseite gibt es ein Lastenheft, auf das die Auftragnehmerseite mit einem Pflichtenheft antwortet. Schon hier wird darauf geschaut, wie es um die Gesamtsituation bestellt ist, in welchem rechtlichen Umfeld das Ganze spielt und welche juristischen Themen möglicherweise eine Rolle spielen werden. Kommen die Parteien dann überein und schließen einen Projektvertrag, so sind wir hier schon mitten im Thema. Über Konfigurationsmanagement sprechen wir im nachfolgenden Kapitel ausführlich, von daher lassen wir diesen Bereich vorerst ein wenig außer Acht. Aber bereits die Frage nach etwaigen Vertragsklauseln hinsichtlich möglicher Konventionalstrafen, Urheberrechtsbestimmungen, Patentrechtsthemen oder dem Umgang mit personenbezogenen Daten stellt sich bei der Ausarbeitung der Projektverträge nicht immer als leichtes Unterfangen heraus und sollte deshalb mit großer Sorgfalt kritisch beleuchtet werden. Als Projektleitung sind wir per se oftmals eierlegende Wollmilchsäue, die gefühlt in allen Disziplinen zu Hause sein sollten – in puncto rechtliche Aspekte und Compliance ist es aber allemal hilfreich, über ein solides Verständnis von juristischen Zusammenhängen zu verfügen. Vor allem ist es jedoch empfehlenswert, genau zu wissen, wer uns bei welchem dieser Themen weiterhelfen kann. Sei es die eigene Rechtsabteilung oder der Jurist eines Fachgebiets, auf den wir während unserer Projektarbeit bei Bedarf zurückgreifen können. »Wir müssen nicht alles wissen, aber wissen, wo es steht!«

Die Arbeit in Projekten bedeutet für uns Projektschaffende, dass wir uns mit unterschiedlichen Vertragsarten auseinandersetzen dürfen. Häufig geht es um Kaufverträge, aber auch um Mietverträge, Leasingverträge oder Lizenzverträge. Jede Vertragsart bringt erfahrungsgemäß Vor- und Nachteile mit sich, über die wir uns im Vorfeld (und zu gegebenem Zeitpunkt im Projekt) klar werden sollten. Auch ein solides Grundwissen darüber, wie sich z. B. ein Dienstvertrag (die Zeit wird geschuldet) von einem Werkvertrag (der Erfolg wird geschuldet) unterscheidet, ist für Projektmenschen wichtig. Je nach Komplexität des Projekts kann durchaus mit Standardverträgen gearbeitet werden, doch sobald wir es mit umfassenderen Besonderheiten zu tun bekommen, ist es hilfreich, Juristen der entsprechenden Disziplinen und Fachgebiete hinzuzuziehen. Das gilt vor allem immer dann, wenn wir uns im Projekt auf internationalem Terrain bewegen.

Über den gesamten Projektverlauf hindurch bewegen wir uns nicht im juristisch luftleeren Raum, sondern haben es permanent mit Gesetzen oder Regularien zu tun, müssen uns mit wichtigen Themen wie Arbeitsschutz und Arbeitssicherheit auseinandersetzen und dafür sorgen, dass wir unsere Projektressourcen so einsetzen, dass niemand vom Personal überlastet ist oder berufsbedingt erkrankt, dass mit den Sachmitteln wie z. B. Maschinen oder Werkzeugen keine Unfälle passieren, dass die Mitarbeiter qualifiziert und geschult sind und dass die Arbeit im Projekt alle Beteiligten motiviert und wir uns in puncto Betriebsklima wohlfühlen können. Es ist hilfreich, wenn wir über ein gewisses Grundverständnis von typischen Gesetzen in den Bereichen Gesundheit oder Umweltschutz, aber natürlich auch in den Bereichen Datenschutz und Arbeitsschutz verfügen. Dazu kommen dann die jeweiligen branchen- und projektspezifischen Gesetze und Regelungen, mit denen wir uns über den gesamten Projektverlauf hindurch auseinandersetzen müssen. Und auch wenn in vielen Bereichen in erster Linie der Arbeitgeber übergeordnet in der Verantwortung für die Einhaltung aller Regelungen steht, so gibt es dennoch immer wieder Bereiche, in denen eben auch einzelne Mitarbeiter und Führungskräfte persönlich in der Haftung stehen, wie z. B. derjenige, der in einem Unternehmen der Pharmaindustrie die offizielle Position einer Qualified Person (QP)/Sachkundige Person nach Arzneimittelgesetz bekleidet und in diesem Zusammenhang für die regulatorische Konformität der Herstellung, Deklaration etc. der Produkte zur Verwendungsfreigabe steht. Persönliche Haftung inklusive …

In der Abschlussphase unserer Projekte kommt den Themen rechtliche Aspekte und Compliance dann auch wieder eine große Bedeutung zu, denn – wie im entsprechenden Kapitel bereits ausführlich beschrieben – resultieren aus der Projektübergabe bestimmte Rechtsfolgen, die es zu kennen und zu berücksichtigen gilt. Die Konformität, mit allen für das Projekt relevanten Gesetzen, Standards, Normen und Regularien, ist wichtig für die Verifikation und Grundlage der Qualitätsüberprüfung und der (hoffentlich) anschließenden Projektabnahme. Gegebenenfalls kommt hier das Thema Nachforderungsmanagement zum Tragen. Dabei geht es um Abweichungen und den daraus resultierenden rechtlichen und wirtschaftlichen Folgen. Es geht um die Summe aller Maßnahmen zum Durchsetzen bzw. Abwehren von Forderungen. Es geht möglicherweise auch um das Thema Schadenersatzansprüche und die Frage danach, wer im

Projekt welche Fehler gemacht hat, welcher mögliche (und nachweisbare!) Schaden entstanden ist und gegenüber welcher Partei dieser einzufordern ist. Je nach Projektart, Branche oder Projektumfeld gibt es unterschiedliche Arten von Nachforderungsmanagement bzw. gelten andere, festgeschriebene Regelungen. Auch hier gilt – wir brauchen als Projektschaffende immer das Wissen, wer uns ggf. in diesen Themen bei unserer Arbeit unterstützen kann, damit wir immer auf der sicheren Seite sind und nicht etwa mit einem Bein im Gefängnis stehen.

In Zeiten von Pandemie, New Work und veränderten Arbeitsbedingungen werden diese ganzen Themen vor allem auch in Bereichen relevant, in denen die Differenzierung von Begrifflichkeiten wie Homeoffice, mobilem Arbeiten oder Telearbeitsplatz zum Tragen kommt. Denn längst nicht alles, was wir als Homeoffice bezeichnen, ist juristisch gesehen auch wirklich Homeoffice, sondern vielmehr mobiles Arbeiten. Und mit den unterschiedlichen Begriffen geht eben auch eine unterschiedliche rechtliche und steuerliche Betrachtung dieser Themen einher. Grund genug, sich ein wenig damit zu befassen, denn die Menschen in unseren Projekten arbeiten zwischenzeitlich längst nicht mehr notwendigerweise ausschließlich vor Ort am Firmenstandort oder in Räumlichkeiten der Organisation, sondern im Gegenteil – die Projektschaffenden lösen sich immer mehr von starren Gefügen, sind flexibler, was ihren Arbeitsort angeht und wissen es zu schätzen, eben auch ortsungebunden für ihr Projekt im Einsatz sein zu dürfen. Arbeiten am Baggersee, am Karibikstrand, im Ausland im Hotel oder in einem der sich zunehmend verbreitenden sog. **Coworking Spaces** ist immer mehr im Trend. Aber auch das Arbeiten im Abteil eines ICE, im Café um die Ecke oder während man bei Freunden am anderen Ende der Republik zu Gast ist – mobiles Arbeiten hat zur Folge, dass wir uns in möglicherweise veränderten rechtlichen Rahmenbedingungen bewegen. Für Angestellte als auch für Selbstständige ist es daher wichtig, sich ausführlich über diese Themen Gedanken zu machen und sich mit den möglichen Konsequenzen auseinanderzusetzen, die das eine oder andere Arbeitsmodell mit sich bringt. Nutze ich einen Coworking Space, dann gehe ich ein Vertragsverhältnis mit dem Betreiber dieses Coworking Spaces ein, bei dem wir von Gebrauchsüberlassung sprechen und das vertragsseitig in der Regel ein Mietverhältnis beschreibt. Beim Thema mobiles Arbeiten müssen wir unterschiedliche Dinge beachten – zum einen die Arbeitszeitenregelungen, aber auch den Bereich Arbeitsschutz bzw. Arbeitssicherheit und dem damit in Zusammenhang stehenden Gesundheits- und Unfallschutz. Datenschutz und Datensicherheit spielen hier natürlich ebenfalls eine wichtige Rolle – wer hat zu welcher Zeit Zugang zu Arbeitsmitteln wie Laptop, Handy etc.? Wo werden welche Daten abgelegt? Woher kommt die Ausstattung des Homeoffice? Und wie sieht es mit der steuerlichen Absetzbarkeit der Arbeitsmittel aus? Wie lange ist es einem in Deutschland angestellten Mitarbeiter gestattet, vom Ausland aus mobil zu arbeiten? Wie kann der Arbeitgeber hier seiner Fürsorgepflicht nachkommen? Wo muss wer in welcher Höhe welche Steuern bezahlen? Und wie sieht es mit den Regelungen sozialversicherungsrechtlicher Art aus? Auch hier gilt nach wie vor – andere Länder, andere Regelungen, und je nach Dauer des Aufenthaltes gibt es einiges zu beachten und zu bedenken. Grundsätzlich gelten in puncto steuerliche Behandlung sowohl die Regelungen und Gesetze des Arbeitgeberlandes als auch die des Aufenthaltslandes, in dem mobil gearbeitet wird. Auch Doppelbesteuerungen können hier zum Tragen kommen – je nachdem, ob EU-Recht oder das Recht von Drittländern in die juristische Betrachtungswaagschale geworfen werden muss. Aus Arbeitgebersicht kann es sehr unbequem sein, wenn Mitarbeitende regelmäßig im Ausland mobil arbeiten, und bei aller Begeisterung für New Work, selbstorganisiertem Arbeiten und dem Feiern jedweder Agilität – es sollte allen Betrachtungswinkeln Beachtung geschenkt werden, damit es für alle Beteiligten am Ende auch passt.

9.4 Konfigurationsmanagement

Unter dem Begriff Konfiguration versteht man die Summe aller physischen und funktionalen Merkmale, die festgelegt und dokumentiert wurden. Deshalb ist es für uns Projektschaffende wichtig, dass wir uns mit der Thematik des Konfigurationsmanagements befassen und alle technischen, organisatorischen und rechtlichen Maßnahmen bzw. Strukturen berücksichtigen, die in Zusammenhang mit unserem Projektgegenstand bzw. mit unserem Produkt stehen. Es hat einen sehr engen Bezug zum Qualitätsmanagement (auf das im nachfolgenden Kapitel 9.5 näher eingegangen wird).

Was beinhaltet nun aber Konfigurationsmanagement? Zunächst einmal die Konfigurationsidentifizierung (KI), d. h., die Beschreibung der einzelnen Parameter, die sich physisch und funktional auf das zu entwickelnde Produkt bzw. das durchzuführende Projekt beziehen. Wir haben bereits ein bestehendes Produkt und möchten herausfinden, aus welchen einzelnen Bestandteilen dieses besteht, weil wir das Produkt anpassen oder abändern möchten. Nehmen wir an, Gegenstand unseres Projektes ist es, eine stylische Sonnenbrille für unseren Auftraggeber zu entwickeln. Dann besteht die Konfigurationsidentifizierung darin, zu beschreiben, aus welchen Komponenten diese Sonnenbrille besteht und welche Funktionen sie erfüllen muss. Wir bekommen also eine Art Stückliste und die Information, dass unsere Sonnenbrille vor UV-Strahlung schützen soll, den Anspruch haben muss, schick auszusehen und sich gut tragen lassen soll, ohne dass es auf der Nase zu schmerzhaften Druckstellen kommt.

Ein weiterer Bestandteil unseres Konfigurationsmanagements ist die Konfigurationsüberwachung (KÜ), auch Änderungsmanagement genannt, d. h., die Steuerung aller im Projekt vorkommenden Änderungsanträge. Gründe für solche Änderungsanträge sind zum einen neue bzw. zusätzliche Kundenwünsche, aber auch Gesetzesänderungen oder veränderte technische Möglichkeiten. Es könnte in unserem o. g. Beispiel also sein, dass unser Auftraggeber plötzlich die Idee hat, dass die von ihm bei uns in Auftrag gegebene Sonnenbrille jetzt unbedingt ein Design im Animalprint haben muss – und zwar in Pink! Das heißt, der Kunde möchte ein Design wie z. B. Zebrastreifen oder Gepardenflecken – und diese dann sogar noch in einer sehr extremen, unüblichen Farbe, nämlich Pink. Formaljuristisch stehen wir nun zum einen vor der Situation, dass sich die Willenserklärung unseres Auftraggebers verändert hat – und damit die Vertragsgrundlage nicht mehr »passt« (Stichwort: übereinstimmende Willenserklärungen). Zum anderen hat die Idee unseres Auftraggebers möglicherweise zur Folge, dass wir an dem einen und/oder anderen Parameter unseres Magischen Dreiecks schrauben müssen, weil sich möglicherweise die Kosten, die uns durch die Änderungen entstehen, erhöhen oder sich der Liefertermin verzögert. Wir haben ja auch bereits an der Entwicklung unserer stylischen Sonnenbrillen gearbeitet, wir haben vielleicht schon die Brillengestelle in der Standardvariante produziert, die dann möglicherweise vernichtet werden müssen. Es sind uns also bereits viele Kosten entstanden. Wir müssen zudem schauen, ob es uns überhaupt (technisch, kapazitätsmäßig etc.) möglich ist, den Änderungswünschen unseres Auftraggebers zu entsprechen. In der Praxis bedeutet dies, dass wir ggf. ein neues Angebot erstellen bzw. unseren Auftraggeber (schriftlich) darüber in Kenntnis setzen, welche Konsequenzen sein Änderungswunsch hat und wie wir diesem in welcher Form und zu welchen Konditionen nachzukommen gedenken. Falls der Kunde unseren veränderten Bedingungen zustimmt, gilt der Änderungsantrag als genehmigt und ist umzusetzen, d. h. alle relevanten Stellen im Unternehmen werden über die Änderungen in Kenntnis gesetzt und bekommen den Auftrag, die genehmigten Änderungen vorzunehmen. Wenn der Änderungsantrag nicht genehmigt wird, dann halten wir dies auch aus Gründen der Beweisbarkeit und Nachvollziehbarkeit schriftlich fest, um uns vor Nachforderungen zu schützen.

Dann gibt es noch die Konfigurationsbuchführung (KB), d. h., die Pflege der Konfigurationsbeschreibung. Jeder Änderungsantrag ist entsprechend zu dokumentieren – inklusive der relevanten Informationen, die zur Entscheidung geführt haben, wie die veränderten (Vertrags-) Bedingungen lauten etc. Es geht darum, später eine lückenlose Dokumentation zu haben und die gesamte Änderungshistorie des Projektgegenstandes nachvollziehen zu können. Warum ist dies wichtig? Nun, ganz einfach – nehmen wir an, wir befinden uns in unserem Sonnenbrillen-Projekt bei der Projektübergabe an den Kunden. Und nehmen wir zudem an, der Änderungsantrag mit dem neuen Design (Animal Print in Pink) wäre genehmigt und vom Auftraggeber entsprechend bestätigt worden. Wir haben also den gesamten Entwicklungs- und Produktionsprozess dahin gehend geändert, dass wir dem Kunden nun die gewünschte Menge seiner stylischen Sonnenbrillen aushändigen können. Und der Kunde schaut uns entgeistert an und versteht die Welt nicht mehr! Animal Print? Pink? Der Kunde weiß von nichts …

Wie gut, dass unsere Konfigurationsbuchführung hervorragend funktioniert und wir lückenlos nachweisen können, dass wir bei allem unserem Tun dem Willen des Auftraggebers Sorge getragen haben! Gleiches gilt natürlich auch für den Fall, dass der Kunde unseren veränderten Vertragsbedingungen (neuer Preis, verzögerter Liefertermin) nicht zugestimmt hatte und der Änderungsantrag demzufolge abgelehnt wurde. Wenn der Kunde nun zum Zeitpunkt der Projektübergabe baff erstaunt ist, weil die Sonnenbrillen dem Standarddesign entsprechen und von Animalprint und Pink keine Rede ist, dann können wir auch hier ohne Probleme klären bzw. untermauern, dass es der Auftraggeber höchstpersönlich war, der den veränderten Vertragsbedingungen nicht zugestimmt hatte, der Änderungsantrag deshalb abgelehnt wurde und somit im Projekt alles beim Alten blieb.

Als letzter Punkt im Konfigurationsmanagement ist die Konfigurationsauditierung (KA) zu nennen, also die Überprüfung, wie mögliche genehmigte Änderungen in der Konfiguration des Projektgegenstandes in welcher Form im Projekt bzw. dem Produkt umgesetzt worden sind. Wir betrachten hier also die neue Konfiguration – d. h. die ursprüngliche Konfiguration plus alle genehmigten Änderungen. Ein Konfigurationsaudit ist die systematische Überprüfung aller Konfigurationen – sowohl von Konfigurationseinheiten als auch für ganze Konfigurationen. Wir müssen sicherstellen, dass unsere zu erstellenden Leistungen den vertraglich festgelegten Anforderungen entsprechen – und das gilt es, offiziell durch Audits zu überprüfen. Sie sind oftmals ganz konkret an projektspezifische Meilensteine geknüpft und spielen demzufolge eine sehr wichtige Rolle im Projektgeschäft.

Zusammenfassend ergibt sich für Konfigurationsmanagement die folgende Faustformel:

KM = KI + KÜ + KB + KA

Konfigurationsmanagement ist für uns Projektschaffende ein wichtiger und integraler Bestandteil des Projektmanagements und hat direkten Bezug zum Vertragsmanagement, zum Nachforderungsmanagement, zum Qualitätsmanagement, zur Risikobetrachtung oder zum Bereich Dokumentation bzw. Information. Gutes (also durchdachtes und gelebtes) Konfigurationsmanagement sorgt im klassischen Projektmanagement dafür, dass der Auftraggeber am Ende genau das Produkt bekommt, das er in Auftrag gegeben hat bzw. das er haben möchte. Bei agilen, iterativen Projektmanagementmethoden geht es darum, dass der Kunde fortlaufend die Möglichkeit hat, einen Einfluss darauf zu nehmen, welches Produkt er am Ende erhält. D. h., hier benötigen wir kein explizites Konfigurationsmanagement, weil der Kunde bereits von Anfang an in alle Prozesse eingebunden ist, seine Wünsche und Erwartungen einbringt, denen kontinuierlich entsprochen wird, sodass immer sichergestellt ist, dass der Kunde am Ende genau das bekommt, was er haben möchte.

Abbildung 34: Übersichtsbild Konfigurationsmanagement

9.5 Qualität

»Qualität ist, wenn die Kunden zurückkommen und nicht die Ware!« In dieser altbekannten Weisheit von Hertie-Gründer Hermann Tietz steckt durchaus viel Wahrheit. Was aber ist unter dem Begriff Qualität im Projektumfeld zu verstehen? Es geht in erster Linie darum, wie ein Satz inhärenter Merkmale – also Eigenschaften, die absolut typisch für den Projektgegenstand sind – konkret im Projekt umgesetzt und erfüllt werden. Um Qualität zu bestimmen, brauchen wir immer eine Messbarkeit und Bezugsgrößen, denn was unter »guter« Qualität zu verstehen ist, liegt dabei im Auge des Betrachters. Aber mit den entsprechenden Kennzahlen und Referenzen lässt sich die Qualität unserer Projekte messen und steuern.

Unter Qualitätsmanagement lassen sich vier unterschiedliche Bereiche näher betrachten. Zum einen die Qualitätsplanung, d.h. die Festlegung aller relevanten Kriterien, die es qualitätsseitig im Projekt umzusetzen gilt. Als Nächstes gibt es den Bereich der Qualitätslenkung bzw. -steuerung. Er steht in sehr enger Beziehung mit den Erkenntnissen aus der Qualitätsplanung und beinhaltet alle vorbeugenden, überwachenden bzw. steuernden Tätigkeiten, die es zu erfüllen gilt, damit am Ende alle Qualitätsanforderungen und Qualitätsziele als erfolgreich erreicht gelten. Wie wird die Qualität nun aber überprüft? Zunächst einmal anhand der vom Kunden bzw. Auftraggeber festgelegten Kriterien. Aus den Leistungszielen im Projekt werden konkrete Abnahmekriterien formuliert (also im Sinne von Leistungsanforderungen) und bestimmt, wer was in welcher Form zu welchem Termin abnehmen darf. Im Falle unseres Praxisbeispiels hatten wir als *Leistungsziel L3: Alle Zeichnungen und Illustrationen wurden vom Autorenteam eigenhändig visualisiert und erstellt.*

Bis zum vereinbarten Meilensteintermin wurden der Produktmanagerin alle Zeichnungen in elektronischer Form in unterschiedlichen Formaten zur Verfügung gestellt und mussten von ihr abgenommen werden. Mittels einer Checkliste überprüfte sie die einzelnen Visualisierungen hinsichtlich Vorhandenseins einerseits und der Anzahl der Pixel bzw. Lesbarkeit der Dateien andererseits, um eine Entscheidung treffen zu können, ob die Qualität der Visualisierungen für die Verwendung im späteren Buch geeignet waren und abgenommen werden konnten.

Ein weiterer wichtiger Bereich ist die Qualitätssicherung, die eine Qualitätskontrolle und als Konsequenz dessen ggf. auch Nacharbeiten am Projekt bzw. am Produkt notwendig macht. *(Eine kleine Anekdote am Rande: Dass wir bestimmte Dinge als »okay« bezeichnen, hat ihren Ursprung in der Qualitätssicherung bei Ford. Oskar Kraus – seines Zeichens der Ur-Ur-Urgroßvater von Daniel Kraus, einem unserer Kursteilnehmer – markierte von ihm geprüfte Reifen mit seinem Namen. Um schneller zu werden, nutzte er sehr bald lediglich seine Initialen O und K. Die Kollegen in den USA wussten also, dass alles in Ordnung war, wenn sie diese Initialen auf den Reifen sahen. Und die Buchstaben O und K werden auf Englisch nun einmal »o-kay« gesprochen.)*

Qualitätssicherung hat die Aufgaben, die Qualität von Produkten und Dienstleistungen sicherzustellen, die Prozesse und Abläufe zu überwachen, etwaige Optimierungen der Produktion bzw. Prozesse oder Arbeitsschritte transparent zu machen und dafür Sorge zu tragen, dass sowohl der Compliance gerecht wird als auch alle relevanten Mitarbeiter entsprechend geschult und in Qualitätsbelangen unterwiesen wurden. Die Qualitätssicherung kann dabei sowohl intern als auch extern erfolgen. Wurden bei einer Überprüfung Abweichungen von Soll- und Ist-Zustand festgestellt, so sind möglicherweise Nacharbeiten durchzuführen. D. h., die entdeckten Fehler an einem Produkt müssen korrigiert und behoben werden, sodass die vom Kunden erwartete Qualität doch noch erreicht und der Projektgegenstand abgenommen werden kann. Eine Nacharbeit kann z. B. so aussehen, dass im Spritzgussverfahren produzierte Kunststoffteile wie beispielsweise Instrumententafeln von Fahrzeugen sogenannte Grate aufweisen, also unerwünscht auftretende Werkstoffanteile, die über die eigentliche Werkstoffoberfläche hinausragen. Diese überschüssigen Materialteile müssen dann nachträglich z. B. abgefeilt werden, damit das Bauteil den Spezifikationen entspricht und als »i.O.« (d. h. in Ordnung) gewertet werden kann. Wenn ein Bauteil selbst durch eine Nacharbeit nicht als für gut befunden betrachtet wird, dann verlangt es die Vorgehensweise der Qualitätssicherung, dass dieses Bauteil aussortiert und als Ausschuss betrachtet werden muss.

Der japanische Chemiker Ishikawa Kaoru gilt als Vater der japanischen Qualitätskontrolle im Automobilbereich und entwickelte in den 1950er Jahren zahlreiche Qualitätswerkzeuge, die im Qualitätsmanagement heutzutage nicht mehr wegzudenken sind.

Die bekanntesten – Ishikawas Q7 – möchte ich hier nachfolgend kurz aufführen und erläutern:

1. Flussdiagramm
   Eine typische Darstellungsart zur Visualisierung von Prozessen und Abläufen.
   Die Vorteile hierbei sind einfache Symbole und ein variabler Detaillierungsgrad.
   Nachteilig ist allerdings, dass ein Flussdiagramm viel Interpretationsspielraum lässt und es keine eindeutigen Regeln gibt.
2. Fehlersammelkarte
   Sie erfasst häufige Fehler auf einfache Weise per Strichlistenzählung. Damit ist dieses Werkzeug sehr leicht umsetzbar, macht eine Fehleranalyse allerdings nicht wirklich möglich und der Prozess wird bei steigender Fehleranzahl extrem unübersichtlich.
3. Histogramm
   Hierbei handelt es sich um ein einfaches Säulendiagramm zur Darstellung von typischen Häufigkeiten wie z. B. der Häufigkeit von Torchancen zweier Mannschaften in Relation zur Spielminute eines Fußballspiels. Ein Histogramm ist einfach zu visualisieren und auch größere Datenmengen können so verarbeitet werden.
   Nachteilig ist aber auch hier, dass es keine Fehleranalysemöglichkeit gibt und wir auf metrische Daten beschränkt bleiben.
4. Qualitätsregelkarte
   Darunter versteht man die zeitlich fundierte Erfassung von Messwerten eines Prozesses über einen definierten, längeren Zeitraum. Dabei werden zu bestimmten Zeitpunkten Stichproben durchgeführt und die Ergebnisse dokumentiert. Es werden unterschiedliche Bereiche definiert – obere und untere Begrenzungslinien und der sprichwörtlich »grüne Bereich«, in dem alle Werte noch innerhalb der Anforderungen liegen.
5. Pareto-Diagramm
   Bei einem Pareto-Diagramm werden einzelne gefundene Fehler in der Höhe ihrer Auswirkung mit ihrem prozentualen Anteil am Problem als Balken in ein Koordinatensystem eingezeichnet, beginnend bei dem Fehler mit der größten Auswirkung. Daran anschließend kommt der Fehler mit der nächstkleineren Auswirkung etc. Die Fehlerursachen (die wir z. B. anhand eines Ursache-Wirkungs-Diagramms herausgefunden haben) werden so lange in das Diagramm eingezeichnet, bis sie die 80 % Marke erreicht haben. Wenn wir also 80 % der Fehler behoben haben, dann reicht das üblicherweise schon, damit der Kunde zufrieden ist.
6. Korrelations- bzw. Streudiagramm
   Hierbei handelt es sich um eine Punktwolke, mit der die Beziehung zwischen zwei Merkmalen abgefragt werden kann, indem die Daten in ein zweiachsiges Diagramm eingetragen werden. Gibt es genügend Datenpunkte, so ergibt sich ein

Muster, das dann Rückschlüsse zulässt in puncto eines statistischen Zusammenhangs zwischen zwei Merkmalen.
Ein vereinfachtes Beispiel für eine Punktwolke wäre eine Landkarte, in die jeder Corona-Infizierte mittels eines Punktes eingezeichnet wird. Da, wo sich sehr viele Punkte befinden, haben wir es mit einem Hochrisikogebiet zu tun.

7. Ursache-Wirkungs-Diagramm (Ishikawa-Diagramm bzw. Fischgräten-Diagramm)
   Benannt nach dem Erfinder selbst. Eine Methode zur Visualisierung eines Problemlösungsprozesses, bei dem nach den möglichen Ursachen zu einem an der (Aus-)Wirkung bekannten Problems gesucht wird. Dieses Qualitätswerkzeug hat sich in der 5 M-Variante als Basisstandard im Qualitätsmanagement etabliert. Typisch für dieses Werkzeug ist die Aufteilung in die 5 Haupteinflussgrößen Mensch, Maschine, Material, Mitwelt und Methode.

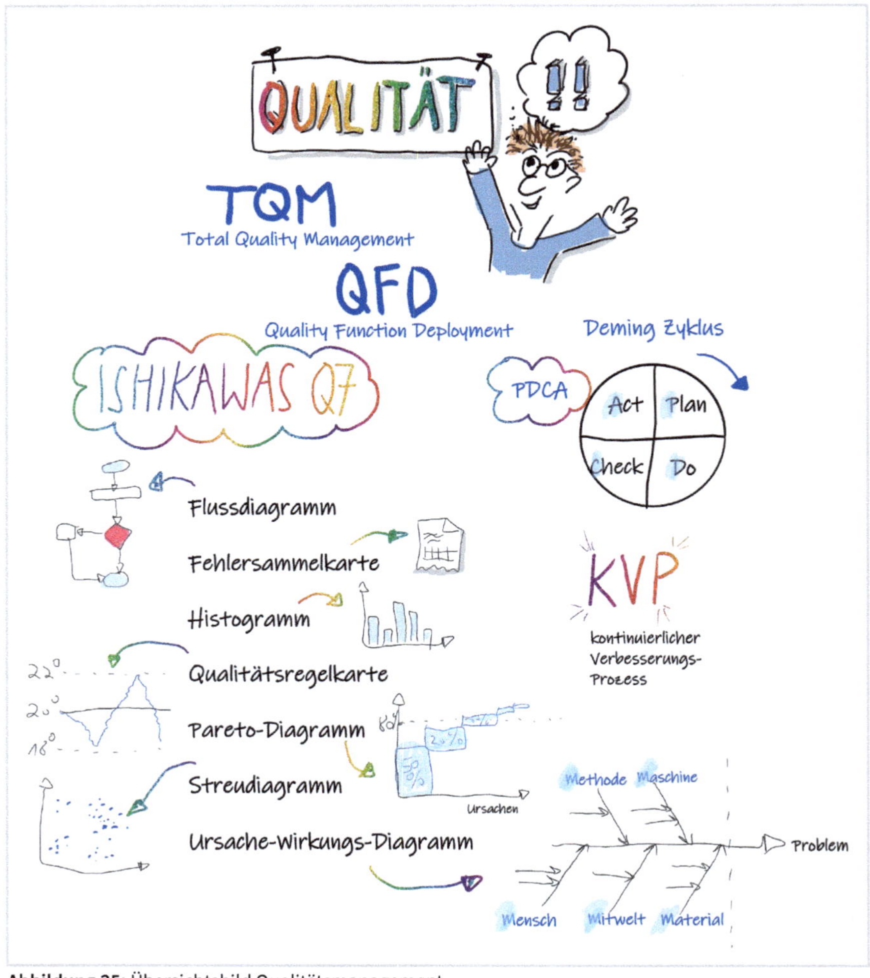

Abbildung 35: Übersichtsbild Qualitätsmanagement

Sprechen wir über Qualitätsmanagementmethoden, so darf William Edwards Deming nicht außen vorgelassen werden, der zu Zeiten des Zweiten Weltkriegs zur Vermeidung von Materialfehlern die konsequente Anwendung von Qualitätskriterien vorantrieb und dessen Ideen die Japaner beim Wiederaufbau ihres Landes zur Ausarbeitung des sog. Deming-Zyklus inspirierte. In diesem Qualitätsregelkreis Plan-Do-Check-Act geht es darum, einen kontinuierlichen Verbesserungsprozess zur Weiterführung von Produkten zu etablieren, indem in der Phase *Plan* Verbesserungspotenziale erkannt werden, diese bei *Do* in einem kleinen Rahmen ausprobiert werden, während in der Phase *Check* die Verbesserungen ausgewertet und in der Phase *Act* die Verbesserungen, die sich als sinnvoll erwiesen haben, eingeführt werden. Da dieser Zyklus permanent durchlaufen wird, sprechen wir hier auch von einem Kontinuierlichen Verbesserungsprozess (KVP).

Unter TQM – Total Quality Management – verstehen wir umfassendes Qualitätsmanagement auf mehreren Ebenen und nach einem ganzheitlichen Ansatz. Auch diese Methode wurde von dem amerikanischen Physiker William Edwards Deming entwickelt bei der es darum geht, Qualitätsmanagement unter Berücksichtigung aller Perspektiven voranzutreiben – also sowohl die Kundensicht als auch die Sicht der Lieferanten, der Mitarbeiter, des Managements und aller relevanten Stakeholder aktiv in die Überlegungen mit einzubeziehen. Deming stellte diesbezüglich 14 unterschiedliche Regeln auf, die seiner Meinung nach zur Qualitätsverbesserung unerlässlich waren wie z. B., Ziele und Prozesse übersichtlich zu gestalten, eine arbeitsbegleitende Ausbildung im Bereich Qualität zu fördern, sich mit der Arbeit zu identifizieren oder einen kooperativen Führungsstil anzuwenden, um nur einige zu nennen.

Das Konzept der ständigen Qualitätsverbesserung hat seinen Ursprung in der japanischen Automobilindustrie und wurde vor allem in den 1960er Jahren durch Toyota geprägt. Ein wichtiger Aspekt ist dabei, die Qualitätssicherung aus der Sicht des Kunden zu betreiben. In dieser Zeit wurde die Methode QFD (Quality Function Deployment) vom Spezialisten für Strategische Planung, Yōji Akao, ins Leben gerufen, eine systematische Analyse der Kundenanforderungen mit dem Ziel, die Produktqualität stetig zu verbessern. Im sogenannten House of Quality werden alle Elemente aus dem QFD in einer Grafik vereint und zueinander ins Verhältnis gesetzt. Seinen Namen hat das House of Quality von der speziellen Darstellungsform. Wie unter dem Dach eines Hauses vereint, entsteht eine Matrix, die quasi einzelne Bereiche aufweist, die wie Zimmer und Seitenflügel erscheinen. Dieses »Haus« wird üblicherweise in zehn definierten Schritten aufgebaut und bewertet zunächst die Kundenwünsche, beurteilt dann die Konkurrenz und befasst sich danach mit der technischen Umsetzbarkeit. Mittels eines Punktebewertungssystems werden Umsetzbarkeit und Wichtigkeit in unterschiedlichen Skalen ins Verhältnis gesetzt.

Unter Poka Yoke versteht man ein Konzept zur Vermeidung (Yoke) von unbeabsichtigten Fehlern (Poka). Ziel von Poka Yoke ist es, durch Prüfung aller Teile frühzeitig das

Auftreten von Fehlern zu vermeiden. Gelebter Anspruch ist hierbei eine Null-Fehler-Produktion. Das Prinzip wird dabei auf zwei Ebenen angewandt – einmal bereits bei der Entwicklung von Produkten und einmal auf der Ebene der Fertigung. Es geht um Kreativität bei der Produktgestaltung, um die Abwehr von Fehlern und darum, Prozessfehler trotz fehlerhafter Bedienung auszuschließen. Durch die drei Funktionen Messen, Erkennen von Abweichungen und Regulieren wird Poka Yoke fast schon zur Philosophie in Sachen Prozessoptimierung und Qualitätsverbesserung.

Qualität ist ein großes und wichtiges Thema im Projektmanagement – und trotz der ganzen Methodenvielfalt und unterschiedlicher Ansätze ist Qualitätsmanagement durchaus etwas, das wir quasi intuitiv betreiben und auf das wir aus eigenen Ansprüchen heraus Wert legen (sollten!). Aber je komplexer unsere Projekte sind, desto wichtiger ist es natürlich, dass wir qualitativ hochwertige Ergebnisse abliefern und die Messlatte für Qualität eher höher als niedriger legen sollten, um die Zufriedenheit unserer wichtigen Stakeholder zu gewährleisten. Um es mit den bekannten Worten des österreichischen Medienmanagers Helmut Thoma zu sagen: »Über Qualität lässt sich trefflich streiten. Aber eins steht fest: Der Wurm muss dem Fisch schmecken – und nicht dem Angler!«

9.6 Stacey Matrix

Bei der Auswahl des für das Projekt am besten geeignetsten Projektmanagementansatzes tun sich viele Leute schwer. Zum einen gibt es eine schier unendliche Anzahl von Methoden oder Vorgehensmodellen, zum anderen gibt es vehemente Verfechter von »agil« oder »nicht-agil«, denen es weniger um sachliches Finden eines geeigneten Vorgehensmodells für das anstehende Projekt als vielmehr das Durchdrücken der eigenen Philosophie geht. Bei der Methodenauswahl sollten aber nicht Vorlieben und Philosophien im Vordergrund stehen, sondern die Frage, wie viel geregelt werden kann oder muss. Es gibt nun einmal Projekte, für die sich ein klassischer Ansatz einfach besser eignet als ein agiler – weil das Projekt vom Aufbau und der Struktur her einfach eine gute Planung und viele Regeln benötigt, wie das zum Beispiel beim Bau von Gebäuden der Fall ist. Da muss man von Anfang an wissen, wie viele Stockwerke das Gebäude haben soll, um schon beim Fundament die entsprechende Statik berücksichtigen zu können. Darüber hinaus ist für das amtliche Genehmigungsverfahren das Einreichen der Baupläne vorgeschrieben. Aber es gibt natürlich auch Projekte, bei denen ein agiler Ansatz geeigneter ist als ein klassischer – weil sich die Anforderungen erst im Projektverlauf herauskristallisieren, Ursache-Wirkungs-Zusammenhänge noch unerforscht oder unbekannt sind oder sich das Umfeld (in dem das Projekt durchgeführt wird) ständig ändert.

Die Stacey-Matrix basiert auf der Theorie von Ralph Douglas Stacey, der Organisationen als komplexe, reaktionsfähige Systeme beschreibt. Bei der Stacey-Matrix gibt es zwei Achsen, das WIE (Technologie/Handlungsansatz/Lösungsansatz/Weg) und das WAS (Anforderungen/Ziele), deren Skalen jeweils von bekannt bis unbekannt gehen und Projekte in die vier Kategorien einfach, kompliziert, komplex oder chaotisch einteilt. Die Einteilung des eigenen Projekts in einen dieser vier Bereiche stellt einen Indikator für einen möglichen Handlungsansatz dar.

Einfache Projekte

Von einfachen Projekten spricht man, wenn alle Anforderungen an das Projekt bekannt sind und man auch den Weg zum Lösen dieser Aufgabe genau kennt. Da wir die zugrunde liegende Technologie beherrschen und es klare Abhängigkeiten gibt, ist nur mit wenigen Überraschungen zu rechnen. Da sich einfache Projekte gut durchplanen lassen, sind sequenzielle Vorgehensmodelle wie z. B. das Wasserfallmodell oder nebenläufige Vorgehensmodelle wie z. B. Simultaneous Engineering für einfache Projekte sehr gut geeignet. **Hinweis:** Bei nebenläufigen Vorgehensmodellen gibt es Phasenüberlappungen, d. h. Phasen werden (teilweise) parallel bearbeitet, um Zeit zu sparen.

Komplizierte Projekte

Komplizierte Systeme sind Systeme, die sich in ihre Einzelteile zerlegen lassen und deren einzelne Funktionen, wenn sie wieder zusammengebaut werden, genau zu dem führen, was wir vorher hatten. Nehmen wir z. B. Flugzeuge. Flugzeuge sind kompliziert, sie bestehen aus Tausenden von Teilen. Trotzdem weiß der Konstrukteur ganz genau, welche Schraube in welche Mutter zu drehen ist und welche Kabelverbindungen wohin gehören, damit das Flugzeug das macht, was es machen soll – nämlich fliegen. Übertragen auf Projekte bedeutet das, dass man von komplizierten Projekten spricht, wenn zu Beginn des Projektes noch nicht alle Anforderungen bekannt sind, Ursache-Wirkungs-Zusammenhänge nicht sofort erkennbar sind oder wenn die eingesetzte Technologie noch nicht vollständig beherrscht wird. Aber durch gründliche Analyse und Experteneinsatz lassen sich dann doch noch Ursache-Wirkungs-Zusammenhänge finden und nutzen. Komplizierte Projekte, wie z. B. fast alle technischen Systeme, bestehen aus sehr vielen Einzelteilen, aber sie lassen sich trotzdem gut planen, denn das Zusammenspiel der einzelnen Komponenten ist bekannt – es muss eben nur sehr viel berücksichtigt werden. Dabei können sich natürlich auch viele Fehler einschleichen. Deshalb sollte besonders auf Fehlerminimierung und Qualität geachtet werden. Ein geeignetes Vorgehensmodell ist z. B. das **V-Modell**, ein um den Aspekt »Qualität« erweitertes sequenzielles Phasenmodell. Das »V« steht dabei für Verifikation (prüfen anhand von Spezifikationen) und Validation (prüfen, ob das Produkt für den gewünschten Anwendungszweck geeignet ist).

Komplexe Projekte

Von komplexen Systemen redet man, wenn ein System nicht mehr vorhersehbar ist, da es eine Rückkopplung derjenigen Akteure gibt, die selbst im System drin sind. Jeder, der im System interagiert, beeinflusst dabei das Gesamtsystem. Deshalb ist z. B. im Straßenverkehr nicht vorhersehbar, wann es zu Staus kommt und wie lange diese dauern. Übertragen auf komplexe Projekte bedeutet das, dass die zugrunde liegende Technologie für die Beteiligten neu ist oder erst entwickelt bzw. verstanden werden muss, und dass Anforderungen nicht im Voraus formuliert werden können, da sie wirklich unklar sind. Auch wenn sehr viele Personen am Projekt beteiligt sind und deren Interessen und Ziele sehr unterschiedlich sind, spricht man von komplexen Projekten. Typische komplexe Projekte sind große Veränderungsprojekte in Firmen, Projekte im Bereich digitale Transformation, Erschließung eines neuen Marktes, viele Projekte in den Bereichen Klimawandel und Umweltschutz. Solche Projekte bleiben vielschichtig und verwehren sich der Vereinfachung. Hier kann man nicht mehr das gesamte Projekt klassisch linear durchplanen, sondern man muss immer auf die aktuelle Situation reagieren, was nur bei einer schrittweisen Vorgehensweise möglich ist. Nach jedem Schritt schaut man, wo man steht, und lässt die gerade gewonnenen Erkenntnisse bei der Planung des nächsten Schrittes einfließen. Wiederholende Vorgehensmodelle eignen sich ideal zur Bearbeitung komplexer Projekte. Dabei unterscheidet man zwischen **inkrementellen Vorgehensmodellen**, bei dem das Produkt schrittweise in Einzelteilen entwickelt wird und **iterativen Vorgehensmodellen**, bei dem das Produkt schrittweise verbessert wird. Geeignete klassische Vorgehensmodelle sind z. B. das **Spiralmodell**, bei dem das Produkt in jeder Schleife verfeinert wird oder das **evolutionäre Modell**, bei dem die Weiterentwicklung auf Basis einer zu Beginn festgelegten Kernfunktionalität erfolgt. Besonders gut geeignet sind agile Methoden wie z. B. **Scrum**, denn viele agile Methoden unterstützen ein iteratives Vorgehen; die gemachten Erfahrungen werden regelmäßig analysiert, in das weitere Vorgehen implementiert und der Kunde wird aktiv in alle Entwicklungsphasen des Projekts eingebunden. Auch gemischt-hybride Vorgehensmodelle, bei denen klassische Vorgehensmodelle mit agilen Methoden gemischt wurden, wie z. B. das Wasser-Scrum-Fall-Modell, eignen sich hervorragend zur Bearbeitung komplexer Projekte.

Chaos Projekte

Von Chaos Projekten spricht man, wenn sowohl Anforderungen als auch Lösungsansätze völlig unklar sind, d. h. es ist keine Beziehung zwischen Ursache und Wirkung erkennbar. Hier hilft nur ausprobieren, das Ergebnis überprüfen und wenn etwas Brauchbares dabei ist, fließt es in die Planung der folgenden Schritte mit ein. Dann wieder ausprobieren, prüfen, Brauchbares weiter verwenden usw.

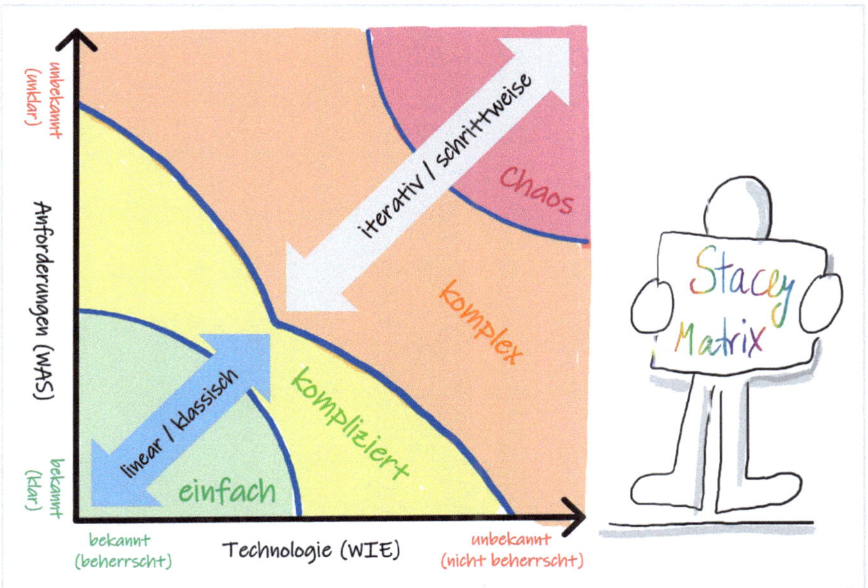

Abbildung 36: Stacey-Matrix

10 Unsere Interviewpartner

Wir möchten uns auf diesem Wege noch einmal ganz herzlich bei den ganzen wunderbaren Projektmenschen bedanken, die uns als Interviewpartner für das bunte Potpourri an Fragen zu den unterschiedlichen PM-Phasen und Themen zur Verfügung standen. Mit ihrer Offenheit bei den Interviews haben sie tiefe Einblicke in einen großen Erfahrungsschatz gewährt und uns in ihr geballtes PM-Wissen blicken lassen. Es ist für ein Buch über praxisnahe Projektarbeit überaus wertvoll, Einblicke aus erster Hand zu bekommen – aus nationaler sowie internationaler Perspektive. An dieser Stelle möchten wir den von uns interviewten Projektmanagern gerne die Gelegenheit geben, sich kurz selbst vorzustellen.

Ben Ziskoven

Als Agile Coach und Scrum Master lebe und arbeite ich nach agilen Grundsätzen aktiv in einer Vielzahl von Software oder Marketinganalyse Projekten. Mir ist zum einen die Kundenperspektive sehr wichtig, der persönliche enge Kontakt. Und zum anderen habe ich bei meinen Projekten stets das Business und die Zielsetzung im Blick. Mein beruflicher und privater Mittelpunkt ist Amsterdam in den Niederlanden, ich bin sowohl national als auch international tätig.

Carsten Mende

Ich verfüge über mehr als 15 Jahre Erfahrung in verschiedenen Branchen wie Beratung, öffentlicher Sektor, Verteidigung und Automobil. Dabei implementierte ich verschiedene Shared Services innerhalb von HR von Grund auf. Derzeit leite ich die Transformation der HR-Organisation von Valeo in Deutschland und die Implementierung eines neuen HR-Kernsystems. Meine Mission ist es, Projektmanagement-Knowhow und eine wirtschaftliche Betrachtungsweise innerhalb des Personalwesens zu verankern und HR-Kollegen in ihren Projekten und bei der Anwendung von Change- und Projektmanagement-Methoden zu unterstützen.

Peter B. Taylor

Keynote Sprecher und Coach, Autor des Nummer-1-Bestsellers im Bereich Projektmanagement, »Erfolgreiches Faulenzen« sowie Autor von unzähligen weiteren Fachbüchern über PM, PMO-Entwicklung, Executive Sponsoring, Transformation und Führung sowie im Bereich Rhetorik.

Ich habe über 480 Vorträge auf der ganzen Welt in über 25 Ländern gehalten und mir wird nachgesagt, »der PM Experte, der wohl den größten Unterhaltungs- und Inspirationsfaktor mitbringt« zu sein (www.thelazyprojectmanager.com)

PMOs: Ich habe gemeinsam mit Organisationen wie Siemens, IBM, UKG und jetzt Ceridian, wo ich jetzt VP Global PMO bin, die größten PMO weltweit mit aufgebaut und geführt.

Methode: Ich sage immer, meine Projekte laufen als hybride Projekte, in denen wir uns einer Mischung aus agilen Methoden, Lean und auch Wasserfallelementen bedienen, vorzugsweise im Bereich Stage Gate Management und Qualitätssicherung.

Projektmanagement: Ich bin seit über 35 Jahren aktiv im Projektmanagement tätig und für mich geht es im PM um die Menschen und darum, eine Gruppe von Individuen zu formen und zu führen, damit am Ende etwas ganz Wunderbares herauskommt. Und ich hatte das Vergnügen, meinen Beruf als Berufung zu sehen, zu sehen, wie es im PM vorangeht. Es macht mich froh und stolz, meinen kleinen, bescheidenen Anteil dazu beizutragen.

Astrid Beger

Ich bin ein Generalist, ein passionierter Projektmensch, der gern führt und Verantwortung annehmen mag. Ich war in einem Technologiekonzern ein Top-Talent des Vorstands. Als Mutter habe ich die Glasdecke erlebt und leite davon meinen Blick auf Projekte und Wirtschaft neu ab. Neben dem Konzern war ich Führungskraft in öffentlicher Hand und bin nun, vielleicht zeitweise, freiberufliche und gut vernetzte Unternehmerin. Akademisiertes Lernen über re:generative Ökonomie ist meine aktuelle Passion. Mit den beiden Autoren verbindet mich mein Engagement in der und für die GPM (Deutsche Gesellschaft für Projektmanagement e.V.).

Felix Mühlschlegel

Ich arbeite als Marketingdirektor für adidas in den USA. Seit 20 Jahren bin ich bereits im Produktmarketing tätig, also sprich in der Produktkreation und betrachte in der Beantwortung der Interviewfragen den Entstehungsprozess einer Kollektion als Projekt. Demzufolge dauert ein Projekt circa 5–6 Monate und involviert viele verschiedene Abteilungen, Entscheidungsträger und externe Einflüsse. Gleichzeitig wiederholt sich das Grundgerüst dieser Projekte immer wieder, sodass man den Prozess über Jahre hinweg immer weiter optimieren kann. Dies ist auch immer notwendig, denn unsere Konsumenten, unsere Konkurrenten und unsere Umwelt ändern sich andauernd.

Sebastian Wächter

Ich habe Veränderungen selbst und auf sehr radikale Weise erleben müssen. Im Alter von 18 Jahren stürzte ich beim Wandern und brach mir mein Genick. Inzwischen darf ich behaupten, meine Veränderungen auch gemeistert zu haben, und ich verbinde die Erfahrungen aus meiner Querschnittslähmung mit meinem Wissen als langjähriger Aktienanalyst. Heute unterstütze ich Unternehmen und Organisationen in Veränderungsprojekten und begleite sie in ihren Veränderungsprozessen. Ich beleuchte den überstrapazierten Begriff Change neu und zeige, dass Veränderungen letzten Endes immer auch Fortschritt sind.

Stephan Scharff

Ich liebe es, Projekte zu rocken und für meine Kunden mit Erfolg abzuschließen. Zusätzlich coache ich Kunden, wie sie dies mit dem Aufsetzen ihres Projekt-Set-ups anhand der Five Level of Agile selbst erreichen können.

Michael Künnell

Ich bin passionierter Familienvater und Betriebswirt, der seit fast 30 Jahren als CFO mit breit aufgestellter Verantwortung international für unterschiedliche Familienkonzerne tätig ist. Ich suche immer die Storys hinter den Zahlen, um die richtigen Entscheidungen für die Zukunft zu treffen.

Daniel Laufs

Ich bin Daniel und als Netzwerkmanager am Wissenschaftszentrum Kiel tätig. Schon zu Beginn meiner Promotion im Technologiemanagement der Christian-Albrechts-Universität Kiel begeisterte ich mich für die interdisziplinäre Zusammenarbeit in Großprojekten und bin davon überzeugt, dass sich die großen Herausforderungen unserer Zeit nur gemeinschaftlich meistern lassen. So auch die urbane Mobilität, welcher wir uns bei #CAPTN – *Clean Autonomous Public Transport Network* in diversen Innovationsprojekten gemeinschaftlich annehmen.

Thor Möller

Als Wirtschaftswissenschaftler und Unternehmer baue ich eigene Unternehmen auf und führe sie zum Erfolg. Dabei kombiniere ich meine Erkenntnisse aus der wissenschaftlichen Arbeit mit den praktischen Herausforderungen der Unternehmen. Die Theorie gibt mir den Impuls und die Praxis formt die Lösung. Als Berater, Trainer, Coach und Sprecher trete ich weltweit in den unterschiedlichsten Branchen und

Unternehmensgrößen auf. Die richtigen Projekte richtig umsetzen und damit das Unternehmen auf die Zukunft vorbereiten, das ist mein Credo. Ich habe am Institut für Projektmanagement und Innovation (IPMI) Wirtschaftswissenschaft studiert und promoviert, war als Abteilungsleiter und Projektleiter tätig, trete als Berater und Trainer weltweit in vielen Unternehmen und Hochschulen auf und habe zahlreiche Buchpublikationen veröffentlicht. Projektmanagement ist meine Passion und ich bin auf vielfältige Weise mit der GPM verbunden. Erst als Mitglied des Vorstands und dann, 2021 bis 2022 als Präsident.

Tobias Rohrbach

Ich bin Unternehmer und Investor und verfüge über mehr als 25 Jahre Erfahrung im Bereich der projektorientierten Umsetzung von IT- und Unternehmensberatung sowie im Aufbau, der Entwicklung und Transformation von Unternehmen. Als Vorstand der Lutz und Grub AG sind mir qualifizierte, moderne und innovative Weiterbildungskonzepte wichtig – gerade auch in den Bereichen Projektmanagement und IT.

Arie van Bennekum

Ich bin ein Pragmatiker und habe seit meinen Anfängen im Gesundheitswesen und beim Militär einen Faible für Struktur, Disziplin und den gesunden Menschenverstand. Das führte vermutlich auch dazu, dass ich einer der Autoren des agilen Manifests wurde. Mit der Zeit wurde ich zum Experten für agile Transformation und Business Agility. Als Vordenker arbeite ich heute für *Wemanity* (www.wemanity.com) und *IFAAI* (www.IFAAI.org). Bei Wemanity bin ich für die weltweite Transformation zuständig und arbeite quer über den gesamten Erdball mit einem internationalen Team zusammen. Neben meiner Arbeit in agilen Methoden und der agilen Transformation bin ich zudem Dozent an den Universitäten von Rotterdam, Amsterdam und Utrecht und unterrichte dort Themen wie Agilität, (agiles) Projektmanagement, Business Value und Agile Transformation. (www.integratedagile.com und www.arievanbennekum.com)

René Windus

Nach dem Studium der Elektrotechnik an der Universität Hannover begann meine berufliche Laufbahn bei dem Automobilzulieferer Continental/ContiTech. Dort war ich 12 Jahre zunächst als Teammitglied, später als Teilprojektleiter und Projektleiter tätig. Inhaltlich ging es anfangs um Softwareentwicklungsprojekte in der Fabrikdatenverarbeitung und später um die Steuerung großer internationaler IT- und Organisationsprojekte. Seit 2001 bin ich Geschäftsführer der Firma Decisio und als Interims-Projektleiter, Coach und Berater in Projekten tätig. 2006 wurde das Thema Qualifizierung in das Leistungsportfolio von Decisio aufgenommen. Als akkreditierter und zertifizierter Projektmanagement-Trainer (GPM), Business-Coach (IHK) und IPMA Level A zertifizierter Projekt-Direktor (GPM), gebe ich mit großer Freude das Methodenwissen kombiniert mit meinen PM-Erfahrungen an die nächste Generation von Projektleiterinnen und Projektleitern weiter. Außerdem berate ich Organisationen bei der Einführung von Projekt- und Portfoliomanagement. Mein Herz schlägt für Projektmanagement, weil man in Projekten immer da ist, wo sich etwas bewegt. Projekte können die Welt positiv verändern und es ist schön, dabei mitgestalten zu können. Außerdem macht mir der Umgang mit dem »Faktor Mensch« viel Freude.

Stefanie Gries

Ich bin geborene Kasselanerin und habe mein »Dorf mit Straßenbahn« lieben gelernt. Die Sehnsucht nach lebhaften Großstädten stille ich auf möglichst vielen Reisen. Seit meinem Studium arbeite ich bereits im Bereich Photovoltaik und bin jeden Tag aufs Neue begeistert und angetrieben davon, auf der »hellen Seite« zu stehen und ein kleines Rad im Kampf gegen den Klimawandel zu sein. Als ich während des Studiums das erste Mal von Projektmanagement gehört habe, war mein Gedanke »Wow, man kann einen Job haben, in dem man selbst nicht arbeiten muss?« – Nun ja, dass das vielleicht nicht ganz der Wirklichkeit entsprach, habe ich dann schnell gelernt. Trotzdem reizt mich das Spannungsfeld aller Aufgaben einer Projektmanagerin jeden Tag aufs Neue.

Olaf Piper

Jahrgang 1969 – Ausgebildeter Bankkaufmann und Diplom-Betriebswirt (FH) – IPMA Zertifizierungen Level D und B. Ich arbeite seit 2001 bei Festo. Seit geraumer Zeit bin ich in einer Abteilung, in der nur ausgebildete Projektmanager sind. Wir werden bedarfsgerecht in IT-Projekten eingesetzt. Derzeit arbeite ich an einem Projekt, das die technische Neuaufstellung unserer IT-Support Services als Ziel hat. Hier sollen u. a. auch einmal Chatbots für die Bearbeitung von einfachen Supportfällen getestet werden. Bei der Arbeit in Projekten schätze ich v.a. die persönliche Interaktion mit Kollegen und Partnerunternehmen. Projekte bei Festo haben fast immer internationalen Charakter, sodass ich auch häufig in der einen oder anderen unserer 60 Landesgesellschaften zur Steuerung von z. B. projektbegleitenden Rollouts bin. Diese Arbeit über Grenzen hinweg mit Menschen aus unterschiedlichen Kulturen und mit unterschiedlichen Ansichten macht Projektmanagement so spannend und interessant.

Petra Berleb

Als geschäftsführende Gesellschafterin der Berleb Media GmbH und Chefredakteurin des *projektmagazins* verantworte ich die inhaltliche Ausrichtung, Produktentwicklung und Strategie. Bis 1997 war ich als Wirtschaftsinformatikerin Redakteurin in einem IT-

Verlag, anschließend IT-Beraterin und Journalistin. Im Jahr 2000 gründete ich das *projektmagazin*. Ich bin außerdem Prince2-Foundation sowie zertifizierte Projektleiterin AFW Bad Harzburg.

Chris Schiebel

Ich bin seit 16 Jahren in Projekten unterwegs und bekannt für Blickwinkel der anderen Art, die ich gerne mal erfrischend anders präsentiere. Als Botschafter für zeitgeisty Projektmanagement ist meine Motivation dem Sachthema Projektmanagement einen modernen Anstrich zu verleihen und eine Stimme einzuverleiben. Ein gutes Beispiel dafür ist das erste Fitness-Studio für Projekte, das ich 2020 gegründet hat. Als Berater, Trainer, Coach, Podcaster und Speaker verbinde ich klassische wie auch agile Ansätze mit Change Management, New Work sowie Persönlichkeits- und Teamentwicklung zu einem ganzheitlichen Ansatz.

11 Autorenteam

Michaela Flick ist begeisterte Projektmanagerin, Trainerin und Autorin für ihre Herzensthemen Führung und Projektmanagement. Ihr Erfolg ist geprägt durch ihre Erfahrung und Kompetenz, ihre Vorgehensweise, ihrem Einfühlungsvermögen und einer positiven Grundeinstellung. Gemeinsam mit ihrem Mann Mathias hat sie Spaß daran, Wissen zu vermitteln und andere bei ihrer Aus- und Weiterbildung zu unterstützen. Als Delegierte der GPM Deutsche Gesellschaft für Projektmanagement e.V. für Rheinland-Pfalz ist es Michaela Flick ein Anliegen, zur Professionalisierung und Weiterentwicklung des Projektmanagements in Deutschland beizutragen. Sie unterstützt Fach- und Führungskräfte dabei, erfolgreich zu sein in ihrem Tun. Ihr Lebensmotto: *»Wir können den Wind nicht ändern, aber die Segel anders setzen.« (Aristoteles)*

Mathias Flick ist Betriebswirt und Projektmanager aus Leidenschaft. Mit Souveränität, Ruhe und fundierter Berufserfahrung leitet und begleitet er Projekte unterschiedlichster Art. Als Lead PM der Lutz + Grub Academy unterstützt er seine Projektteams und Teilnehmer und hilft ihnen dabei, Projekte erfolgreich abzuwickeln und fit zu werden für ihre unterschiedlichen Projektmanagement-Zertifizierungen. Als Delegierter der GPM Deutsche Gesellschaft für Projektmanagement e.V. für Baden-Württemberg und als Mitglied im Zertifizierungsbeirat der pm-ZERT engagiert sich Mathias Flick im Fachverband und unterstützt deren Arbeit an Normen und Standards. Gemeinsam mit seiner Frau Michaela lebt er in der Südpfalz in der Nähe von Landau. Sein Lebensmotto: *»Es gibt zwei Dinge, auf denen das Wohlgelingen in allen Verhältnissen beruht. Das eine ist, dass Zweck und Ziel der Tätigkeit richtig bestimmt sind. Das andere aber besteht darin, die zu diesem Endziel führenden Handlungen zu finden.« (Aristoteles)*

12 Anhang

12.1 Glossar

Abnahmekriterien	Vertraglich festgelegte Dinge wie Leistungsanforderungen, Zeitpunkt der Lieferung oder erfolgreicher Testbetrieb, die erfüllt sein müssen, damit der Kunde zur Abnahme verpflichtet ist.
Abschlussphase	Fünfte und letzte Projektmanagementphase, bei der das erstellte Produkt an den Auftraggeber übergeben wird, gemachte Erfahrungen dokumentiert werden und das Projekt aufgelöst wird.
ABVF-Matrix	Übersicht der **A**ufgaben, **B**efugnisse, **V**erantwortlichkeiten und **F**ähigkeiten, die einer bestimmten Rolle/Stelle/Position im Projekt zugewiesen werden.
Abwicklungserfolg	Ein Projekt wurde, unter Einhaltung der Spezifikationen, erfolgreich durchgeführt.
Adaptive Growing®	Adaptive Growing® bedeutet die zielsichere Mischung der richtigen Inhalte, Lernformen, Lernzeiten und der aktiven Förderung und Hilfe externer Experten oder Gleichgesinnten (Peergroup)
AGIL-Schema	**A**daption – auf äußere Bedingungen reagieren **G**oal Attainment – gemeinsam Ziele verfolgen **I**ntegration – eine Gemeinschaft schaffen **L**atency – ein kulturelles Wertesystem aufrechterhalten
Agile Methoden	In einem komplexen, dynamischen Umfeld ist der Projektlebenszyklus zu Beginn des Projekts nicht ausreichend genau vorhersehbar. Ein Produkt wird deshalb in kurzen Iterationszyklen entwickelt. Es wird also nicht das gesamte Projekt auf einmal, sondern immer nur der nächste Zyklus geplant.
Anwendungserfolg	Der Projektgegenstand bzw. das Produkt konnte nutzenbringend angewendet werden.
Arbeitspaket	Teil des Projekts, der im Projektstrukturplan nicht weiter aufgegliedert ist. Ein Arbeitspaket enthält eine abgeschlossene Leistung, die sich eindeutig gegen andere Arbeitspakete abgrenzt.
Aufbauorganisation	Auf Dauer angelegte, hierarchisch gegliederte Struktur eines Unternehmens.
Auftragsklärung	Erzielen eines gemeinsamen Verständnisses über das, was im Projekt erreicht werden soll, was es ungefähr kosten darf und welche Ressourcen uns dabei zur Verfügung stehen.

Aufwand	Einsatz, Verbrauch oder Gebrauch von Einsatzmitteln zur Durchführung eines Vorgangs, Arbeitspakets oder Projekts.
Bedürfnishierarchie	Besser bekannt als »Bedürfnispyramide« nach Abraham Maslow, die mit fünf Stufen dargestellt wird und die Ebenen der Grundbedürfnisse, der Sicherheitsbedürfnisse, der Sozialbedürfnisse, der Ich-Bedürfnisse und der Selbstverwirklichung enthält. Die nächsthöhere Stufe wirkt für uns Menschen nur dann erstrebenswert, wenn wir die Bedürfnisse auf der Ebene, auf der wir uns gerade befinden, zu mindestens 70 % erfüllt haben.
Belbin-Test	Ein Multiple-Choice-Test nach einer zertifizierten Methode, der dazu dient, herauszufinden, welche der neun Belbin-Rollen am ehesten unserer Persönlichkeit entsprechen.
Beweislastumkehr	Tritt nach den ersten sechs Monaten nach Gefahrenübergang auf. Nach dem Kauf einer Sache wird beim Auftreten eines Fehlers zugunsten des Käufers unterstellt, dass der Fehler schon beim Kauf vorlag. Es liegt jetzt am Verkäufer, einen Gegenbeweis vorzulegen.
Brainstorming	Kreativitätstechnik, bei der die Ideen einer Gruppe spontan und frei in den Raum gerufen und von einem Moderator stichwortartig auf Flipchart oder Tafel festgehalten werden.
Budget	Begrenzungsvorgabe für die Kosten.
Cashflow	Die Geldmenge, die uns im Projektverlauf zu einem bestimmten Zeitpunkt zur Verfügung steht. Er berechnet sich aus der Summe aller Einnahmen abzüglich der Summe aller Ausgaben, die bis zu diesem Zeitpunkt anfallen. Falls das Ergebnis negativ ist, muss nachfinanziert werden, da wir ansonsten nicht in der Lage sind, unsere Verbindlichkeiten (das Geld, das wir anderen schulden) zu decken.
Coworking Space	Steht allgemein für das Anmieten eines Schreibtisches oder eines Büros in einem Gemeinschaftsgebäude. Der Begriff bedeutet »gemeinsames Arbeiten« und ist ein beliebtes, neues Arbeitsmodell.
Cultural Fit	Der Begriff stammt aus der Personalpsychologie und beschreibt, wie gut Arbeitgeber und Arbeitnehmer in Bezug auf ihre kulturellen Überzeugungen und Werte zusammenpassen. Im Zentrum steht dabei die Kultur des jeweiligen Unternehmens bzw. der Organisation.
Definitionsphase	Zweite Projektmanagementphase, in der die genauen Projektziele und grundsätzliche Realisierungsmöglichkeiten ermittelt und festgelegt werden.

Delphi-Studie	Eine strukturierte Expertenbefragung mittels Fragebogen in mehreren Zyklen, um (meist im Vorfeld zu einem Projekt) Spezialwissen abzufragen. Eine Delphi-Studie braucht viel Vorlauf und eignet sich vor allem für Forschungs- und Entwicklungsprojekte, die sich durch einen hohen Innovationsgehalt auszeichnen.
Diskursive Strategie	Strategie zur Steuerung des Projektumfelds, die auf einen Ausgleich von Stakeholderinteressen setzt.
Disruption	Der Begriff kommt vom Englischen *to disrupt* = zerstören und bedeutet, dass bestehende Technologien, Geschäftsmodelle oder Dienstleistungen immer wieder von neuen Ideen und Innovationen abgelöst und quasi »zerstört« werden, um dem Neuen Raum zu geben.
Earned-Value-Analyse (EVA)	Spezielle Methode zur Messung der Arbeitsleistung, die der Fortschrittsbewertung in Projekten dient. Dabei wird zu einem Stichtag der Fertigstellungswert (erwirtschafteter Wert) mit den Plan-Kosten und den Ist-Kosten verglichen, um Aussagen über den Projektstatus zu erhalten.
Eigentumsübertragung	Käufer und Verkäufer von beweglichen Sachen einigen sich, der Vertragsgegenstand wird übergeben und geht (sofern alle Voraussetzungen hierfür erfüllt sind) ins Eigentum des Käufers über.
Einsatzmittelplanung	Zuweisung von verfügbaren Ressourcen (Personen, Maschinen, Verbrauchs- und Gebrauchsgüter) an Vorgänge.
Eisbergmodell	Ein Kommunikationsmodell, das das Verhältnis von Sachebene (1/7) und Beziehungsebene (6/7) visualisiert.
Empathy Map/ Empathie Mappe	Methode zur Erfassung der Erwartungen und Bedürfnisse der eigenen Zielgruppe mit dem Zweck, deren Gefühlswelt besser kennenzulernen und sich in sie hineinversetzen zu können. Dient zur Erstellung einer »Persona«.
Engpassressource	Ressource der Stammorganisation, die zur Realisierung des Projekts wichtig ist, aber nicht zu jedem Zeitpunkt in der jeweils benötigten Menge zur Verfügung steht (aufgrund von Mehrfachbelastungen oder begrenzter Kapazität). Dieses Einsatzmittel bedingt bei Knappheit eine Überarbeitung der Projektpläne, da sie die Erreichung der Projektziele gefährdet.
Erfahrungssicherung (Lessons Learned)	Festhalten der während der Projektdurchführung gemachten Erfahrungen für die Nachwelt.
Erfolgsfaktor	Umstand, der maßgeblich zum Erfolg eines Projekts beiträgt.
Erfolgskriterium	Merkmal, Eigenschaft und Bewertungsmaßstab, an dem der Erfolg eines Projekts gemessen und bewertet werden kann.

Begriff	Erklärung
Ergebnisziele	Der Projektgegenstand bzw. das Produkt, das der Auftraggeber am Ende des Projekts erhält.
Evolutionäres Modell	Vorgehensmodell, bei dem der Projektgegenstand in mehreren Zyklen weiterentwickelt wird. Die Weiterentwicklung erfolgt auf Basis einer zu Beginn formulierten Kernfunktionalität. Die versionsweise Weiterentwicklung von Software ist ein Beispiel für ein evolutionäres Modell.
Externer (Projekt-)Abschluss	Übergabe der Projektergebnisse an den Auftraggeber und Abnahme durch den Auftraggeber.
Feedback	In der Kommunikation bedeutet Feedback, dass der Empfänger einer Nachricht dem Sender eine Rückmeldung darüber gibt, was er wahrgenommen bzw. verstanden hat.
Fishbowl	Eine Kreativitätstechnik, bei der eine kleine Gruppe über ein vorgegebenes Thema diskutiert, während andere Gruppenmitglieder in einem Kreis um die Diskussionsteilnehmer herumstehen. Möchte nun einer der Außenstehenden sich an der Diskussion beteiligen, klatscht er quasi einen der Diskussionsteilnehmer ab und nimmt dessen Platz in der Runde ein.
Gefahrenübergang	Beschreibt im Zivilrecht den Zeitpunkt, zu dem das Risiko der Verschlechterung oder des Verlusts einer vertraglich vereinbarten Sache vom Schuldner (z. B. Auftragnehmer) zurück auf den Gläubiger (z. B. Auftraggeber) übergeht.
GENBA	Begriff aus dem Japanischen im Bereich Qualitätsmanagement: »der reale/eigentliche Ort«. Hiermit ist der Ort der Wertschöpfung gemeint, z. B. die Produktion. Wir sollen also dahin gehen, wo Wichtiges passiert.
Gewährleistung	(Alternativ: Mängelhaftung). Eine vom Gesetzgeber festgelegte Zeitperiode, während der z. B. der Verkäufer einer Sache für etwaige Mängel haftet und in der Verantwortung steht, diese Schlechtleistungen zu korrigieren.
GMV (gesunder Menschenverstand)	Der Verstand des Menschen, der konkrete, anschauliche Urteile auf Basis alltäglicher Lebenserfahrung fällen kann. Laut Immanuel Kant ist es »der gemeine Verstand, so fern er richtig urtheilt«[sic.].
GPM	Deutsche Gesellschaft für Projektmanagement e. V.
ICB	International bzw. Individual Competence Baseline der IPMA
IKIGAI	Japanische Methode, um herauszufinden, wofür es sich zu leben lohnt. (iki = Leben; gai = Schale).
IPMA	International Project Management Association

Informationsbedarfs-matrix	Eine Informationsbedarfsmatrix definiert, welche Informationen die einzelnen Stakeholder haben wollen und wann. Sie besteht aus folgenden Spalten: • Inhalt und Form • Sender (Berichterstatter) • Empfängerkreis • Häufigkeit
Initialisierungsphase	Erste Projektmanagementphase, in der alle Informationen gesammelt werden, die man benötigt, um entscheiden zu können, ob das Projekt durchgeführt werden soll oder nicht.
Interner (Projekt-)Abschluss	Formaler Projektabschluss bzw. Abschluss des Controllings, bestehend aus Projektabschlussanalyse, Erfahrungssicherung und Projektauflösung.
Inkrementelles Vorgehensmodell	Beim Inkrementellen Handlungsansatz wird das Produkt schrittweise in Einzelteilen entwickelt. Am Ende eines Zyklus (einer Wiederholung) wird ein nutzbares Einzelteil übergeben. Die Summe aller Einzelteile am Ende aller Wiederholungen ergibt dann das Projektergebnis. Ein Schachspiel könnte man z. B. inkrementell herstellen, indem man zuerst die Damen fertigt, dann die Könige, dann die Springer usw.
Iteratives Vorgehensmodell	Beim Iterativen Handlungsansatz wird das Produkt schrittweise »vom Groben zum Feinen« erarbeitet. Zuerst werden Grundfunktionen entwickelt und dann Schritt für Schritt verbessert. Ein Bildhauer arbeitet iterativ, indem er vom großen Steinblock erst die grobe Kontur herausschlägt und später Gesicht, Augen, Nase etc. feiner herausarbeitet.
Kick-off-Meeting	Besprechung, in der Zielwerte und Daten zur Projektabwicklung offiziell bekannt gegeben werden.
Klassisches (lineares/traditionelles) Projektmanagement	Man versucht den gesamten Projektlebenszyklus vorherzusehen, in einem Plan abzubilden und diesen anschließend genau so zu befolgen.
Kommunikations-matrix	Eine Kommunikationsmatrix legt fest, wie in einem Projekt kommuniziert wird. Sie besteht aus folgenden Spalten: • Sender (wer kommuniziert?) • Empfänger (mit wem?) • Dokumententyp (womit?) • Inhalt (worüber?) • Rhythmus (wann?) • Umfang (wie viel?) • Art (in welcher Weise?)

Kommunikationsquadrat	Das Kommunikationsquadrat nach Friedemann Schulz von Thun besagt, dass jede Nachricht vier Seiten hat und auf vier Ebenen abläuft. 1. Sachebene – wie ist der Sachverhalt zu verstehen? 2. Appellebene – was soll ich tun/denken/fühlen? 3. Beziehungsebene – wie sieht mich mein Gegenüber? 4. Selbstoffenbarungsebene – wie geht es mir bzw. dem Gegenüber?
Konfiguration	Konfiguration ist definiert als die funktionellen und physischen Merkmale eines Produkts oder einer Leistung, wie sie in den zugehörigen Dokumenten beschrieben und im Produkt verwirklicht sind.
Konventionalstrafe	Der Schuldner (z. B. Auftragnehmer) muss dem Gläubiger (z. B. Auftraggeber) einen vertraglich vereinbarten Betrag zahlen, wenn er nachweislich seinen Verpflichtungen nicht nachgekommen ist.
Kosten	Monetäre Bewertung des tatsächlichen Einsatzmittelverbrauchs.
Kostenganglinie	Stellt den Kostenanfall pro Zeiteinheit im Projekt grafisch dar.
Kostenplanung	Ermitteln der Kosten nach der Formel »Menge × Preis« bei Sachmitteln bzw. »Stunden × Stundensatz« bei Menschen/Maschinen. Darstellung der Kosten pro Zeiteinheit (= Kostenganglinie) und der kumulierten Kosten eines Projekts im Zeitverlauf (= Kostensummenlinie).
Kostensummenlinie	Stellt den kumulierten Kostenanfall über den Projektverlauf grafisch dar.
Kosten-Trend-Analyse (KTA)	Ermöglicht einen schnellen Überblick über die Kostenentwicklung mit dem Ziel, Vorhersagen darüber treffen zu können, ob am Projektende Kostenüberschreitungen oder Kostenunterschreitungen zu erwarten sind.
Kulturmodell	Das Kulturmodell nach Edgar H. Schein umfasst drei Ebenen. Zum einen die bewusste Ebene mit Kommunikation, Handlungen und Artefakten. Dann die teilweise bewusste Ebene mit Werten und Normen und die unbewusste Ebene unserer grundlegenden Annahmen, Denk- und Verhaltensmuster.
Laterale Führung	Führung ohne Weisungsbefugnis, auch »seitliche Führung« bzw. »Führung auf Augenhöhe« genannt. Ein Einfluss kann nur aufgrund von Charisma, Vertrauen und gemeinsamer Vereinbarungen ausgeübt werden.
Lastenheft	Enthält die Wünsche bzw. Anforderungen des Auftraggebers, also WAS gemacht werden soll und WOFÜR es benötigt wird.

Latinx	Neologismus; zusammengesetzt aus dem englischen Begriff Latin American plus dem genderneutralen x. Darunter versteht man seit 2004 Spanisch sprechende Bevölkerungsgruppen in Nordamerika.
Lessons Learned (Erfahrungssicherung)	Hierunter versteht man das Lernen aus Projekten. Lessons Learned beinhaltet, dass die gewonnenen Erkenntnisse, die in einem Projekt gemacht wurden, thematisiert, gesammelt und für nachfolgende Projekte zugänglich gemacht werden. In einer Retrospektive setzen sich die Projektverantwortlichen zusammen und lassen das Projekt Revue passieren, d. h. wichtige Ereignisse werden noch einmal beleuchtet und kritisch hinterfragt. Das (neue) Wissen darüber wird dokumentiert, z. B. in einer Wissensdatenbank.
Lieferobjekte	Erstellte Ergebnisse, die zu vereinbarten Zeitpunkten oder am Ende des Projekts an den Auftraggeber übergeben werden.
Magisches Dreieck	Es beschreibt drei Faktoren, die den Projekterfolg bestimmen: Termine, Kosten und Leistungen.
Meilenstein-Trend-Analyse (MTA)	Ermöglicht einen schnellen Überblick über die Terminsituation mit dem Ziel, Aussagen darüber treffen zu können, ob Meilensteintermine eingehalten werden, sich verzögern oder ob Meilensteinergebnisse schon früher als geplant vorliegen werden.
Mindmapping	Eine Kreativitätstechnik, bei der Ideen wie auf einer Gedankenlandkarte in einer sehr freien Darstellungsform festgehalten werden.
Morphologischer Kasten	Eine Kreativitätstechnik, die sich besonders dafür eignet, bestehende Produkte zu verbessern oder zu erweitern. Eine nach bestimmten Vorgaben erstelle Tabelle, die die Parameter des Produktes enthält und weitere mögliche Ausprägungen aufführt.
New Work	Der Begriff beschreibt den strukturellen Wandel in unserer Arbeitswelt vor dem Hintergrund von Digitalisierung, Digitaler Transformation oder Ansätzen zu Arbeit 4.0. Für viele Organisationen bedeutet New Work, komplett neu und anders an die Themen der Arbeitswelt heranzugehen.
Nicht-Ziel	Ein Nicht-Ziel dient zur Schärfung der Grenzen des Projekts, d. h., dadurch können wir eindeutig festlegen, was nicht mehr zum eigentlichen Projekt dazugehört und nicht mehr Bestandteil davon ist.
Nutzen	Der Vorteil bzw. Erfolg, der durch den erfolgreichen Einsatz des Projektgegenstandes erzielt wird. Der »erhoffte« Nutzen ist also der Grund, warum man ein Projekt ins Leben ruft.

OKR	Eine Methode, um Ziele in quantitative Schlüsselergebnisse aufzuteilen. OKR ist ein Rahmenwerk für modernes Management und wurde erstmals von Google genutzt.
Osborne-Checkliste	Eine Kreativitätstechnik zum Generieren von Lösungsideen zur Verbesserung und Weiterentwicklung bereits bestehender Produkte durch konsequentes Abarbeiten von zehn definierten Fragestellungen.
Pareto-Prinzip	Nach Vilfredo Pareto verhält es sich so, dass sich rund 80% der Aufgaben mit 20% Aufwand erledigen lassen. Will man jedoch 100% erreichen, braucht man für die restlichen 20% der Aufgaben noch einmal 80% Aufwand. Das Prinzip besagt also, dass wir in den meisten Fällen gar nicht perfekt sein müssen, sondern mit relativ wenig Aufwand bei unseren Stakeholdern bereits für eine große Zufriedenheit sorgen.
Partizipative Strategie	Strategie zur Steuerung des Projektumfelds, die auf aktive Einbindung der Stakeholder setzt.
Perflo.co	Eine Software und ein Teamdiagnosetool, um Teamdynamik und Produktivität anzuzeigen.
Pflichtenheft	Beschreibt in konkreter Form, wie der Auftragnehmer die Anforderungen oder Wünsche des Auftraggebers zu lösen gedenkt, also WIE und WOMIT es umgesetzt werden soll.
Phasenplan	Ein Plan, der aus Zeitabschnitten (Phasen), Kontrollpunkten (Meilensteinen) und einer Zeitachse besteht und – in übersichtlicher Form – einen Überblick über das Gesamtprojekt gibt.
Planungsphase	Dritte Projektmanagementphase, in der alle relevanten Pläne wie Phasenplan, PSP, Ablaufplan, Netzplan, Balkenplan, Einsatzmittelplan, Kostenplan und Finanzplan erstellt werden. Die Summe aller Pläne wird als »Projektplan« bezeichnet.
Profit-Center	Unternehmensbereich mit Verantwortung für den betriebswirtschaftlichen Erfolg. Die Bereichsleiter operieren dabei wie selbstständige Unternehmer.
Projekt	Neuartiges, komplexes Vorhaben, das ein bestimmtes Ziel verfolgt, einen Anfangs- und Endtermin besitzt und in Teamarbeit durchgeführt wird.
Projektabschlussanalyse	Bewertung des Projekts (nach erfolgreicher Abnahme) bestehend aus Nachkalkulation, Wirtschaftlichkeitsanalyse, Abweichungsanalyse und Kundenbefragung.
Projektauflösung	Verteilung von Restaufgaben, Freisetzung der an das Projekt gebundenen Ressourcen und Entlastung des Projektleiters.

Projektdesign	Übertragen der Wünsche, Bedürfnisse und Einflüsse des Unternehmens in eine Projektgestaltung, die die höchste Erfolgswahrscheinlichkeit sicherstellt.
Projektgegenstand	Das Projektergebnis bzw. das Produkt (Lieferobjekt), das dem Auftraggeber am Projektende übergeben wird.
Projektifizierung	Prozess, in dessen Verlauf eine Entscheidung getroffen wird, ob eine Aufgabe oder ein Vorhaben als Projekt durchgeführt werden soll oder nicht.
Projektmanagement	Summe aller begleitenden Tätigkeiten, die notwendig sind, um ein Vorhaben erfolgreich abzuwickeln (führen, kommunizieren, koordinieren, organisieren, planen, steuern, überwachen)
PMO	Projektmanagement Office, eine permanente Einrichtung im Unternehmen, das Unterstützung bei der Projektauswahl, Initiierung, Planung, Überwachung und Steuerung aller Projekte bzw. Programme im Portfolio leistet und für die Weiterentwicklung des Projektmanagements zuständig ist.
Projektorganisation	Temporäre, für die Dauer eines Projekts eingerichtete Organisationsstruktur, z. B. Einfluss-, Matrix- oder Autonome Projektorganisation.
Projektplan	Die Gesamtheit aller im Projekt vorhandenen Pläne, z. B. in Bezug auf Inhalte, Qualität, Termine, Kosten, Ressourcen und Finanzierung wird als Projektplan oder Projektmanagementplan bezeichnet.
Projektstart-Workshop	Projektstart-Sitzung, in der die Beteiligten wesentliche Grundlagen für die Projektdurchführung erarbeiten.
Projektstrukturplan (PSP)	Der Projektstrukturplan enthält alle Aktivitäten, die im Projekt zu erledigen sind. Er besteht aus Arbeitspaketen, Teilaufgaben und dem Wurzelelement.
Projektumfeld	Die Umgebung, in der das Projekt durchgeführt wird und die einerseits das Projekt beeinflusst und andererseits selbst vom Projekt beeinflusst wird.
Projektteam	Unter einem Projektteam versteht man verschiedene Personen, die Aufgaben im selben Projekt erfüllen. In der Praxis wird häufig unterschieden zwischen Projektkernteam (das ist die Personengruppe, die die Hauptarbeit am Projekt verrichtet) und erweitertem Projektteam (Personen, die dem Projekt nicht vollständig zugewiesen sind, sondern nur bei Bedarf hinzugezogen werden).
Projektumfeldanalyse (PUA)	Sammeln aller sozialen (personellen) und sachlichen Faktoren, die das Projekt beeinflussen können.

PULL-Prinzip	Wörtlich: Zug- bzw. Hol-Prinzip, d. h., der Mitarbeiter entscheidet selbst, welche Aufgabe er erledigt bzw. in der Produktion wird erst dann produziert, wenn es einen entsprechenden Auftrag gibt.
RACI-Matrix	Technik zur Darstellung und Analyse von Verantwortlichkeiten. (**R** = *responsible*/verantwortlich; **A** = *accountable*/ rechenschaftspflichtig; **C** = *consulted*/konsultiert; **I** = *informed*/ informiert)
Rechtsfolge	Gibt an, welche juristischen Konsequenzen eine Handlung hat und die durch Erfüllung von Voraussetzungen bedingt sind.
Repressive Strategie	Strategie zur Steuerung des Projektumfelds, die auf Machteinsatz setzt und unterdrückend, hemmend wirkt. Eine abgeschwächte Form ist die restriktive Strategie, bei der Stakeholder lediglich informiert werden.
Ressourcen	Alle Einsatzmittel, also Personal, Verbrauchs- und Gebrauchsgüter, die zur Durchführung des Projekts benötigt werden.
Restkosten	Alle Kosten, die bis zum Abschluss des Projekts noch anfallen werden.
Riemann-Thomann-Modell	Ein Modell, mit dem typische Verhaltensweisen eines Individuums beschrieben werden. Es gibt vier verschiedene Grundausrichtungen: Nähe, Distanz, Dauer und Wechsel, die grafisch in einem Koordinatenkreuz dargestellt werden.
Risiko	Unsicheres Ereignis, das sich nachteilig auf das Projekt auswirkt.
Risikoanalyse	Erkennen und Bewerten von möglichen Risiken und Planen von präventiven oder korrektiven Maßnahmen. Präventive Maßnahmen wirken gegen die Wahrscheinlichkeit des Eintretens und/oder gegen die Schadenhöhe des Risikos. Korrektive Maßnahmen sind der »Plan B«, wenn das Risiko eintritt, und dienen der Schadensbegrenzung.
Spiralmodell	Das Spiralmodell ist ein wiederholendes Vorgehensmodell, wobei in jedem Zyklus die gleichen vier Schritte durchgeführt werden und dadurch das Produkt verfeinert (verbessert, vervollständigt) wird: 1. Ziele festlegen 2. Risiken identifizieren und minimieren 3. Entwickeln und testen 4. Nächsten Zyklus planen
Sponsoring	Die Suche nach Menschen, die einen bzw. das Projekt finanziell unterstützen.

Stakeholder	Personen oder Personengruppen, die irgendetwas mit dem Projekt zu tun haben. Entweder sind sie am Projekt interessiert/beteiligt oder sie sind von den Auswirkungen des Projekts betroffen.
Stakeholderanalyse	Identifizieren und Bewerten der Stakeholder und Maßnahmen zum Umgang mit ihnen planen.
Stammorganisation	Ständige, projektunabhängige Organisationsform eines Unternehmens. Darunter versteht man sowohl die Aufbau- als auch die Ablauforganisation und alle diesbezüglichen Regelungen.
Steuerungsphase	Vierte Projektmanagementphase, bei der – in vorher definierten Zeitabständen – die geplanten Daten mit den tatsächlichen Daten (den IST-Daten) verglichen werden und bei Abweichungen eingegriffen werden muss.
SWOT-Analyse	Instrument der Strategischen Planung, bei der die ***S**trengths* (Stärken), ***W**eaknesses* (Schwächen) des Unternehmens den ***O**pportunities* (Chancen) und ***T**hreats* (Risiken) des Projektumfelds gegenübergestellt werden.
Teilaufgabe	Gruppe inhaltlich zusammengehöriger Arbeitspakete im PSP. Eine Teilaufgabe teilt sich in weitere Elemente (Teilaufgaben oder Arbeitspakete) auf.
Untergrundkommunikation	Darunter versteht man informelle Gespräche im beruflichen Kontext, wie z. B. in der Kaffeeküche oder auch den Flurfunk in der Raucherecke.
V-Modell	Sequenzielles Vorgehensmodell, das um den Aspekt »Qualität« ergänzt wurde. Für jede Aktivität auf der linken Seite gibt es einen korrespondierenden Test auf der rechten Seite des V.
Validation (auch Validierung genannt)	»Haben wir das richtige Projekt gemacht?«, also Prüfung, ob das Projekt für den gewünschten Einsatzzweck geeignet ist.
Verifikation (auch Verifizierung genannt)	»Haben wir das Projekt richtig gemacht?«, also Prüfung, ob alle Spezifikationen eingehalten wurden.
Vorgang	Aktivitäten werden ab der Ablaufplanung als Vorgänge bezeichnet. Ein Vorgang kann nicht weiter aufgeteilt werden und wird in der Regel an einem Stück, d. h. ohne Unterbrechungen, abgearbeitet.
Vorgehensziele bzw. Prozessziele	Angestrebte Vorgehensweise bzw. einzuhaltende Rahmenbedingungen bei der Durchführung des Projekts, z. B. »keine Kinderarbeit«.

VUCA-Welt	VUCA steht für: **V** = *(volatility)* Volatilität, d. h. Unbeständigkeit **U** = *(uncertainty)* Unsicherheit **C** = *(complexity)* Komplexität **A** = *(ambiguity)* Mehrdeutigkeit Der Begriff wird im Bereich der strategischen Führung und Organisationsentwicklung verwendet, um auszudrücken, wie stark die im Wandel ist.
Walt-Disney-Methode	Eine vermeintlich von Walt Disney erfundene Kreativitätstechnik, bei der ein Problem aus den drei Blickwinkeln Träumer, Realist und Kritiker betrachtet wird.
Wasserfallmodell	Lineares Vorgehensmodell, das in aufeinanderfolgenden Projektphasen organisiert ist. Wie bei einem Wasserfall das Wasser, fallen beim Wasserfallmodell die Ergebnisse eine Stufe nach unten und werden dort weiterverarbeitet, oder wie verbindliche Vorgaben behandelt.
World Café	Kreativitätstechnik, bei der die Teilnehmer an wechselnden Stehtischen – ähnlich wie in einem Café – ihre Ideen und Gedanken festhalten.

12.2 Abbildungsverzeichnis

12.3 Literatur und Links

Bücher:

Cronenbroeck, Wolfgang (2021). HANDBUCH Internationales Projektmanagement. 1. Auflage. Cornelsen Verlag Scriptor GmbH & Co. KG

Favaz, Emaldin, Krupke, Chris (2022). »Voraussetzungen für die agile Transformation«. PROJEKTMANAGEMENT AKTUELL, 33. Jahrgang 02/2022.

Flick, Mathias (2011). Critical-Chain-Projektmanagement. Literaturkonspekt zur IPMA Level B Zertifizierung, PM-Zert 08/2011

Flick, Michaela, Jäger, Margareta (2020). Futureskills for Leadership. Segel setzen für die Führungszukunft. Haufe.

Flick, Michaela (2016). Aufbau einer Akademie zur Qualifizierung von Fach- und Führungskräften (IPS Akademie) Transfernachweis zur zertifizierten Projektmanagement-Fachfrau (GPM) gemäß Anleitung zum Transfernachweis IPMA Level D Dok.-Nr. Z08/Rev. 22/Datum 13.12.2016

Flick, Michaela (2021). Mit Mut und Empathie nach vorne. Changement! Veränderungsprozesse aktiv und erfolgreich gestalten HANDELSBLATT MEDIA GROUP GMBH. Ausgabe 01.

GPM (2006). Die Kompetenz im Projektmanagement.

GPM Deutsche Gesellschaft für Projektmanagement e. V. (1999). ICB2.0b

GPM Deutsche Gesellschaft für Projektmanagement e. V. (2008). NCB 3.0

GPM Deutsche Gesellschaft für Projektmanagement e. V. (2015). Kompetenzbasiertes Projektmanagement (PM3), 7. Auflage

GPM Deutsche Gesellschaft für Projektmanagement e. V. (2017). ICB 4.0

GPM Deutsche Gesellschaft für Projektmanagement e. V. (2019). Kompetenzbasiertes Projektmanagement (PM4), 1. Auflage

Habermann, Frank, Schmidt, Karen (2018). Over the Fence. Projekte neu entdecken, neue Vorhaben besser durchdenken und mehr Spaß bei der Arbeit haben. Becota.

Habermann, Frank, Schmidt, Karen. Project DESIGN. Thinking tools for visually shaping new ventures. Becota, 2017.

Motzel, Erhard, Möller, Thor (2017). Projektmanagement Lexikon, 3. Auflage, WILEY-VCH Verlag GmbH & Co. KGaA

Projektmanagement-Fachmann, 8. Auflage (2004). RKW + GPM

Schelle, Heinz, Linssen, Oliver (2018). Projekte zum Erfolg führen, 8. Auflage, dtv Verlagsgesellschaft mbH & Co. KG

Schelle, Heinz, Ottmann, Roland, Pfeiffer, Astrid (2008). ProjektManager, 3. Auflage, GPM Deutsche Gesellschaft für Projektmanagement e. V.

Simschek, Roman, Kaiser, Fabian (2019), F. SCRUM. Das Erfolgsphänomen einfach erklärt. 2. Auflage , UVK Verlag

Timinger, Holger (2017). Modernes Projektmanagement. 1. Auflage, WILEY-VCH Verlag GmbH & Co. KGaA

Links:

https://overthefence.com.de/project-canvas/(Abrufzeitpunkt: 17.03.2022)

https://www.schulz-von-thun.de/die-modelle/das-kommunikationsquadrat/ (Abrufzeitpunkt: 20.03.2022)

https://www.destatis.de/DE/Themen/Gesellschaft-Umwelt/Bevoelkerung/Eheschliessungen-Ehescheidungen-Lebenspartnerschaften/_inhalt/ (Abrufzeitpunkt: 20.03.2022)

Der PROJEKTFORUM-YOUTUBE-CHANNEL ab Januar 2020 – Projektforum https://www.projektforum.de/neuigkeiten-news/neu-der-projektforum-youtube-channel-ab-januar-2020/ (Abrufzeitpunkt: 31.01.2023)

https://thedigitalprojektmanager.com/de/10-projektmanagement-fragen/ (Abrufzeitpunkt: 29.03.2022)

https://jonasarleth.com/blog/welche-fragen-muss-ich-vor-einem-projekt-stellen/ (Abrufzeitpunkt: 29.03.2022)

https://www.projekte-leicht-gemacht.de/blog/projektmanagement-praxis/ (Abrufzeitpunkt: 29.03.2022)

https://www.weka.de/architekten-ingenieure/leistungsphasen-nach-hoai (Abrufzeitpunkt: 18.04.2022)

https://pm-pocket.de/digitales-lernen/ (Abrufzeitpunkt: 26.04.2022)

https://m19-organisationsberatung.de/team/dr-mathias-lohmer/(Abrufzeitpunkt: 30.04.2022)

https://www.dwds.de/wb/Kultur (Abrufzeitpunkt: 30.04.2022)

https://ethik-unterrichten.de/lexikon/werte/ (Abrufzeitpunkt: 30.04.2022)

https://www.hyperkulturell.de/glossar/kulturebenen-modell-nach-edgar-h-schein/ (Abrufzeitpunkt: 30.04.2022)

https://www.netzwerk-stiftungen-bildung.de/wissenscenter/glossar/diversitaet (Abrufzeitpunkt: 30.04.2022)

https://www.gpm-blog.de/warum-brauchen-wir-mehr-diversitaet-im-projektmanagement/ (Abrufzeitpunkt: 30.04.2022)

https://pmmagazine.net/edition/2021-06/Diverse-Project-Teams-Rock-by-Michaela-Flick/ (Abrufzeitpunkt: 30.04.2022)

https://www.staerkentrainer.de/angebot/potenzialanalysen/teamrollen-nach-belbin-test/ (Abrufzeitpunkt: 01.05.2022)

https://www.projektmagazin.de/meilenstein/projektmanagement-blog/weniger-krisen-durch-mehr-mut-im-projekt_1132295 (Abrufzeitpunkt: 02.05.2022)

https://www.vivaconagua.org/wasserprojekte/ (Abrufzeitpunkt: 02.05.2022)

https://www.deutschland.de/de/topic/wirtschaft/kuenstliche-intelligenz-innovative-projekte-aus-deutschland (Abrufzeitpunkt: 02.05.2022)

https://www.haufe-akademie.de/new-work (Abrufzeitpunkt: 02.05.2022)

https://www.destatis.de/DE/Presse/Pressemitteilungen/2022/03/PD22_088_621.html (Abrufzeitpunkt: 02.05.2022) https://ikigaitest.com/de/ (Abrufzeitpunkt: 02.05.2022)

https://www.torstenkoerting.com/podcast/048-und-049-von-sichtbarkeit-empathie-und-segeln-interview-mit-michaela-flick/ (Abrufzeitpunkt: 07.05.2022)

https://blog.hiddencandidates.com/podcast/fuehrungskraefte-segeln-besser-mit-futureskills-teil-1/ (Abrufzeitpunkt: 07.05.2022)

https://blog.hiddencandidates.com/podcast/folge-21-fuehrungskraefte-segeln-besser-mit-futureskills-teil-2/ (Abrufzeitpunkt: 07.05.2022)

https://podbay.fm/p/du-bist-die-ausnahme-von-der-regel/e/1615881184 (Leading with... FUTURESKILLS FOR LEADERSHIP) (Abrufzeitpunkt: 07.05.2022)

https://www.linkedin.com/events/6736955436194402304/ (Agile Leadership – Segel setzen für die Zukunft. Vortrag von Michaela Flick vom 03.12.2020 für ein Event von Agile Heroes) (Abrufzeitpunkt: 08.05.2022)

https://www.timr.com/a/projekt-wissen-projektabschluss/ (Abrufzeitpunkt: 08.05.2022)

https://www.thelazyprojectmanager.com (Abrufzeitpunkt: 10.05.2022)

https://www.crunchbase.com/organization/perflo (Abrufzeitpunkt: 31.01.2023)

https://www.business-wissen.de/artikel/compliance-regeln-einhalten-und-davon-profitieren/ (Abrufzeitpunkt: 14.05.2022)

https://www.ihk.de/duesseldorf/aussenwirtschaft/rechtsfragen/homeoffice-und-mobiles-arbeiten-im-ausland-5238408 (Abrufzeitpunkt: 14.05.2022)

https://www.experten.de/2020/05/kommt-das-recht-auf-homeoffice-was-arbeitgeber-jetzt-beachten-sollten/ (Abrufzeitpunkt: 14.05.2022)

https://www.quality.de/lexikon/konfigurationsmanagement/ (Abrufzeitpunkt: 14.05.2022)

https://www.qmb-ausbildung.de/q7-qualitaetswerkzeuge.html (Abrufzeitpunkt: 14.05.2022)

https://www.me-company.de/magazin/agilitaet/ (Abrufzeitpunkt: 25.05.2022)

https://haufe.de/personal/hr-management/agilitaet-definition-und-verstaendnis-in-der-praxis/ (Abrufzeitpunkt: 25.05.2022)

https://www.projektassistenz-blog.de/agilitaet-vs-agile-methoden-vieles-wird-immer-noch-falsch-verstanden-eine-erklaerung/ (Abrufzeitpunkt: 25.05.2022)

https://www.bearingpoint.com/de-de/insights-events/insights/studie-agile-pulse-2022/ (Abrufzeitpunkt: 25.05.2022)

https://agilemanifesto.org/ (Abrufzeitpunkt: 25.05.2022)

https://www.ionos.de/digitalguide/online-marketing/web-analyse/house-of-quality/ (Abrufzeitpunkt: 28.05.2022)

https://thedigitalprojectmanager.com/de/10-projektmanagement-fragen/ (Abrufzeitpunkt: 02.06.2022)

https://www.jonasarleth.com/blog/welche-fragen-muss-ich-vor-einem-projekt-stellen/ (Abrufzeitpunkt: 02.06.2022)

https://projekte-leicht-gemacht.de/blog/projektmanagement-praxis/ (Abrufzeitpunkt: 02.06.2022) https://www.claudiathonet.de/agilitaet-steigern-die-6-entscheidenden-fragen/ (Abrufzeitpunkt: 02.06.2022)

https://new-fire.de/category/modelle-und-methoden/ (Abrufzeitpunkt: 11.06.2022)

Komplex oder kompliziert – was macht den Unterschied? – ZDFmediathek (Abrufzeitpunkt: 25.06.2022)

https://www.berlinerteam.de/magazin/agiles-mindset/ (Abrufzeitpunkt: 28.06.2022)

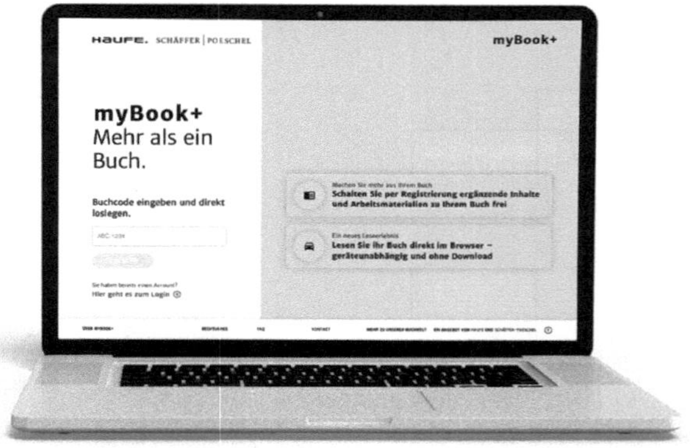

Ihre Online-Inhalte zum Buch: Exklusiv für Buchkäuferinnen und Buchkäufer!

https://mybookplus.de

Buchcode: CUO-14821

PI13516632

9678389